全国高等医药院校药学类规划教材

计算机程序设计

（第二版）

主　编　董鸿晔
副主编　周　怡
　　　　海　滨
编　委　（以姓氏笔画为序）
　　　　于　净
　　　　毕占举
　　　　梁建坤

中国医药科技出版社

内容提要

本书是全国高等医药院校药学类规划教材《计算机程序设计（上册）》的第二版，现更名为《计算机程序设计》（第二版）。本书也是教育部高等学校计算机基础课程教学指导委员会规划的“计算机基础课程教学改革与实践项目”立项课题及“药学类计算机基础课程典型实验项目建设研究”等多项课题的研究成果之一。综合了国内部分高等药学院校计算机基础教学第一线的声音，总结归纳了当代大学生应该了解和掌握的部分计算机程序设计知识要点，构成了本书的主线。

全书共分10章，主要内容包括计算机及程序设计概述、文件操作、窗体和控件、程序设计基础、分支与循环、数组、过程、界面设计、图形与动画和访问数据库。同时，还编写了紧密结合实践教学的配套教材《计算机程序设计上机指导》（第二版），更加完善了计算机程序设计课程体系。通过该课程教学网站提供了集教学大纲、教学方案、教学课件、实验素材于一体的立体化教育平台，完全可以满足教师教学与学生自主学习的需求。

本书适合作为药学类大学本科计算机程序设计课程的教学用书，也可供其它非计算机专业学生以及广大科技人员开展计算机程序设计创新活动参考使用。

图书在版编目（CIP）数据

计算机程序设计/董鸿晔主编．—2版．—北京：中国医药科技出版社，2010.2

全国高等医药院校药学类规划教材．

ISBN 978-7-5067-4367-9

Ⅰ．①计…　Ⅱ．①董…　Ⅲ．①程序设计-医学院校-教材　Ⅳ．①TP311.1

中国版本图书馆CIP数据核字（2009）第241923号

美术编辑　陈君杞
版式设计　郭小平

出版　中国医药科技出版社
地址　北京市海淀区文慧园北路甲22号
邮编　100082
电话　发行：010-62227427　邮购：010-62236938
网址　www.cmstp.com
规格　787×1092mm 1/16
印张　19
字数　395千字
初版　2006年2月第1版
版次　2010年2月第2版
印次　2010年2月第2版第1次印刷
印刷　廊坊市华北石油华星印务有限公司
经销　全国各地新华书店
书号　ISBN 978-7-5067-4367-9
定价　38.00元

全国高等医药院校药学类规划教材常务编委会

出 版 说 明

全国高等医药院校药学类专业规划教材是目前国内体系最完整、专业覆盖最全面、作者队伍最权威的药学类教材。随着我国药学教育事业的快速发展，药学及相关专业办学规模和水平的不断扩大和提高，课程设置的不断更新，对药学类教材的质量提出了更高的要求。

全国高等医药院校药学类规划教材编写委员会在调查和总结上轮药学类规划教材质量和使用情况的基础上，经过审议和规划，组织中国药科大学、沈阳药科大学、广东药学院、北京大学药学院、复旦大学药学院、四川大学华西药学院、北京中医药大学、西安交通大学药学院、山东大学药学院、山西医科大学药学院、第二军医大学药学院、山东中医药大学、上海中医药大学和江西中医学院等数十所院校的教师共同进行药学类第三轮规划教材的编写修订工作。

药学类第三轮规划教材的编写修订，坚持紧扣药学类专业本科教育培养目标，参考执业药师资格准入标准，强调药学特色鲜明，体现现代医药科技水平，进一步提高教材水平和质量。同时，针对学生自学、复习、考试等需要，紧扣主干教材内容，新编了相应的学习指导与习题集等配套教材。

本套教材由中国医药科技出版社出版，供全国高等医药院校药学类及相关专业使用。其中包括理论课教材82种，实验课教材38种，配套教材10种，其中有45种入选普通高等教育“十一五”国家级规划教材。

全国高等医药院校药学类规划教材

编写委员会

2009年8月1日

第二版前言

《计算机程序设计》第一版于2004年出版以来，被多所院校选作教材，编者深受鼓舞。在全国高等医药院校药学类规划教材编委会鼓励下，现在重新编写了第二版。

本书保留了第一版的基本宗旨和风格，继续注重计算机程序设计的实用性；对部分章节做了一些重大调整，使全书结构更加合理；对部分章节进行了重写，使其更通俗易懂；更换了部分实例，使之更加贴近医药专业，同时又兼备启发性；增加了一个附录介绍键盘和鼠标操作，使之实用性更强。

全书由10章组成。第1章简述了计算机及程序设计的概念，程序设计高级语言的种类和用法，VB程序设计界面、对象、属性、事件和方法等面向对象特性。第2章介绍文件操作，文件系统控件与数据文件定义，包括文件的建立、打开、读写和关闭和综合应用举例。这是第二版里最大的结构改动，目的是让学生一开始就学会与文件打交道，知道程序数据的来源和结果的去处。第3章介绍窗体和控件，包括标签、文本框、按钮控件、单选按钮、复选框、图形控件及他们的属性和方法等，这样就可以构成基本界面了，便于安排要处理的数据。第4章介绍程序设计基础，包括数据类型、常量、变量、运算、常用函数和常用程序语句。第5章分支与循环和第6章数组是本书的重点。除介绍程序设计概念外，还突出重点介绍常用算法的实现。第7章过程是加深加宽的内容。第8章界面设计更加贴近实际应用，包括常用窗体控件、分组控件、列表选择控件、滚动条、RichTextBox、时间日期控件，还有通用对话框、自定义对话框、菜单、工具栏设计和多窗体操作。第9章介绍了计算机绘图基础知识，包括认识坐标系统、设置绘图属性、绘制直线、绘制矩形、填充矩形、绘制圆、椭圆、圆弧和制作动画。第10章介绍了数据库概念和VB中的可视化数据管理器、Data控件、ADO数据控件、结构化查询语言（SQL）和数据库应用。两个附录，一个是原有的程序调试，另一个是第二版增加的键盘、鼠标、拖放和OLE拖放等。

本书定位于高等医药院校的学生和医药行业就职人员及相关工程技术人员，培养读者计算机程序设计的基本能力，指导读者短时间内学会开发计算机程序，解决医药科研、生产和生活中的常见问题。编者根据近几年的教学和软件开发经验，对第二版内容的取舍、组织编排和经典实例再次进行了精心设计和筛选。本书在难易程度上遵循由浅入深、循序渐进的原则；在写作风格上突出其实用性，突出了案例先导。书中大量实例程序代码都经过调试，可以直接运行。

本书的配套教材《计算机程序设计上机指导》（第二版）也由中国医药科技出版社出版。配套教材内容包括精选的有详细指导的实验项目和便于独立思考的开放性创新性实验项目，还有配套教材的各章习题和部分解答。通过我们的课程教学网站提供了集教学大纲、教学方案、教学课件、实验素材于一体的立体化教学平台，完全可以满足教师教学和学生自主学习的需求。

本书的再版是教育部高等学校计算机基础课程教学指导委员会规划的“计算机基础课程教学改革与实践项目”立项课题“药学类计算机基础课程典型实验项目建设研究”等多项课题的研究成果之一。通过教材的编写，我们期待为深化教学改革和教材建设做出一定的贡献，开辟药学类计算机基础课程体系建设的新路。

本书由董鸿晔主编，周怡、海滨副主编，参加第二版编写修订的有董鸿晔（第1、2、9、10章）、于净（第4、5章）、毕占举（第6、7章）、梁建坤（第3、8章和附录B）、李定远（附录A），最后由董鸿晔统稿。由于编者水平所限，不足之处在所难免，恳请广大师生读者批评指正。

编　者

2009年12月

目录

SECTION

第 1 章 CHAPTER

概 述

内容提要

- 从计算机及程序设计说起
- 程序设计与常用工具
- 认识对象、窗体和控件
- 掌握 VB 的编程步骤

1.1 计算机及程序设计

自世界上第一台计算机问世以来，计算机科学及其应用的发展至今，已无处不在，无所不及。它的能力是人们智慧的结晶。

计算机是什么？计算机是能够进行高速运算和逻辑判断的、具有存储与记忆功能的电子设备。计算机所能完成的工作以及怎样完成的工作都是由人指定的。这是因为一台计算机是由硬件系统和软件系统两大部分构成的，硬件是物质基础，软件是计算机的灵魂，没有软件，计算机是一台裸机，什么也不能做；安装了软件的计算机，才能进行处理、成为一台真正意义的计算机。而所有的软件，都是采用计算机语言并由人来编写的。

最初发明的计算机主要是用于科学计算，因此才有了计算机这个名称。而今天计算机的用途早已超出了数值计算这个单一的范围，计算机更主要用于文字、图像、动画和声音等多媒体数据的处理。这些数据的外在表现形式上差别虽然很大，但在计算机中都是用统一的二进制数来表示的，这些统一的二进制数最终如何被计算机解释成不同的文字、图像、动画和声音等，则是由特定的计算机程序实现的。

程序是针对某个事务处理的一系列的操作步骤，而计算机程序就是由人事先规定出计算机完成某项工作的操作步骤，每一步的具体内容由计算机能够理解的指令或语句来描述，这些指令或语句将告诉计算机“做什么”和“怎样做”。计算机在称为“计算机程序”的指令集控制下处理数据。计算机程序控制着计算机，使其按顺序执行一系列动作，这些动作是由计算机程序设计人员指定的。只有当程序设计人员向计算机输入一定的计算机能够接受的信息，计算机才能按照设计人员的要求进行工作并得到设计者所要得到的结果。

从某种意义上说，计算机为我们打开了另一个窗口，那就是仅有单调的0、1码组成了无比丰富的计算机世界。许多人利用计算机强大的计算能力和事件处理能力为自己的事业和生活服务，比如利用PHOTOSHOP处理图片，利用WORD编写文稿，利用POWERPOINT设计幻灯片，利用INTERNET浏览器上网获取信息或广交各方朋友。而另一种利用计算机的方式，则是计算机的编程设计，是人类利用和开发计算机各种功能最深入最直接的方法。学会计算机编程，意味着真正地走进了计算机的世界，而某种语言的本身就是与计算机进行交互的有利工具。

计算机编程也即程序设计，是伴随着计算机应用和程序设计语言的发展而发展起来的一门学科，是使用和开发计算机的重要工具。在程序设计中，程序员需要了解各种开发语言和开发平台的优缺点，并且懂得如何根据问题的大小和难易程度选择最合适的开发工具。由于现在的实用程序越来越大，在大多数情况下，单用一种开发语言和开发平台已不能解决问题，需要多种开发工具的通力协作。例如为某个大学的学生成绩管理进行程序设计，需要考虑一个用于开发前台用户界面的开发工具以及用于后台管理数据的数据库管理系统。前台的开发工具可以采用VC（Visual C）或者VB（Visual Basic），也可以采用Delphi、PowerBuilder、Java等；后台究竟采用小型数据库如ACCESS，还是采用大型数据库如ORACLE或SQL Server，这些都要根据实际问题的大小和开发人员对应用工具的熟悉的程度而定。

程序设计往往就是这样，设计能力不仅仅体现在开发（编程）工具的选择上，更体现在任务规划及合理的编程步骤上。在20世纪，结构化程序设计是最主要、最通用的程序设计方法。在21世纪，面向对象程序设计逐渐成为主流。

用计算机研究药学课题不可避免地会涉及到程序设计语言问题，使用何种语言最好，这是许多人关心的问题。由于现代计算机都支持多种高级语言，一般用户都可以跳过繁琐的机器语言和汇编语言学习，下面主要介绍部分计算机高级语言。

1.1.1 程序设计高级语言的种类

国际上曾经使用的程序设计语言为数众多，诸如Ada，FORTRAN，ALGOL，BASIC，C，Pascal，Prolog，Java，FORTH，LISP，LOGO，APL，Modula等。

Ada

Ada语言是以Augusta Ada Byron（1815～1852）的名字命名的，她是Charles Babbage的忠实支持者，同时也是英国诗人Lord Byron的女儿。Ada语言是由美国国防部开发研制的，其目的在于创建一种简单的、通用的程序设计语言，这种语言可以满足国防部各种软件开发的需求。Ada的设计中的一个重点是整合为编写实时计算机系统程序的特点，这些程序包括导弹制导系统、建筑中的环境控制系统以及汽车控制系统和家庭智能系统。因此，Ada包括了在并行处理环境和处理特别任务（叫做异常）的实用技术中表达活动的特点。Ada是一种命令式语言，后来包含了面向对象特性，所以表现了从命令式程序设计到现代面向对象语言的变革。

FORTRAN

FORTRAN是FORmula TRANslation的缩写，意为公式翻译。这种语言是最早产生（1957年诞生）的高级语言之一，并且是最早在计算机界被广泛接受的语言之一。在近些年中，它已经发布了多个官方扩展版本，比如FORTRAN IV、FORTRAN 77、FORTRAN 90、FORTRAN95和现在的FORTRAN 2008。尽管受到了很多批评，FORTRAN仍然在某些科学领域内有所使用。特别是在数值分析和统计应用中，很多程序都是用FORTRAN语言编写的。

BASIC

BASIC语言创立于1964年，可认为是一种简化了的FORTRAN语言。一般微机都配有BASIC语言。这种语言学习使用方便，具有人机对话功能及较强的图形、字符串处理能力。1991年以来，微软公司把其纳入Visual Studio系列软件包以后，功能更加强大。实际上，Visual Basic不止是一种语言——它还是一个完整的软件开发包，能使程序员利用预先确定的组件（如按钮、复选框、文本框以及滚动条等）搭建GUI，并且描述组件是如何响应不同事件的，从而让程序员定制个性化的组件。例如，对于按钮而言，程序员可以定义当点击按钮后会发生什么事件。在预先确定的组件的基础上构建软件的策略是当今软件开发技术的发展趋势。WINOOWS操作系统得到了嵌入其内的Visual Basic开发包带来的便利性，同时WINOOWS操作系统的流行又使得Visual Basic成为一个当今使用最广泛的程序设计语言。较新的BASIC语言版本，已经集成在Visual Studio 2010软件包中了。

C

C语言是由Dennis Ritehie于20世纪70年代在Bell实验室开发出来的。尽管原本被设计成用来开发系统软件的语言，但是C在程序设计界中相当流行，并且得益于由美国国家标准化协会（ANSI）制定的标准。

C原本被仅仅设想成一种机器语言而已。因此，它的语法与其他那些使用完整的英语词汇来表达原语的高级语言相比起来要更简洁，在C中，原语都是用特殊的符号表示的。这种简洁性可以得到对于复杂算法的高效表达，这也是C获得如此流行的主要原因。(一个简练的表达通常比冗长的表达要更加可读。)

C ++

C ++语言是作为C语言的一个增强版本由Bjarnc stroustrup在Bell实验室20世纪80年代开发出来的。它的目标是制造一种与面向对象范型相容的语言。

C#

C#是C ++和Java语言的近亲。它是由Microsoft开发的，并且作为.NET Framework中的一个主要开发工具，这个框架是用于开发基于Microsoft操作系统的应用程序的一个全面的系统。当然，Microsoft 开发 C#使之成为不同的语言的原因并不是真正创造了一种新的语言方式，而是作为一个不同的语言，Microsoft 能够定制一个语言的特性，而不用关心其他与之相关的语言标准或者其他公司的版权问题。由于有 Microsoft 支持，其封装性和继承性更好，相关的可直接用于开发的类更多，C#和 . NET Framework 很有可能成为全球流行的软件开发工具。相应的还有 J#、F#等新的高级语言。

Java

Java 是由 Sun 微系统公司在 20 世纪 90 年代早期开发的一种面向对象语言。它的设计者借鉴了很多 C 和 C + + 的特点。作为一种新的语言，Java 并没有统一标准。当然，这种语言仍然处于发展阶段。Java 精彩之处并不在于其语言本身，而是语言的通用性和大量的预先设计好的模板。所谓通用性，意味着 Java 写的程序可以在各种平台上运行，同时可用的模板意味着复杂的软件在开发的时候将变得相对简单。比如，像 applets 和 servlet 之类的模板非常便于万维网的软件的开发。

1.1.2 程序设计高级语言的用法

只要在计算机中安装了某种程序设计高级语言的编辑和处理程序，启动它，就可以进入那个高级语言的程序设计环境了。尽管许多人为计算机编写了许许多多的程序，但随着人们对计算机应用愿望的与日俱增，人们总希望能由自己亲自编写一段程序，亲自解决一个一个问题，感受驾驭计算机的主人翁感觉，进而不断丰富计算机应用的范围、领域和空间。由于程序设计还是一个崭新的事物，肯定十分具有挑战性。

一般程序设计包含下列四个步骤：

(1) 理解问题。对问题清楚的定义经常是在解决问题过程中作重要也是最容易被忽略的一步。

(2) 为解决这个问题制定一个计划。什么资源可以利用？人？信息？计算机？软件？数据？如何安排这些资源来解决问题。

(3) 执行计划。由于许多解决问题的方法是不经意想到的，所以这个阶段经常与第二阶段交叠。

(4) 评估方法。问题是否被正确解决？这种解决问题的方法是否适用于其他问题？

程序设计的过程也可以描述为 4 个阶段：

(1) 问题定义。

(2) 设计、提炼和测试算法。

(3) 编写程序。

(4) 测试程序，并找出错误。

由于程序设计中遇到的许多问题太复杂而不能立刻得到解决，人们经常采用的一个解决方案就是自顶向下逐步求精。这种方法首先将一个大问题分解为较小的问题。对每个较小的问题，用同样的方法继续划分下去，直到每一个小问题用一个高级语言的语句、函数、过程或调用能够描述清楚，程序设计就最后完成了。

下面主要以 Visual Basic 6. 0 版为主进行简单介绍，读者可以很容易地推广到更新的版本。

1.2 VB 程序设计界面概述

每次运行 VB 首先都会出现图 1－1 所示“新建工程”对话框，这时可以选择“新建”标签中的“标准 EXE”，然后确定，这与用户在 Word 中新建一个文件十分相似。

图 1－1 新建工程

新建一个工程后将出现图 1－2 所示的编程主界面，它由下列部分组成：

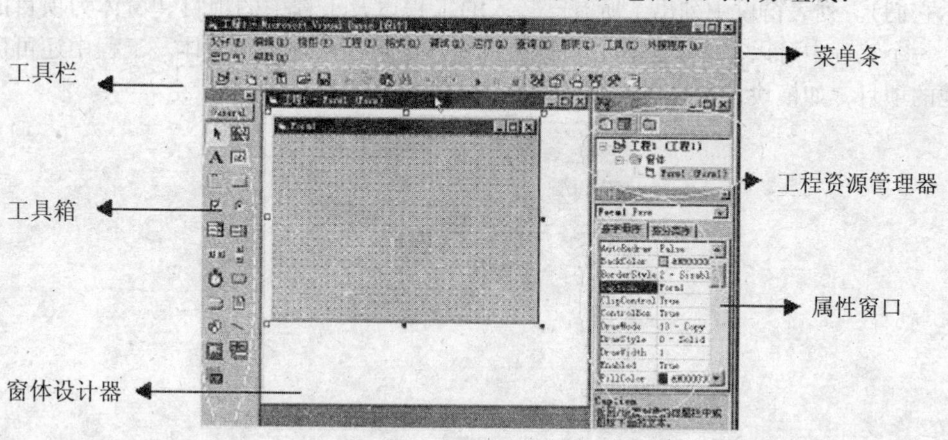

图 1－2 VB 编程主界面

1. 菜单条列出可在活动窗口下使用的菜单。

2. 常用工具栏为一些常用的操作提供快捷按钮，如图 1－3 所示。通过“查看”菜单“工具栏”选项，还可以设置“常用”、“编辑”等工具栏显示与否。

图 1－3 工具栏

3. 工具箱显示标准的 Visual Basic 控件连同已添加到工程中的任何 ActiveX 控件和

可插入对象，如图1－4所示。选择“选项”对话框的“通用”选项卡中的“显示工具提示”选项，可以显示工具箱按钮的工具提示。

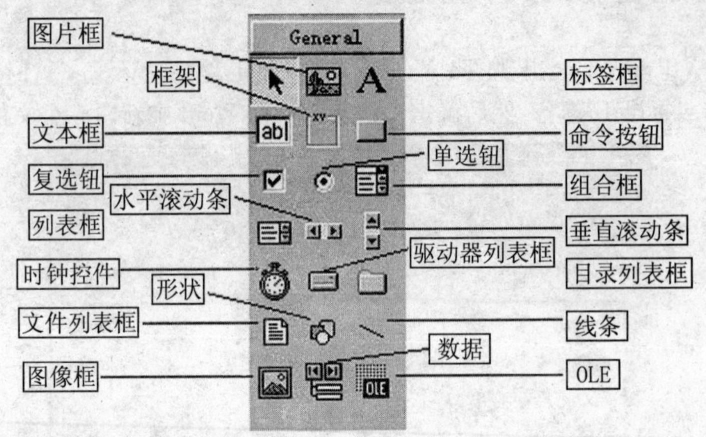

图1－4 工具箱

4. 工程资源管理器显示所有的工程以及工程的层次列表，主要用于管理工程资源，通过它可以快速定位到各项资源，并可以随时在窗体设计器和代码编辑器之间切换，选择窗体设计和代码编辑两种工作方式。

工程资源管理器上面有三个图标（如图1－5所示），左边第一个用于选择代码编辑方式（即打开代码编辑器），第二个用于选择窗体设计方式（即打开窗体设计器），最后一个图标用于切换文件夹（当正在显示包含在对象文件夹中的个别项目时可以隐藏或显示它们）。列表窗口中列出了所有已装入的工程以及工程中的项目。窗体为项目的一种，一个工程中可以有多个窗体，所以资源窗口中可能出现多个窗体。工程中还可以有其他的项目，如模块、类模块、用户控件、MDI窗体属性页等。

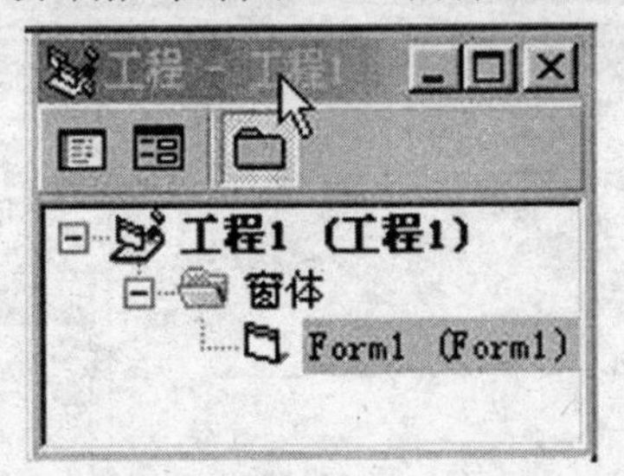

图1－5 工程资源管理器

5. 窗体设计器用于创建、定制窗体以及绘制和查看控件，如图1－6所示。可以按照下述方式来打开代码窗口：

（1）在工程窗口中，双击窗体。

（2）在工程窗口中，选择窗体，然后单击“查看窗体”按钮。

（3）从“视图”菜单中选择“对象窗口”（快捷键：Shift＋F7）。

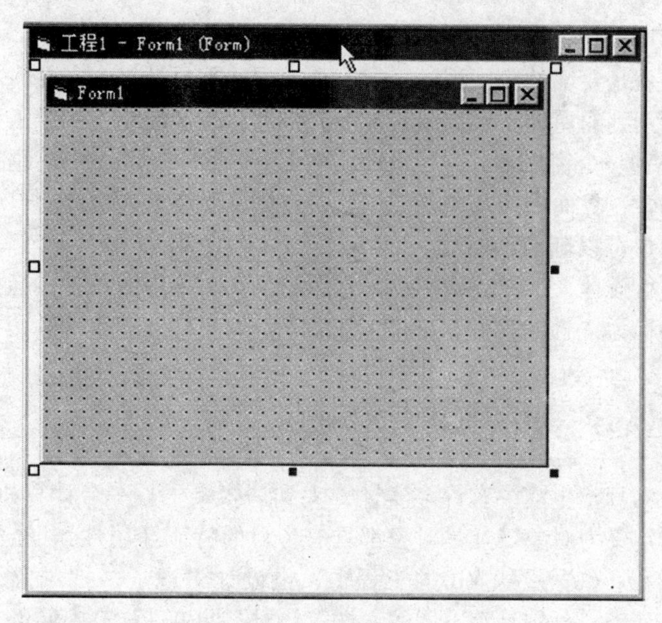

图1-6 窗体设计器

6. 代码编辑器用于编写、显示以及编辑 Visual Basic 代码，如图1-7所示。可以按照下列方式打开代码窗口：

图1-7 代码编辑器

（1）在工程窗口中，可以选择一个窗体或模块，然后选择“查看代码”按钮。

（2）在“窗体”窗口中，双击控件或窗体。

（3）从“视图”菜单中选择“代码窗口”。

（4）选定对象，按下 F7 键。

7. 属性窗口列出选取对象的属性设置。当选取了多个控件时，属性窗口会列出所有控件都具有的属性。从“视图”菜单中选择“属性窗口”或按 F4 键可以显示该窗口。

8. 由于程序编辑、调试的需要，通过“查看”菜单随时可以打开许多窗口，如立即窗口、本地窗口、查看窗口、布局窗口和数据窗口等。

这里，工程就是要编的应用程序，但一个工程并不只是一个文件，一个工程包括了开发应用程序所用到的窗体、模块及其他部件。默认的情况是，一个工程包含一个工程文件（＊.vbp）和一个窗体文件（＊.frm）。只要新建一个工程，新建的工程会自动带有一个窗体。通常，界面中间灰色的方框就是窗体，而装着方框的窗口就是上面提到的窗体设计器。用户可以随意改变窗体的大小——与在 Windows 中改变一个窗口大小一样。为了方便进行设计，工具箱里提供了常见的 Windows 界面部件，像按钮、单选按钮等等，这些部件称为“控制部件”或“控件”。

1.3 认识对象和面向对象编程过程

什么叫对象？日常生活中有许多实体，大到一张桌子、一台计算机，小到一本书、一页纸，都可以定义为对象。凡是对象都具有各自的特征（属性），经受某种激励（事件），产生某种行为（方法）。VB 的工程中，也设计引进了一批对象，大到工程、窗体，小到按钮、列表，分别具有不同的属性，针对不同事件，有不同的方法。下面通过使用 VB 建立一个应用程序考察对象的作用。

首先新建一个工程，如图 1－2 的界面就会出现。窗体是第一个对象，窗体的属性表里可以看到窗体的大部分属性，如对象的名称、颜色、大小（长度和宽度）等。不同的对象属性不完全相同，也就是说，各种控件都有自己特有的属性。

接下来在工具箱中选用标签控件在窗体上添加一个标签对象。标签的属性表里默认的 Caption 属性值是 Label1，稍加改动写上“HELLO WORLD”，如图 1－8 所示。操作完成后窗体如图 1－9 所示。

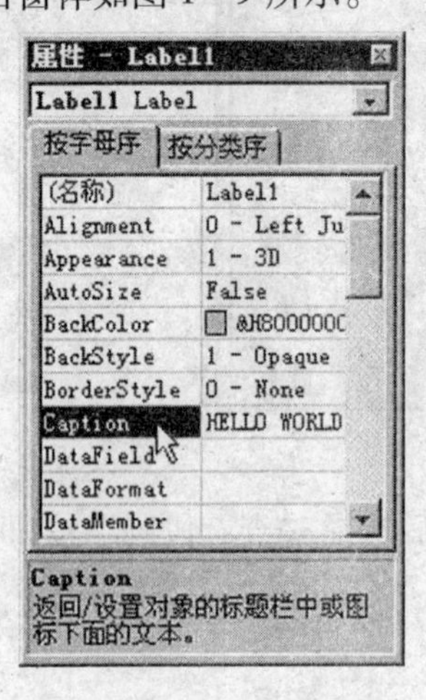

图 1－8　Label1 属性窗口

图 1－9　设计时窗体

注意属性窗口最上面的列表框显示“Label1 Label”，其中 Label1 是标签控件默认的名称（可以通过改变标签的名称属性值给它任意命名）。

接下来，再添加一个按钮控件（默认的名称为 Command1）如图 1－10 所示。注意按钮的属性，但更要注意按钮对象可以接受哪些事件，比如说，单击鼠标、按下键盘都会产生相应事件。在 VB 中，事件总是和对象紧密关联使用的，如 Form_Click 表示在 Form 上单击时，便会产生 Form_Click 事件，同理，在按钮 Command1 上单击时，便会产生 Command1_Click 事件。每种控件都能响应一些事件，而不同的控件能响应的事件不尽相同。

图 1-10 添加 command1 后窗体

怎样才能知道哪些控件可以响应哪些事件？双击 command1 控件，会出现代码编辑器如图 1-11 所示，此时可以为 command1 控件编写代码了。

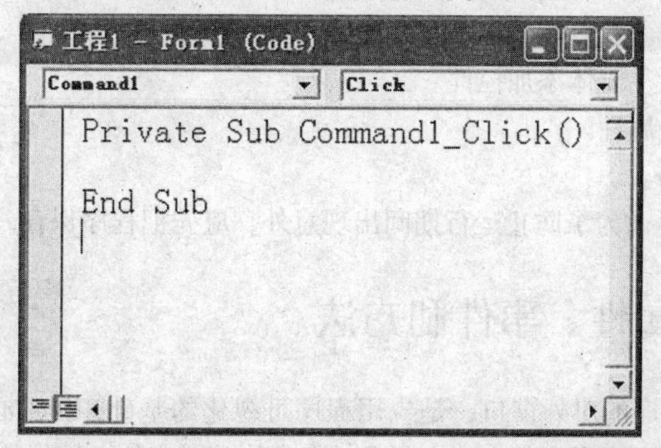

图 1-11 编写程序代码

代码编辑器上面有两个列表框，左边一个显示的是所选对象的名称，右边一个显示对象相应的事件，要查看某一对象可以响应什么事件，只需要在左边列表框选定对象，在右边列表框的下拉列表中查看即可。列表框下面的文本框便是输入代码的地方，现在里面有两行：

```
Private Sub Command1_Click ( )

End Sub
```

这是系统自动生成的代码，只需要往这两个语句间添加 Command1_Click ( ) 事件发生后要执行的代码即可。

在这个例子中，假设单击按钮后显示“HELLO CHINA”，从编程的角度出发，可以表述为：Command1_Click ( ) 事件发生后，Label1 的 Caption 属性变为“HELLO CHINA”。

只要把 Label1. Caption = "HELLO CHINA" 这个语句加入如下：

```
Private Sub Command1_Click ( )
    Label1. caption = "HELLO CHINA"
End Sub
```

这时,随时按下 F5 键，程序执行的结果就会如图 1－12 所示。

单击按钮前

单击按钮后

图 1－12 程序运行界面

可见，VB 程序的编制过程：

（1）新建工程。

（2）根据需要往窗体添加控件。

（3）设置控件属性。

（4）添加代码。

（5）试验运行（为了防止运行期间出现意外，应先把程序保存一下）。

1.4 认识属性、事件和方法

窗体是应用程序的对外窗口，是应用程序可视化的基础，控件必须置于窗体之上。大部分的 Windows 应用程序都会至少包含一个窗体。对窗体、控件的定制或设计期间称为设计过程，程序运行期间称为运行过程。

1.4.1 对象常用公共属性

下面将介绍窗体等各种控件共有的一些属性：

Name：返回在代码中用于标识窗体、控件的名字。在运行时是只读的。

窗体及控件的命名有如下规则：

· 必须以字母或汉字开头。

· 可包括字母、数字和下划线，不能有空格或分号，最大为 40 个字符。

· 不能具有与别的公共对象相同的名字，例如 Clipboard、Screen 或 App。虽然可以是一个关键字、属性名或别的对象的名字，但这会在代码中产生冲突，因此应尽量避免使用。

新对象的缺省名由对象类型加上一个唯一的整数组成。例如，第一个新的 Form 对象是 Form1，第一个新的 MDIForm 对象是 MDIForm1，而在窗体上创建的第三个 TextBox

控件将是 Text3。

Left：窗体（控件）左边缘在屏幕（窗口）的位置。

Top：窗体（控件）上边缘在屏幕（窗口）的位置。

Width：窗体（控件）宽度。

Height：窗体（控件）高度。

Visible：返回或设置对象是否可见或隐藏的值。属性值及对应含义如下：

True：对象是可见的（缺省值）。

False：对象是隐藏的（不可见）。

Enable：返回或设置一个值，该值用来确定一个窗体或控件是否能够对用户产生的事件做出反应。

True：允许对象对事件做出反应（缺省）。

False：阻止对象对事件做出反应。

1.4.2 窗体常用特有属性

Caption 属性：用于设置窗口的标题，以便做到识别不同应用程序。通过在属性窗口里更改窗体的 Caption 属性，来使用自己喜欢的标题，并在运行此程序时显现出来，这对于初学者来说，将是一件很有成就感的事情。

Icon 属性：和标题一样，每一个程序都有一个图标，可以通过设置 Icon 属性，将喜爱的图标放到标题栏上。具体方法：单击属性窗口中的 Icon 属性栏，此栏的最右端将出现一个带有三个小点的按钮，单击此按钮（记住：以后碰到这种按钮，都是要求插入一些文件），将弹出一个打开文件的对话框，选择想使用的图标文件（*.ico）即可。

Picture 属性：用来设置窗体的背景图片，其引入图片的方法同 Icon 引入图标一样，不过此处要用位图文件（*.bmp），而不是图标文件。

MaxButton 和 **MinButton** 属性：用于设置窗体的标题栏是否具有最大化和最小化按钮。两者的取值皆为 True 和 False。取 True 时，有此按钮；取 False 时，无此按钮。

Moveable 属性：用于设置窗体是否能移动。当它被设置为 True 时，可以通过鼠标拖动窗体；当设置为 False 时，不能拖动窗体。

WindowState 属性：此属性用于设置窗体启动时窗体的状态，有三种形式可供选择：

（1）正常显示。启动程序时窗体的大小为设置的大小，其位置也为我们设置的位置，此时此属性的取值为 Normal。

（2）最大化显示。启动时窗体布满整个桌面，其效果相当于单击最大化按钮，此时此属性的取值为 Maximized。

（3）最小化显示。启动时窗体缩小为任务栏里的一个图标，其效果相当于单击最小化按钮，此时此属性的取值为 Minimized。

1.4.3 常用事件

Windows 应用程序的执行是由事件驱动的，如果说属性是程序员与控件之间的桥梁，那么事件便是用户与程序之间的桥梁。用户使用程序的过程，便是不断触发各种事件，向程序下达指令的过程。离开了事件，程序便难以知道用户“在干什么”及“想干什么”。因此，程序员一个非常重要的任务就是在用户和程序之间架好桥梁。这个任务并不复杂，实际上在第一个程序“HELLO WORLD”中已经做到了这一点。当时，只是在一个事件过程中加了一行代码如下所示：

```
Private Sub Command1_Click ( )
    Label1. Caption = "HELLO CHINA"
End Sub
```

实践中，如果把 Command1 的 Caption 属性改为“显示 HELLO CHINA”，就可进一步提示用户单击 Command1 将会发生什么。若想给用户来个意外：当他的鼠标移动到欢迎信息上面的时候，把欢迎信息“HELLO WORLD”改为“你碰着我了”。怎么办呢？可以利用 Label1 的 MouseMove 事件，添加代码如下：

```
Private Sub Label1_MouseMove (Button As Integer, Shift As Integer, X As Single, Y As Single)
    Label1. Caption = “你碰着我了”
End Sub
```

设想一下结果会怎样呢？试一试。

还可以有更多的创意：如双击鼠标改变窗口颜色、按任意键隐藏信息……，等等。

下面介绍一下 VB 中常用的部分事件：

1. 窗体和图像框类事件

Paint 事件：当某一对象在屏幕中被移动，改变尺寸或清除后，程序会自动调用 Paint 事件。注意：当对象的 AutoDraw 属性为 True（－1）时，程序不会调用 Paint 事件。

Resize 事件：当对象的大小改变时触发 Resize 事件。

Load 事件：仅适用于窗体对象，当窗体被装载时运行。

Unload 事件：仅适用于窗体对象，当窗体被卸载时运行。

2. 当前焦点（Focus）事件

GotFocus 事件：当焦点聚于该对象时发生事件。

LostFocus 事件：当焦点离开该对象时发生事件。

Focus 英文为“焦点”、“聚焦”之意。最直观的例子是：有两个窗体，互相有一部分遮盖。当你点下面的窗体时，它就会全部显示出来，这时它处在被激活的状态，并且标题条变成蓝色，在这个窗体上发生了 GotFocus 事件。相反，另外一个窗体被遮盖，并且标题条变灰，就说那个窗体上发生了 LostFocus 事件。

3. 鼠标操作事件

Click 事件：鼠标单击对象。

DbClick 事件：鼠标双击事件。

MouseDown、**MouseUp** 属性：按下/放开鼠标键事件。

MouseMove 事件：鼠标移动事件。

DragDrop 事件：拖放事件，相当于 MouseDown、MouseMove 和 MouseUp 的组合。

DragOver 事件：鼠标在拖放过程中就会产生 DragOver 事件。

4. 键盘操作事件

KeyDown、**KeyUp** 事件：按键的按下/放开事件。

KeyPress 事件：按键事件。

5. 改变控制项事件

Change 事件：当对象的内容发生改变时，触发 Change 事件。最典型的例子是文本框（TextBox）中的任意操作都会引发 Change 事件。

DropDown 事件：下拉事件，仅用于组合框（ComboBox）对象。

PathChange 事件：路径改变事件，仅用于文件列表框（FileListBox）对象。

6. 其他事件

Timer 事件：仅用于计时器，每隔一段时间被触发一次。

1.4.4 常用方法

VB 中方法用得并没有属性和事件多，但方法也是 VB 对象必不可少的一部分，方法通常用于操作对象，这跟属性有点相似，但方法提供了更为直接的操作对象的途径，而且，某些对象操作是必须用对象的方法来完成的。下面介绍几种常用的方法：

（1）Cls 方法，清除运行时窗体或图形框上所生成的图形和文本。

（2）Print 方法，在窗体或图片框上显示文本。

（3）Move 方法，用以移动窗体或控件等对象。

1.5 VB 的面向对象特性

再次讨论对象的概念：对象是代码和数据的组合，可以作为一个单位来处理。对象可以是应用程序的一部分，比如可以是控件或窗体。整个应用程序其实也是一个对象。实际上“对象”是一个很广泛的概念，要理解编程中“对象”概念，还必须有一些“类”的知识。

Visual Basic 中的每个对象都是用类定义的。用饼干模子和饼干之间的关系作比喻，有助于理解对象和它的类之间的关系。饼干模子是类，它确定了每块饼干的特征，比如大小和形状。用类创建对象，对象就是饼干。在 Visual Basic 的“工具箱”上，控件代表类。在创建控件之时也就是在复制控件类，或建立控件类的实例，这个类实例就是应用程序中引用的对象。在设计时操作的窗体是类；在运行时，Visual Basic 建立窗体的类实例。也就是说“对象”是类的实例。

在 VB 编程过程中，大多数时候是在跟对象打交道。人们所要做的工作便是创建对象、设置对象属性、捕获并处理来自对象的事件……，而并不必去关心对象的底层运作——VB 将程序员从繁琐的底层程序设计中解救出来。这正是 VB 易学易用的原因。

1.6 本章小结

本章通过实例“Hello World”阐述了一个VB应用程序的创建过程，通过本章的学习，对VB程序设计的过程和特点有了整体的认识。大体说来，VB编程有如下特点：

1. 可视化程度高 正如“Visual Basic”中“Visual”一词表述的那样，VB编程可视化程度是非常高的。不妨将“可视化”理解为“所见即所得”，从前面的实例可以看出，工程运行时的窗体跟设计时的窗体基本上是相同的（当然，这是在使用代码改变对象属性之前的情况）。

2. 面向对象 VB编程是面向对象的编程，这意味着利用VB可以花更少的时间去做更多的事。例如要在窗体上显示一个按钮，所需要做的仅是创建一个对象（把工具箱中的按钮拖到窗体上即可），而不必使用画图语句。表1-1列出了常用的控件及其用途。

表1-1 常用控件

控件名	用 途
图片框	显示图形图像，该控件作为接受来自图形方法的输出容器，或作为其他控件的容器
标签	显示用户不可修改的文本
文本框	保存可以输入或修改的文本
框架	允许从图形方面或在功能上对控件分组。为了将控件分组，首先要绘制框架，然后在框架中画出控件
命令按钮	创建按钮，选择它来执行某项命令
复选框	创建一个对话框，允许显示多个选项，可以同时选择一项或多项
单选钮	允许显示多个选项，但只能从中选择一项
组合框	允许绘制一个组合列表框和文本框。使用时可从下拉列表中选择一项，也可在文本框中输入值
列表框	用于显示项的列表，可从这些项中选择一项。如果包含的项太多而无法一次显示出来，则可滚动列表框
水平滚动条	水平滚动条是一个图形工具，可快速移动很长的列表或大量信息，可在标尺上指示当前位置，可以作为输入设备，或作为速度或数量的指示器
垂直滚动条	垂直滚动条是一个图形工具，它可以快速引导一个很长的列表或大量信息，可以在标尺上指示当前位置，可以作为输入设备，或作为速度和数量的指示器
时钟	在指定的时间间隔内产生定时器事件。该控件在运行时不可见
驱动器列表框	显示有效的磁盘驱动器
目录列表框	显示目录和路径
文件列表框	显示文件列表
形状	在设计时，允许在窗体上绘制多种形状的图形。可在其中选择矩形、圆角矩形、正方形、圆角正方形、椭圆形或圆形
线条	在设计时用来在窗体上绘制各种样式的线
图像框	在窗体上显示位图、图标、或元文件中的图形图像。Image控件中显示的图像可以仅是装饰性的，与图片框相比，它使用的资源要少一些
数据	通过窗体上被绑定的控件来访问数据库中的数据
OLE	允许把其他应用程序的对象链接和嵌入到Visual Basic应用程序中

3. 依赖实践 理解好对象的属性、方法、事件并不困难，对于一些常用的属性、方法、事件，在编过几个程序之后，一般都能被铭记于心。学好编程的最佳路径就是实践，实践是掌握编程的最好方法。

第 2 章 CHAPTER

文　件

内容提要

- 从文件系统控件和数据文件定义说起
- 数据文件的结构、分类和访问
- 顺序文件、随机文件和二进制文件
- 文件处理函数和语句

计算机处理任何信息，除了希望显示在屏幕上或者发出声音，能让用户看见听见之外，一般都希望将其可靠地保存起来，文件就是一种最好的选择。文件可以把各种信息按照一定要求有效地存储在计算机外部存储介质上。Windows 操作系统与其他操作系统一样，是以文件为单位管理数据的。在 Windows 操作系统环境下，要获得存储在外部存储器上的数据信息，必须首先指定文件所在的驱动器名称、文件夹目录的层次结构即路径及文件名，才能从该文件中读取数据信息。要向外部存储器存储数据信息，也必须在指定的驱动器及文件夹建立起文件的基础上，然后再向该文件写入要存储的信息。

在应用程序进行文件操作时，通常情况下要指明文件完整的路径，但如果操作的是当前驱动器上的文件，可以在路径中不指明驱动器号；如果操作的是当前驱动器上当前文件夹下的文件，可以不指定路径，只使用文件名。例如：如果 C 为当前驱动器，C：\ Vb6为当前文件夹，则 C：\ Vb6 \ Score. txt 可以简写为 Score. txt。

当然，Windows 管理的文件可以分为程序文件和数据文件两类。比如前面第一章中在 Visual Basic 编程环境中设计的程序（扩展名为 . frm、. vbp、. vbg、. bas、. cls、. exe 等的文件）都是程序文件，而使用程序处理的数据存储起来就是数据文件了，扩展名常用 . txt、. dat、. doc 等，或也可以没有扩展名。本章重点介绍使用程序处理数据文件的概念、原理和常用方法。

2.1 文件系统控件与数据文件定义

2.1.1 文件系统控件

在应用程序中经常遇到有关文件、目录和驱动器的操作，如在文件的“打开”、“保存”对话框中，都需要对这些项目进行选择。Visual Basic 提供了三个有关文件处理的专用控件：DriveListBox 驱动器列表框控件、DirListBox 目录列表框控件、FileListBox 文件列表框控件，由于这些控件都与文件的操作有关，所以它们也被称为文件系统控件。使用这些控件可以迅速地确定驱动器、文件和目录等信息，三个控件可以单独使用，也可将三个控件结合在一起使用。

1. 驱动器列表框控件

DriveListBox 控件的图标为▭，它是一个下拉式列表框，其自动列出系统中有效的驱动器名称，包括网络共享驱动器。在程序的运行阶段，用户可以通过键盘输入有效的驱动器名称，也可以在控件的下拉列表中进行选择，如图 2－1 所示。系统默认的驱动器为当前驱动器。

驱动器列表框控件不仅具有一些列表框的属性，如：List、ListCount、ListIndex 等属性；也具有一些文本框控件的属性，如：Font 、FontSize 等属性。这些属性的使用方法与在列表框和文本框中的使用方法是一样的。

（1）Drive 属性

Drive 属性是驱动器列表框控件独有的属性，这个属性的设置决定驱动器列表框中最顶端驱动器名称的显示，可以给该属性赋一个字母指定驱动器。如：

Drive1. Drive = "C"

大小写字母均可,也可以赋给此属性一个字符串，但只有第一个字母才有意义。驱动器列表框的 Drive 属性只能在程序代码中设置、访问，而不能在属性窗口中设置。

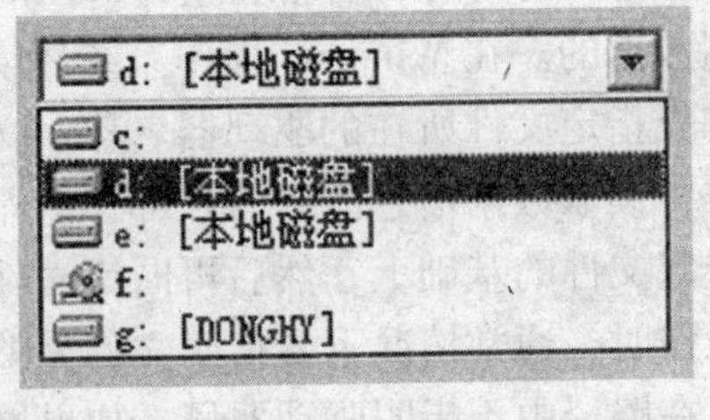

图 2－1 驱动器列表框控件

（2）常用事件

①Change 事件

当驱动器列表框中当前所选驱动器发生改变时，如用户使用鼠标或程序进行选择设置，则会触发该事件。

②Click 事件

当用户单击驱动器列表框时触发此事件。

2. 目录列表框控件

DirListBox 控件可以显示当前驱动器上的目录结构，它以根目录开头，其下的子目录按层次依次显示在列表框中，如图 2－2 所示。DirListBox 控件的图标为▭。目录列表框控件具有列表框的常用属性。

（1）DirListBox 控件的重要属性

①Path 属性

Path 属性的值反映了目录列表框中打开的当前目录，例如：

Dir1. Path ="C:\ Windows"

设置"C：\ Windows"为当前目录。在程序的运行阶段，当双击目录列表框中某个目录时，系统就会把这个目录的路径赋给 Path 属性，当 Path 属性值发生改变时，将会触发 DirListBox 控件的 Change 事件。Path 属性只能在程序代码中设置、访问，在属性窗口中不能设置。

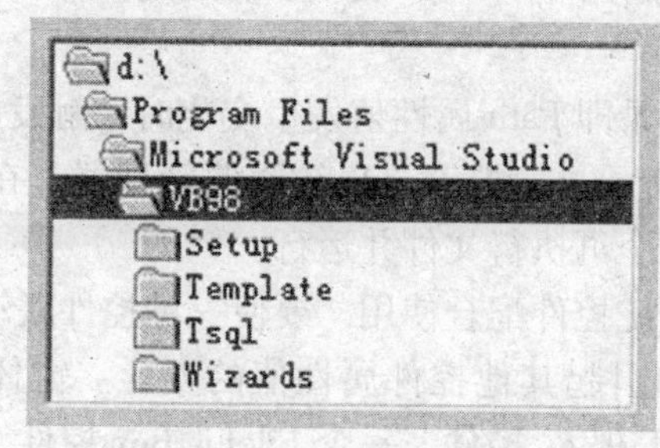

图 2－2　目录列表框控件

②ListIndex 属性

该属性值为整型，Visual Basic 规定由 Path 属性所指定目录的 ListIndex 属性值总是为－1，它的第一个子目录的 ListIndex 属性值为 0，下一级的各子目录依次为 1、2、3 等；而它的上一级目录的 ListIndex 属性值分别为－2、－3 等。利用该属性可以方便地访问到任何一级目录，尤其对访问当前目录的上下级目录更为方便。

③ListCount 属性

该属性值是由 Path 属性值指定的当前目录中包含的子目录的个数，该属性只能在程序代码中进行读访问。

④List 属性

该属性值是一个字符串数组，数组中的每个元素包含相应条目完整的路径和目录名，该属性只能在程序代码中进行读访问。

（2）常用事件

①Change 事件

当 Path 属性的值即当前目录被改变时触发此事件。

②Click

当用户单击目录列表框时触发此事件。

3. 文件列表框控件

FileListBox 控件用于显示指定目录下所有指定类型的文件，并可选定其中一个或多个文件。FileListBox 控件的图标为 。

(1) FileListBox 控件的重要属性

①Path 属性

此属性值为字符串数据类型，用来指定文件列表框中所显示的文件，其所在的目录或文件夹的路径名。

②Pattern 属性

该属性使用通配符“*”、“?”规定列表框中所显示的文件类型，如 a*.*、*.exe、a?.exe 等。各项之间使用分号分隔。例如：

File1. Pattern = "*.exe; *.bat; *.com; a?.txt"

③FileName 属性

此属性返回文件列表框中选定的文件名字符串。如果支持多选，还要使用 Selected 属性。当 FileName 属性值为空字符串时，表示没有选定文件。

(2) PathChange 事件

当文件列表框对应的目录即 Path 属性值发生变化时，触发此事件。

【例 2-1】如图 2-3 所示，模拟 Windows 资源管理器，在窗体中允许用户从某一驱动器的各个目录中查找一个可执行文件并运行。

该例中，将三种文件系统控件配合使用。要使三种控件联动，就必须在一个控件属性值发生改变之后，能立即引起其他控件属性值的变化。窗体界面中，分别包含一个 DriveListBox 控件，一个 DirListBox 控件，一个 FileListBox 控件，一个文本框控件，四个分别标记各控件功能的标签控件，以及一个命令按钮。在文本框中显示用户选择的可执行文件，单击“运行”按钮执行该文件。代码如下：


```
Private Sub Form_Load ()
  File1. Pattern = "*.exe"
End Sub

Private Sub Dir1_Change ()
  File1. Path = Dir1. Path
End Sub

Private Sub Drive1_Change ()
  Dir1. Path = Drive1. Drive
End Sub

Private Sub File1_Click ()
  If Right (File1. Path, 1) < > "\" Then
    Text1. Text = File1. Path & "\" & File1. FileName
  Else
```

```
        Text1. Text = File1. Path & File1. FileName
    End If
End Sub

Private Sub Command1_Click ( )
    Dim int1
    int1 = Shell (Text1. Text, vbNormalFocus)
End Sub
```

注意，这里用到的 Shell 函数是专门执行指定的应用程序的，稍后会有详细解释。

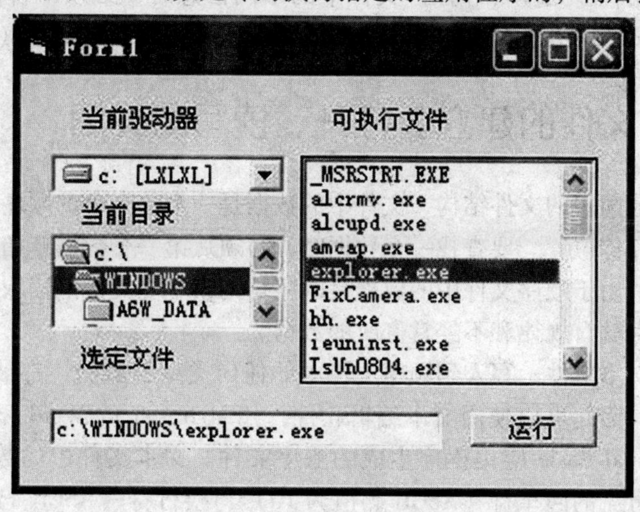

图 2-3 文件管理系统窗体

2.1.2 数据文件的结构

为了有效地对数据进行读写，文件中的数据必须以某种特定的格式存储，这种特定的格式就称为文件的结构。

在文件中，字节是基本的存储单位。文件是由多个彼此不相关，但都包含特定信息的字节数据组成。文件也可以由若干个记录组成，每条记录是多项相关信息的集合，每一项被称为数据元素或字段；每个字段占用若干个字节，一条记录的所有字段占用的字节总和是一条记录占用的字节数；每一条记录都有一个记录名，或称为记录号，对文件某条记录的操作，通过记录号进行。对由多条记录组成的文件进行操作，是以记录作为基本单位的。

2.1.3 数据文件的性质和分类

数据文件不能直接执行，但是可以通过 Visual Basic 提供的相应访问方式、语句及命令，编写相应的应用程序进行有效管理和利用，这也是所以要学习程序设计的原因。

根据内容及内部信息组织方式 Visual Basic 把数据文件分为三类：顺序文件、随机文件、二进制文件。它们有几乎相近的访问方式，但具体操作有所区别。

2.1.4 数据文件的访问

虽然对不同类型的文件其访问方式有所区别，但是处理步骤却基本上相同：

（1）首先打开或建立（外存）文件。

（2）将文件中的数据读到（内存）变量中。

（3）使用和处理（内存）变量中的数据。

（4）将（内存）变量中的数据写到（外存）文件中。

（5）最后关闭（外存）文件。

可见，在应用程序处理（外存）文件中的不同信息时，必须配合使用不同的（内存）变量。所以要求内存变量均应事先做好规划、定义好各自的类型（详见第4章）。

2.2 顺序文件的建立、打开、读写和关闭

顺序文件是最简单的文件结构，文件中的数据是一个接一个的顺序存放，而且只提供第一个数据的存储位置。要查找一个数据时，必须从第一个数据开始，逐个读取直到找到需要的数据。由于顺序文件中的数据是顺序排列，不能灵活地读取和写入数据，所以顺序文件适宜存储有规律和不经常修改的数据。

顺序文件是文本文件，写入到顺序文件中的任何类型的数据，都被转换成其 ASCII 码字符形式存储。因此可以使用文本编辑软件，如 Microsoft 的 Word、记事本、写字板等，打开查看 Visual Basic 应用程序生成的顺序文件。文本文件中的数据分成许多行，行与行之间以不可见的回车符（ASCII 码值为 10）与换行符（ASCII 码值为 13）分隔，每行中可以有多个数据。对顺序文件的操作包括建立顺序文件、打开顺序文件、读顺序文件、写顺序文件以及关闭顺序文件。

2.2.1 顺序文件的打开与关闭

1. 顺序文件的打开

格式：Open <文件名> For {Input | Output | Append} As <文件号> [Len = buffer-size]

语句中各参数的说明：

（1） <文件名> 就是要访问的顺序文件的名称以及文件所在的路径。

（2）Input、Output 和 Append 选项 称文件的访问模式，是指对文件要进行什么操作。

Output 选项：对文件进行写操作，即将数据写入磁盘文件。注：用 Output 选项模式打开一个不存在的文件时，VB 会在磁盘上创建一个新的顺序文件。文件打开后文件的指针位于文件开头，准备向文件写入数据．盘上的同名文件将被覆盖。

Input 选项：从打开的文件中进行读取数据操作，即将数据从文件中读入内存（注：文件必须存在，否则将出现错误）。

Append 选项：将数据追加到文件末尾。打开或创建一个新的顺序文件，文件打开

后文件指针位于文件的末尾准备向文件的尾部追加数据．若磁盘上没有该文件，则创建一个新的文件。

（3）<文件号> 为被打开的文件指定一个文件号，该文件号用来标识打开文件的文件句柄，必须是1~511之间的整数，再以后访问该文件时，打开的文件将通过<文件号>进行读写操作。

（4）Len参数 用于在文件与程序之间拷贝数据时指定缓冲区的字符数。

2. 顺序文件的关闭

在对打开的文件进行各种操作后，还必须将其关闭，否则会造成数据丢失。

格式：Close <#文件号> [，<#文件号>...]。

说明：<文件号>为打开文件时指定的文件号。

2.2.2 顺序文件的读取操作

要读取顺序文件的内容，应以Input方式打开该文件，然后使用读语句或函数将数据读到内存变量中。

1. 格式1

Line Input #<文件号>，<变量名>

功能：该语句以行来读取数据，并存放在<变量名>中。

说明：变量必须是字符串型或变体型。Line Input#语句 在读取数据时，会一直读到回车/换行符或文件尾为止，再读则从下一行开始。

2. 格式2

Input #<文件号>，<变量名1> [，<变量名2>...]

功能：该语句用来把从打开文件中读取的各数据项分别存放在对应的变量中。

说明：<文件号> 是用Open语句打开文件时指定的文件号（句柄），<变量名>为内存变量，各变量以逗号分隔。变量类型应与文件中的所读取到的数据类型一致。

3. 格式3

Input（Length，#<文件号>）

功能：Input函数可以读取指定长度Length的数据（字符个数）。

说明：Length 用来指定从文件中读取字符的长度。其中可以包括空格、逗号、双引号和回车符等。

2.2.3 顺序文件的写入操作

要将数据写入顺序文件，应以Output或Append模式打开该文件．然后使用Print#或Write#语句将数据写入文件中。

1. Print 语句

格式：Print #<文件号>，<输出数据列表>。

功能：向文件中写入数据。

说明：

（1）<文件号> 是用 Open 语句打开文件时指定的文件号（句柄），<输出数据列表>为要写入文件中的数据，输出的数据间要用“,”或“;”号分隔。

（2）“,”表示下一个字符在下一个格式区开始输出，“;”表示下一个字符紧跟前一个字符输出。若无{,|;}选项，Print#语句会在字符结束处添加一对回车/换行符。

（3）在实际编程中，经常将文本框中的文本以文件的形式存储到磁盘上。这时可用 Print #语句来实现。

2. Write 语句

格式：Write #<文件号>，<输出数据列表>。

功能：向文件中写入数据。

说明：

（1）Write 语句与 Print 基本相同，各数据项间用","分隔。区别在于 Write 语句以紧凑格式存放，且同时输出字符串上的双引号与数据项上的逗号。

（2）Print # 语句常与 Line Input # 语句配合使用。

（3）Write # 语句常与 Input # 语句配合使用。

2.2.4 顺序文件应用举例

【例 2-2】在下面的 Command1_Click（）事件过程中，分别使用不同写入格式的 Write #语句和 Print #语句，向顺序文件 C：\ temp \ test. txt 中写入数据（注意，必须保证 C：\ temp 文件夹的存在）。程序代码如下：

```
Private Sub Command1_Click ()
    Open "C:\temp\test.txt" For Output As #1
    Print #1, "Visual Basic 6.0", 666.88, Date, True
    Write #1, "Visual Basic 6.0", 666.88, Date, True
    Print #1, "Visual Basic 6.0"; 666.88; Date; True
    Write #1, "Visual Basic 6.0"; 666.88; Date; True
    Close #1
End Sub
```


运行上述程序后，使用 Windows 的记事本打开该顺序文件可见如图 2-4 所示的结果。

图 2-4 Windows 的记事本

这里，文件中存储的数据有不同的类型：

"Visual Basic 6.0" 是一个字符串常量，特征是有一对双引号引起来的任意字符，包括空格。注意，双引号一定是英文的，字符则也可以是中文等。

666.88 是一个数值常量。

Date 是一个系统内部函数，它能给出当前系统的日期。类似函数还有很多。

True 是一个逻辑常量，另一个逻辑常量是 False。

【例2-3】在下面的事件过程中，分别使用 Input # 语句、line input # 语句对上例中的顺序文件 test.txt 进行读操作，程序代码如下：

```
Private Sub Command1_Click ()
   Dim str1 As String: Dim str2 As String
   Dim num1 As Single: Dim dnum1 As Date
   Dim blnum1 As Boolean
   Open "C:\temp\test.txt" For Input As #1
   Line Input #1, str1
   Print str1                 '这个 Print 语句是将结果输出到窗体上
   Input #1, str2, num1, dnum1, blnum1              '这是 4 个 Print 语句
   Print str2: Print num1: Print dnum1: Print blnum1
   Close #1
End Sub
```

为了要实现这一功能，程序中使用 Dim 语句定义了四种不同类型的变量：

str1，str2 是字符串型变量。

num1 是单精度数值型变量。数值型变量还有很多种。

dnum1 是日期型变量。相应的还有时间型、星期型等多种。

blnum1 是布尔型逻辑变量。

程序运行后将读出的结果显示在窗体中，如图 2-5 所示（注意，文件中的数据没有读完）。

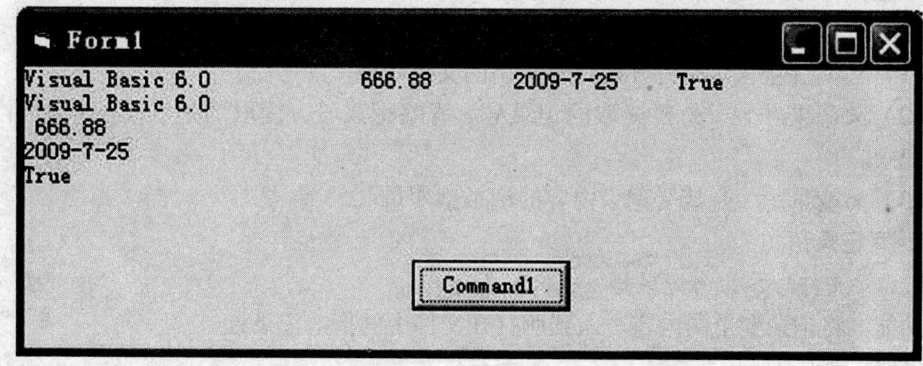

图2-5 读文件

2.3 读写随机文件

随机文件又称为记录文件，是由固定长度的记录顺序排列而成，每个记录可由多个数据项组成，每个数据项称为一个字段。各记录的数据项数目相等，对应的数据项数据类型相同。记录是读写随机文件的最小单位，可将文件指针定位在任意一条记录上进行读或写，便于文件的查询和修改。由于随机文件不是文本文件，所以使用文本编辑软件打开随机文件后，各条记录显示为杂乱无章的字符。

2.3.1 随机文件的打开和关闭

1. 随机文件打开语句

Open <文件名> [For Random] As <文件号> Len = <记录长度>

说明：

(1) <文件名> 为所要打开的随机文件名称。

(2) For Random 是缺省的选项。表示打开随机文件。

(3) <文件号> 标识打开文件的文件句柄（文件号），必须是1~511之间的整数。

(4) Len = <记录长度> 指定每条记录的长度，记录长度可用函数Len（）确定。

2. 随机文件的关闭

随机文件的关闭语句与顺序文件相同：Close <文件号>。

2.3.2 随机文件的读写操作

对随机文件中记录进行操作，要先将记录数据读到内存变量中，修改后再写回到随机文件。

1. 读记录语句

Get# <文件号>，<记录号>，<变量>

功能：将随机文件中指定的记录，读取到变量中。

说明：

(1) <文件号> 是打开文件时指出的文件句柄。

(2) <记录号> 是要读取的记录号。省略记录号，读取的是当前记录的后的那一条记录。

(3) <变量> 是接受记录内容的记录型变量。

2. 写记录语句

Put# <文件号>，<记录号>，<变量>

功能：将记录变量的内容写入到所打开文件中的指定记录处。

说明：

(1) <文件号> 是所要打开文件的文件句柄（文件号）。

(2) <记录号> 是要写入或替换的记录位置。

(3) <变量> 是要写入的记录型数据变量。

(4) 记录型数据变量的创建。

格式:

```
Type 类型名
  元素名 AS 类型名
  元素名 AS 类型名
  元素名 AS 类型名
  ...
END TYPE
```

功能:创建一个记录类型的变量,用来存放记录中的若干个数据项。

说明:一般情况,一条记录包含多项内容。例如,一个学生的记录可能包含学号、姓名、性别以及年龄等信息。这样基本数据类型就不能满足数据的要求,这就需要创建一个记录类型的变量,记录类型的变量数用户自定义变量。

例:自定义一个名为"Student"的记录型变量类型,其中包括学号、姓名、性别和年龄等信息。

```
Type Student
  Sno AS Integer
  Sname AS String * 10
  Ssex AS String * 2
  Sage AS Integer
End Type
```

注:在定义了 Student(记录型)后,就可以将变量声明为 Student 类型了。

例:DIM Stu AS Student

该语句声明了一个名为记录类型的变量,包含四个成员,在程序中可用"变量.元素"的形式引用每个成员。

```
例:Stu. Sno = 1            Stu. Sno 表示引用了 Stu 记录型变量中的一个变量元素
    Stu. Sname = "齐小文"
    Stu. Ssex = "女"
    Stu. Sage = 20
```

【例2-4】下面的例子是使用自定义数据类型,在 Command1_Click()事件过程中,实现对随机文件的写操作;在 Command2_Click()事件过程中,实现对随机文件的读操作,并在窗体上显示结果。

```
Option Base 1
Private Type student                '在声明段中声明自定义数据类型
    name As String * 8
    sex As Boolean
    birth As Date
    score(1 To 2) As Integer
End Type
```

```
Private Sub Command1_Click ( )
    Dim stu(2) As student                 '声明自定义数据类型的数组
    Open "c:\ stuscore.txt" for random As #1 Len = Len (stu(1))    '打开随机文件
    stu(1).name = "张军":stu(1).sex = True              '给数组元素赋值
    stu(1).birth = #3/6/82#: stu(1).score(1) = 88:stu(1).score(2) = 92
    stu(2).name = "李红":stu(2).sex = False
    stu(2).birth = #3/6/82#: stu(2).score(1) = 96:stu(2).score(2) = 76
    Put #1, 1, stu(1)                    '把数组元素值写入文件记录中
    Put #1, 2, stu(2)
    Close 1
End Sub
Private Sub Command2_Click ( )
    Dim stu(2) As student                 '声明自定义数据类型的数组
    Open "c:\ stuscore.txt" for random As#1 Len = Len (stu(1))    '打开随机文件
    get #1, 1, stu(1)                    '将数据读入自定义数据类型的数组
    print stu(1).name
    print stu(1).sex
    print stu(1).birth
    print stu(1).score(1)
    print stu(1).score(2)
    close #1
End sub
```


程序界面及运行结果如图2-6所示。(注意，本程序只读出了第一个记录)

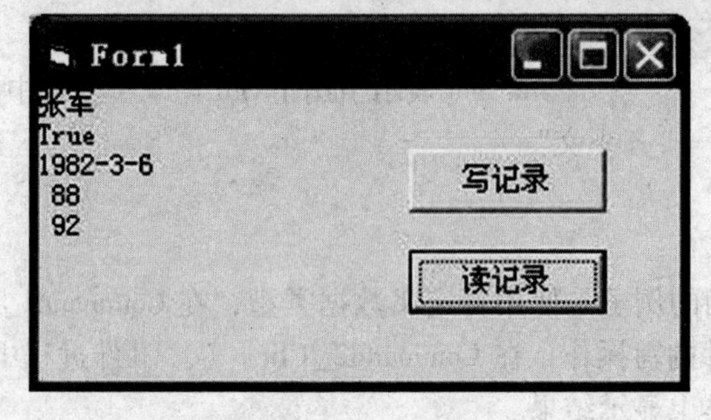

图2-6 读记录

思考一下，怎样修改程序可以读出第二个记录？或者连续读出两个记录？

2.3.3 添加和删除记录

将语句Put中的<记录号>设置为文件中记录数加1，即可添加一个记录。

通过添加空记录内容可以删除原记录内容，但该记录仍在文件中存在。彻底删除记录可用以下方法。

（1）创建一个新文件。

（2）把有用的记录从原文件复制到新文件中。

（3）关闭原文件并用 Kill 语句删除原文件。

（4）使用 Name 语句把新文件名改为原文件名。

2.4 二进制文件

二进制文件的基本元素是字节，没有记录的概念，它存放的是数据的二进制的值。二进制文件占用的外存空间小，使用文本编辑软件不能查看文件的内容。

2.4.1 创建和打开二进制文件

打开和创建二进制文件的语句：

Open <文件名> For Binary As <文件号>

打开或建立二进制文件要使用 Binary 方式，不用 Len = <记录长度>限定记录长度。

如打开一个名为 rest. dat 的二进制文件可用如下语句：

```
Filenumber = Freefile
Open "rest. dat" For Binary As Filenumber
```

说明：

（1）函数 Freefile 返回一个整数，表示下一个可供 Open 语句使用的文件号。

（2）如果 rest. dat 文件已存在，就打开它；若不存在，则创建一个名为 rest. dat 的二进制文件。

2.4.2 读写二进制文件

可从打开的二进制文件的指定位置读取一定长度的数据，也可将一定长度的二进制数据写入二进制文件的指定位置。

Get# <文件号>，<字节数>，<变量名>

Put# <文件号>，<字节数>，<变量名>

<字节数>为读写位置的字节数，Get 语句从<字节数>指定的位置读取 Len（变量名）个字节到<变量名>指定的变量中。Put 语句从当前位置把<变量名>指定变量中的数据写到文件中，写入的长度为 Len（变量名）个字节。这里，Len 函数可以求出相应变量名对应的变量的实际字节长度。

例如，从位置 800 起写入一个字符串"5678"，从位置 1200 起写入字符串"Visual Basic"的程序如下：

```
Filenumber = Freefile
Open “Rest” For Binary As Filenumber
Costs1 = "5678"
Costs2 = "Visual Basic 的基本概念和程序设计方法"
Put #Filenumber,800，Costs1
```

```
Put #Filenumber, 1200, Costs2
Close#Filenumber
```

在二进制文件读写中常用到 Seek 函数和 Seek 语句。函数 Seek（<文件号>）返回当前文件指针的位置；语句 Seek（<文件号>，<字节数>）将文件指针定位到<字节数>处。

2.4.3 关闭二进制文件

与其他数据文件的关闭相同。

Close #<文件号>

<文件号>省略时，将关闭所有打开的文件。

2.4.4 二进制文件举例

【例 2-5】程序界面及运行结果如图 2-7 所示，窗体中包含两个标签控件、两个文本框控件和三个命令按钮控件。在文本框中分别输入源文件和目标文件的文件名，先单击“生成二进制文件”生成 first 文件；再单击“复制文件”按钮进行复制；最后，单击“退出”按钮结束程序。

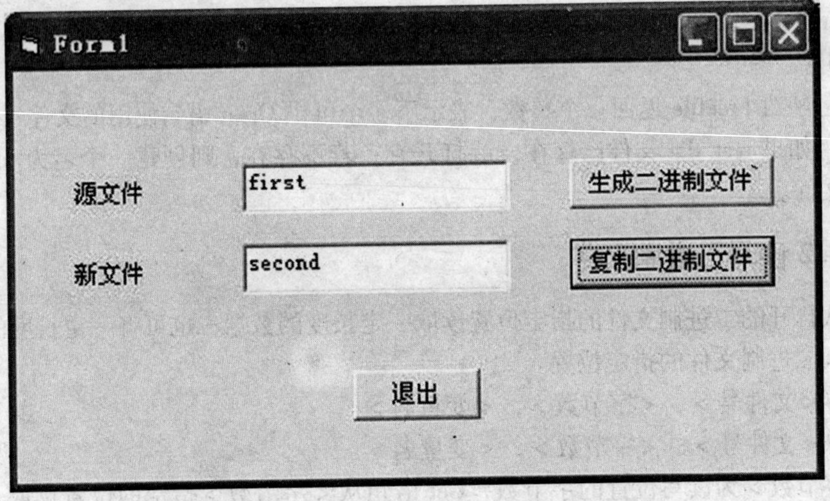

图 2-7　二进制文件举例

该程序以二进制文件方式进行文件复制，其功能与操作系统的文件复制相同。主要代码如下：

```
Private Sub Command1_Click ()
    FileNumber = FreeFile
    Open Text1 For Binary As #FileNumber
      Costs1 = "5678"
      Costs2 = "Visual Basic 的基本概念和程序设计方法"
      Put #FileNumber, 100, Costs1
      Put #FileNumber, 200, Costs2
```

```
    Close #FileNumber
End Sub
Private Sub Command2_Click ( )
    Dim temp As Byte
    Dim i As Long
    sfile = Text1. Text
    dfile = Text2. Text
    Open sfile For Binary As #1
    Open dfile For Binary As #2
    For i = 1 To LOF (1)                    'LOF (1) 函数返回#1 文件的长度
      Get #1, i, temp
      Put #2, i, temp
    Next
    Close
End sub
```

程序运行后，用记事本打开 first 或 second 文件内容均大致如图 2－8 所示：

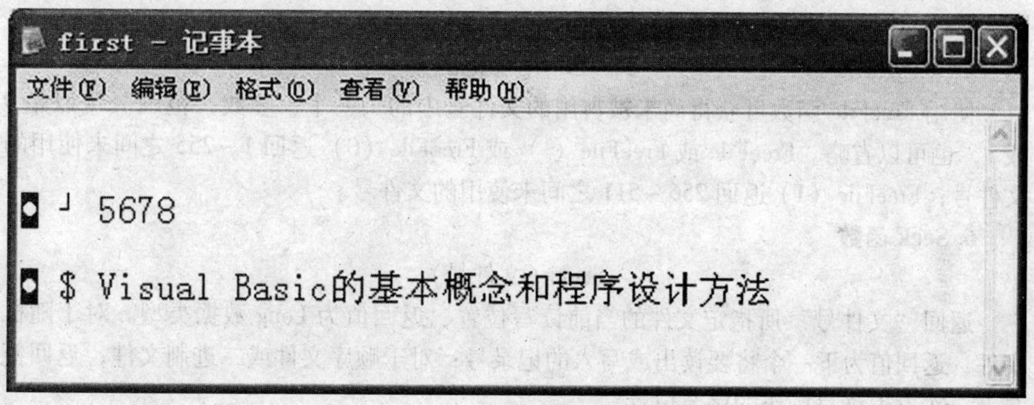

图 2－8　二进制文件内容

2.5 文件处理函数与语句

1. LOF 函数

LOF（文件号）

返回“文件号”所代表文件的长度，长度以字节为单位，该文件已用 Open 语句打开，这从函数的格式中也可以看出。LOF 函数的返回值为 Long 数据类型，当返回值为 0 时，表示文件为空文件。例如：

```
Dim FileLength As Long
Open "TESTFILE" For Input As #1          '打开文件。
FileLength = LOF (1)                     '取得文件长度。
```

Close #1 '关闭文件。

2. LOC 函数

LOC（文件号）

返回“文件号”所代表文件的读写位置，LOC 函数的返回值为 Long 数据类型。对于随机文件，返回的为上一次对文件进行读出或写入的记录号；对于二进制文件，返回的为上一次读出或写入的字节位置；对于顺序文件，返回的是文件的当前字节位置除以 128 的值，对于顺序文件通常不使用 LOC 函数。

3. EOF 函数

EOF（文件号）

该函数测试当前读写位置即文件指针是否位于“文件号”所代表文件的末尾。是文件尾则返回 Ture，否则返回 False。

4. FileLen 函数

FileLen（文件名）

此函数返回指定文件的文件长度，以字节为单位，返回值为 Long 数据类型。文件不要求打开；当调用函数时，如果所指定的文件已经打开，则返回的值是这个文件在打开前的大小。

5. FreeFile 函数

FreeFile［（范围）］

使用 FreeFile 函数可获得尚未被占用的文件号中的头一个，参数“范围”可以是 0 或 1，也可以省略。FreeFile 或 FreeFile（ ）或 FreeFile（0）返回 1～255 之间未使用的文件号；FreeFile（1）返回 256～511 之间未使用的文件号。

6. Seek 函数

Seek（文件号）

返回“文件号”所指定文件的当前读写位置，返回值为 Long 数据类型。对于随机文件，返回值为下一个将要读出或写入的记录号；对于顺序文件或二进制文件，返回值是下一次发生读写操作的字节位置。

7. Seek 语句

Seek［#］ <文件号>，位置

该语句指定文件的下一次读写位置，“位置”参数为 Long 数据类型。随机文件的单位是记录，顺序文件和二进制文件的单位是字节。如果指定的位置超出文件的长度，会使文件变大。在 Get 及 Put 语句中指定的记录号，将覆盖由 Seek 语句指定的文件位置。

8. Kill 语句

Kill <文件名>

从磁盘上删除字符串类型参数“文件名”所指定的文件。“文件名”中可以使用“*”和“?”，因此 Kill 语句可同时删除多个文件。如果文件已经打开，则不能删除。例如将 C 盘\Windows\Temp 中的所有扩展名为.tmp 的文件删除，使用下面的语句：

Kill "C:\Windows\Temp*.tmp"

9. FileCopy 语句

FileCopy <源文件>，<目标文件>

复制文件。“源文件”、“目标文件”参数为字符串表达式，可以包含目录或文件夹以及驱动器。不能对已经打开的文件进行复制。例如：

```
Dim SourceFile As String : Dim DestinationFile As String
SourceFile = "C:\Tc\Stu1.c"                    '指定源文件名。
DestinationFile = "D:\Stu1.c"                  '指定目的文件名。
FileCopy SourceFile, DestinationFile           '将源文件复制到目的文件中
FileCopy SourceFile,"A:\Stu1.bak"              '将源文件复制到A盘的新文件中
```

10. Name 语句

Name <旧文件名> As <新文件名>

该语句的功能是重新命名文件、文件夹或目录名。字符串数据类型的“旧文件名”和“新文件名”，可以是文件也可以是文件夹。

如果“旧文件名”和“新文件名”的路径相同，则是重新命名；如果“旧文件名”和“新文件名”的路径不相同，则是移动文件或文件夹。例如：

```
Name "C:\Tc\Stu1.c" As "C:\Tc\Stu1.bak"        '更改文件名
Name "C:\Tc\Stu1.c" As "C:\Tcbak\Stu1.c"       '移动文件
Name "C:\Tc\Stu1.c" As "D:\Auto.c"             '移动文件并更名
```

11. CurDir 函数

CurDir [（驱动器号）]

返回一个字符串，该字符串表示指定驱动器的当前路径。可选的“驱动器号”参数是一个字符串表达式，指定一个存在的驱动器。如果没有指定驱动器，或“驱动器号”是零长度字符串（""）即空字符串，则CurDir函数返回当前驱动器的当前路径。例如：

```
str1 = CurDir("C")          '返回C:驱动器上的当前目录
str1 = CurDir               '返回当前驱动器上的当前目录
```

12. ChDrive 语句

ChDrive <驱动器号>

该语句的功能是改变当前驱动器。“驱动器号”参数是一个字符串表达式，只使用它的首字母；如果使用空字符串，则不会改变当前驱动器。例如：

```
ChDrive "C:"
```

13. ChDir 语句

ChDir <path>

改变当前文件夹（当前目录）。path参数是一个字符串表达式，它指定哪个文件夹（目录）将成为当前文件夹（当前目录）。path可以包含驱动器号，如果没有指定驱动器，则改变的是当前驱动器的当前文件夹（当前目录）。ChDir语句只能改变当前文件夹（当前目录），不能改变当前驱动器。例如：

```
ChDir "C:\Windows\Temp"     '置C:\Windows\Temp为C:的当前文件夹
```

14. MkDir 语句

MkDir <path>

创建一个新的文件夹。path 参数是一个字符串表达式，它应包括完整路径，如果没有指定驱动器，则 MkDir 语句会在当前驱动器上创建新的文件夹。例如：

```
MkDir "C:\User1"        '在C盘的根目录下创建新文件夹User1
MkDir "\User1"          '在当前驱动器的根目录下创建新文件夹User1
MkDir "User1"           '在当前驱动器的当前目录下创建新文件夹User1
```

15. RmDir 语句

RmDir <path>

删除指定的目录或文件夹。如果没有指定驱动器，则默认当前驱动器。要删除的目录或文件夹中不能有文件，若有文件，则必须在删除目录或文件夹之前，先使用 Kill 语句删除所有文件。例如：

```
RmDir "C:\Windows\Temp\User1"        '删除文件夹User1
```

16. Shell 函数

Shell (PathName [, WindowStyle])

该函数的功能是执行右字符串类型参数"PathName"指定的可执行文件。WindowStyle 参数指定该文件运行时的初始窗口状态，其取值的含义见表 2-1。如果省略 WindowStyle 参数，则以最小化方式启动。

表 2-1 Shell 函数 WindowStyle 参数的含义

参数值	含义	
0	VbHide	窗口被隐藏，且焦点会移到隐式窗口
1	VbNormalFocus	窗口具有焦点，且会还原到它原来的大小和位置
2	VbMinimizedFocus	窗口最小化且具有焦点
3	VbMaximizedFocus	窗口是一个具有焦点的最大化窗口
4	VbNormalNoFocus	窗口会被还原到最近使用的大小和位置，而当前活动的窗口仍然保持活动
6	VbMinimizedNoFocus	窗口最小化，而当前活动的的窗口仍然保持活动

执行一个可执行文件，返回一个 Variant (Double) 类型数据，如果成功的话，代表这个程序的任务 ID，若不成功，则会返回 0。如果指定的文件不存在，则会产生错误。所执行程序都有一个唯一的任务 ID 数值，用来指明正在运行的程序。用 Shell 函数启动程序后，就开始执行 Shell 函数之后的语句，并不会被启动程序关闭，这和调用过程不同。

17. Dir 函数

Dir [(<PathName [, Attributes] >)]

返回一个表示文件名、目录名或文件夹名称的字符串。

表 2-2 Dir 函数"文件属性"参数的含义

参数值	含义	
0	VbNormal	默认值，常规文件
1	VbReadOnly	常规文件和只读属性文件
2	VbHidden	常规文件和隐藏属性文件

续表

参数值	含 义
3	VbSystem 常规文件和系统属性文件
8	VbVolume 返回驱动器卷标。如果指定了其他属性，此时“文件属性”参数的取值是多项之和，则忽略 VbVolume
16	VbDirectory 常规文件与文件夹（目录）

PathName 函数参数，是一个字符串型表达式，用来指定文件名和目录名或文件夹名称，可以包含驱动器、路径，并支持通配符“ * ”和“?”。

Attributes 参数，用来指定文件和文件夹的属性，它的取值可以是表 2 - 2 中的一项或多项之和。

Dir 函数用来检查指定的目录下是否有指定的文件和文件夹，并符合指定的文件属性。Dir 函数返回的是一个字符串类型值。当参数 PathName 中没有使用通配符时，如果有符合参数要求的文件或文件夹，则返回文件或文件夹的名称，否则返回空字符串。如果 PathName 参数中使用了通配符，此函数可以返回第一个符合条件的文件名或文件夹名；如果下一次使用不带参数的 Dir 函数，则返回第二个符合条件的文件名或文件夹名。连续使用不带参数的 Dir 函数，可以把符合条件的文件名或文件夹名全部返回，直至返回空字符串，如果再使用不带参数的 Dir 函数则会出错。第一次调用 Dir 函数时，必须指定 PathName 参数。

例如下面的程序是把 D 盘根目录下的所有文件和文件夹的名称在窗体中输出。

```
Private Sub Command1_Click ( )
    Dim str1 As String
    str1 = Dir ("D:\ * * ",16)
    Do
      If str1 < >""Then
          Print str1
      Else
          Exit Do
      End If
      str1 = Dir ( )
    Loop
End Sub
```

2.6 综合举例

【例 2 -6】设计一个简易的文本编辑器，它具有打开文件，对打开的文本文件进行编辑和保存文本文件的功能。本程序使用顺序文件，打开指定文件，将文件的内容读入文本框中进行编辑，可再将文本框中的内容写入指定文件中。

首先新建一个工程，将窗体的 Caption 属性值设置为“简易文本编辑器”。在窗体中加入一个文本框、三个按钮以及一个通用对话框（后面章节会详细介绍）。将文本框的 Text 属性值设置为“空“；MultiLine 属性值设置为“Ture”，显示多行文本；ScrollBars 属性值设置为 3 - Both，显示水平、垂直滚动条。应用程序界面设计如图 2 -9 所示。

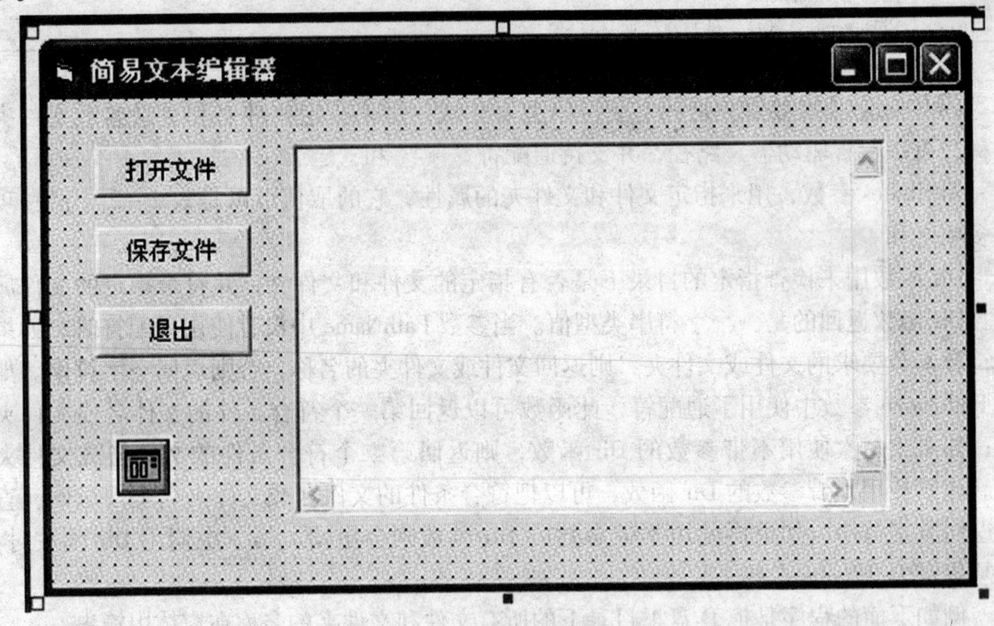

图 2 -9　简易文本编辑器

为了改变窗体大小时，文本框也能随之改变，需要编写窗体的 Resize 事件过程代码。下面是本程序的全部代码。


```
Dim filename As String                    '在通用段定义变量
Dim filenum As Integer

Private Sub Command1_Click ( )
     Dim textstr As String
     Dim tempstr As String
     Text1. Text  =  ""
     tempstr  =  ""
     CommonDialog1. Filter  =  "文本文件( *. txt) | *. txt"
     CommonDialog1. ShowOpen              '显示"打开"对话框
     filename  =  CommonDialog1. filename
     filenum  =  FreeFile ( )
     Open filename For Input As filenum
     Do Until EOF (filenum)
        Line Input #filenum, textstr
     tempstr  =  tempstr & textstr & Chr (13) & Chr (10)
```

```
        Loop
        Close filenum
        Text1.Text = tempstr
    End Sub

    Private Sub Command2_Click ()
        filenum = FreeFile ()
        CommonDialog1.Filter = "文本文件(*.txt)|*.txt"
        CommonDialog1.ShowSave
        filename = CommonDialog1.filename
        Open filename For Output As filenum
        Print #filenum, Text1.Text
        Close (filenum)
    End Sub

    Private Sub Command3_Click ()
        Unload Form1
    End Sub

    Private Sub Form_Resize ()
        With Text1
            .Left = 2000
            .Top = 0
            .Height = Form1.ScaleHeight
            .Width = Form1.ScaleWidth - 2000
        End With
    End Sub
```


2.7 本章小结

本章介绍了文件系统控件和数据文件的基本概念及其操作，涉及了计算机内存变量、屏幕显示以及外存文件之间的关系，抓住了计算机处理信息的核心问题。

首先应注意计算机内存与（外存）文件存储设备（硬盘、U 盘和 CDROM）的区别：

（1）程序文件平时都存储在外存，而在程序运行时才调入内存存储并运行。

（2）访问外存的速度通常较慢，而访问内存的速度较快。

（3）外存的成本较低，而内存的成本相对较高。

（4）外存中存储的数据可以永久保存，而内存的数据都是临时的，如果切断电源，数据就会全部丢失。

（5）外存可以无限增大（数 TB），而内存总是相对较小（数 GB），相差可能千倍或更多。

本章重点希望大家掌握两点：

（1）不同数据文件的基本操作步骤，打开文件以后，进行相应操作，最后关闭文件。

（2）输出到屏幕窗体和输出到文件的基本方法，注意掌握 print 和 print # 的区别。

窗体和控件

- 基本的 Windows 窗体控件
- 焦点和 Tab 顺序

Visual Basic 是一种可视化的高级程序设计语言，它不但具有所见即所得的优点，而且还为我们提供了大量的 Windows 窗体控件，只要熟练掌握了这些控件的使用，就可以轻松编写出具有 Windows 风格的图形化界面的应用程序。

本章将介绍 Visual Basic 中最基本的几个标准控件，更多的控件将在后面介绍。

3.1 文本控件

与文本有关的标准控件有两个，即标签（Label）和文本框（TextBox）。区别在于程序运行后标签只能用来显示文本，用户不可以直接进行编辑；而文本框既可以显示文本，又可以提供编辑功能，从而实现人机的交互。

3.1.1 标签

使用标签（Label）的目的一般是为了对其他控件进行功能说明，或者用来显示运行结果。如图 3 - 1 所示，标签 Label1 的功能是表明文本框 Text1 是用来输入姓名的；标签 Label2 的功能是表明文本框 Text2 用来输入密码。

标签除具有前面讲过的常用属性 Name，Top，Left，Height，Width，Visible，Font 外，还具有以下属性。

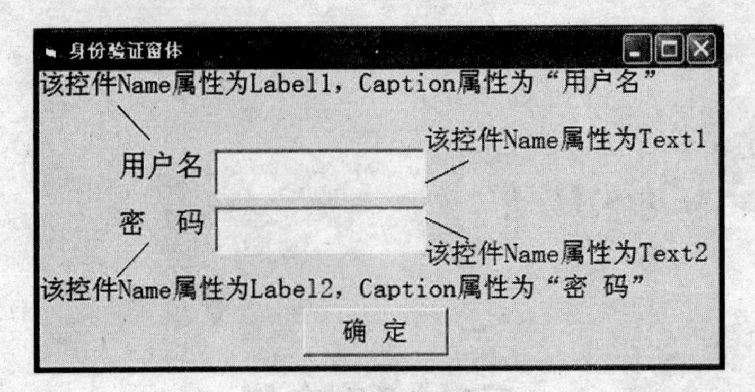

图3-1 标签的功能示例

（1）Caption

该属性用于设置标签中显示什么文本。该文本信息既可以在设计模式下通过属性窗口设置，也可以在运行模式下通过修改 Caption 属性来设置。例如：

Label1. Caption = "消炎药品"

注意:标签没有 Text 属性，这一点与下面讲到的文本框不同。

（2）Alignment

该属性用于设置标签中文本的对齐方式，有三种取值情况：

0 – Left Justify（缺省） 标签中的文本左对齐。

1 – Right Justify 标签中的文本右对齐。

2 – Center 标签中的文本居中对齐。

（3）BackStyle

该属性用于设置标签的背景风格，有两种取值情况：

0 – Transparent 标签的背景为透明的，就像是在一块透明玻璃上书写文本一样，无论 BackColor 设置为什么颜色都不会显示。

1 – Opaque（缺省） 标签的背景为非透明的，会遮挡标签后面的内容。

（4）BorderStyle

该属性用于设置标签的边框风格，有两种取值情况：

0 – None（缺省） 标签无边框。

1 – Fixed Single 标签有边框。

（5）Appearance

该属性用于设置标签外观是否具有立体的效果，有两种取值情况：

0 – Flat 标签为平面效果。

1 – 3D（缺省） 标签为立体效果（前提是将 BorderStyle 设置为 1）。

（6）AutoSize

该属性用于设置标签的大小是否随标题文本大小的改变而改变，有两种取值情况：

True 标签的大小随标题文本大小的改变而改变。

False（缺省） 当标题太长时，只能显示其中的一部分内容。

（7）WordWrap

该属性用于设置标签标题文本的显示方式（前提是将 Autosize 属性设置为 True）。

有两种取值情况：

True　标签在垂直方向上随标题文本的改变而变化，水平方向上大小不变。

False（缺省）　标签在水平方向上扩展到标题中最长的一行，在垂直方向上显示标题的所有各行。

【例3-1】标签属性的练习

图3-2　标签的属性练习

如图3-2所示，在窗体Form1上添加一个命令按钮Command1和三个标签Label1、Label2、Label3，按照下表设置相应控件的属性。

	caption	Font	Height	Width	BorderStyle	AutoSize	WordWrap
Command1	测试						
Label1	感冒药品	宋体四号	400	1300	1	False	False
Label2	感冒药品	宋体四号			1	True	False
Label3	感冒药品	宋体四号			1	True	True

在代码窗口中输入下面的代码：

```
Private Sub Command1_Click ()
    Label1. Caption = "常见抗感冒药品:" & vbCrLf & "康泰克" & vbCrLf & "苦甘冲剂"
    Label2. Caption = "常见抗感冒药品:" & vbCrLf & "康泰克" & vbCrLf & "苦甘冲剂"
    Label3. Caption = "常见抗感冒药品:" & vbCrLf & "康泰克" & vbCrLf & "苦甘冲剂"
End Sub
```

说明:以上代码中vbCrLf意思是回车换行，&表示将前后的字符串进行连接（前后均有一个空格），结果为一个字符串。

单击工具栏中的“启动”按钮（或按下F5）启动程序，单击“测试”按钮，观察三个标签中显示的结果。如图3-3所示。

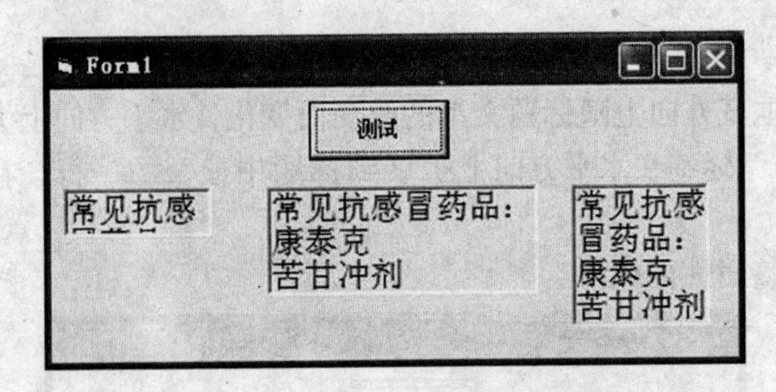

图3-3 标签的属性测试结果

3.1.2 文本框

文本框（TextBox）与标签的最大区别在于文本框不但可以用来显示文本信息，而且还允许用户在文本框中输入、编辑文本信息。从而实现交互式应用程序的功能。

1. 重要属性

文本框除具有前面介绍过的常用属性 Name，Top，Left，Height，Width，Visible，Font，BorderStyle，Alignment，Appearance 外，还具有以下属性：

（1）Text

该属性用于设置文本框中显示什么文本信息。该文本信息既可以在设计模式下通过属性窗口来设置，也可以在运行模式下通过修改 Text 属性来设置。例如：

Text1. text = "消炎药品"

注意:文本框没有 Caption 属性，这一点与前面讲到的标签控件不同。

（2）MaxLength

该属性用于设置允许在文本框中输入的最大字符数。超过规定字符数时文本框不再接收后续字符的输入。

注意：MaxLength 属性的缺省值为 0。它并不表示不接收任何字符，而表示可以接收 Visual Basic 系统规定的最大字符数 32K。

（3）MultiLine

该属性用于设置文本框中的文本是否允许以多行的形式显示。有两种取值情况：

False（缺省）文本框只能以单行形式显示文本。如果文本长度超过文本框的宽度，则无论文本框有多高都只显示前面一部分的文本。

True　当文本长度超过文本框宽度时，自动换行显示。

注意：强制文本框内文本换行的方法为（MultiLine 属性需要先设定为 True）：

- 设计模式下，在 Text 属性中输入内容时按下 Ctrl + Enter。
- 运行模式下，为 Text 属性赋值时在欲换行处加入" vbCrLf "。

例如：Text1. text = "抗癌" + vbCrLf + "新药物",结果显示为 抗癌
新药物

（4）PassWordChar

该属性用于设置文本框中的文本以什么字符显示，用于口令的输入。例如在接收密码的文本框中，无论用户输入什么字符，都希望显示为星号（ * ），则可以将该文本框

的 PassWordChar 属性设置为星号（*）。缺省值为空字符（并非空格。空字符是什么也没有，长度为零；空格为有字符，长度不为零），表示按照输入的字符原样显示。

（5）ScrollBars

该属性用于设置文本框中是否显示滚动条，有四种取值情况：

0 - None（缺省） 文本框中没有滚动条。

1 - Horizontal 只有水平滚动条。

2 - Vertical 只有垂直滚动条。

3 - Both 同时具有水平和垂直滚动条。

注意：

· 只有当 MultiLine 属性设置为 True 时，ScrollBars 才生效。

· 只要有水平滚动条，那么文本框的自动换行功能就不会生效，只能强制换行。

（6）Locked

该属性用于指定文本框是否可以被编辑，有两种取值情况：

False（缺省） 可以接收焦点，可以选择文本框中的文本并进行编辑。

True 可以接收焦点，可以选择文本框中的文本但不能进行编辑。

当利用文本框显示运算结果时，可以将 Locked 属性设为 True。此时用户只能查看运算结果，而不能修改（运算结果可以通过代码修改 Text 属性来显示）。

（7）Enabled

该属性用于指定文本框是否可以被操作，有两种取值情况：

True（缺省） 可以接收焦点，可以选择文本框中的文本并进行编辑。

False 不能接收焦点，不可以选择文本框中的文本，也不能进行编辑。

注意：Enabled 和 Locked 并不相同。Locked 为 True 时，可以接收焦点，外观无变化；Enabled 为 False 时，不能接收焦点，并且显示的文本会变灰。

（8）SelStart、SelLength、SelText

当用户在文本框 Text1 抗菌消炎药品 中任意选择三个字符粘贴到文本框 Text2 中时，系统是如何知道用户在文本框 Text1 中选择的是什么字符呢？此时就用到了 SelText 属性，本例中 Text1. SelText = “消炎药”，意思是选择的具体内容为“消炎药”。

通过下面的代码也可以让系统自动选中“消炎药”这三个字符：

```
Text1. SelStart = 2          '从第二个字符的后面开始选择。
Text1. SelLength = 3         '连续选中三个字符。
Text1. SetFocus              '将焦点放入 Text1 中，以便于被选中的内容高亮显示。
```

【例 3 - 2】SelStart、SelLength、SelText 属性练习。

在窗体 Form1 上添加一个文本框 Text1（Text 属性设为“青霉素是抗菌消炎药品”）。再添加两个命令按钮 Command1 和 Command2，Caption 属性分别设定为“显示选择结果”和“选择“消炎药”三个字”。如图 3 - 4 所示。

在代码窗口中输入如下代码：

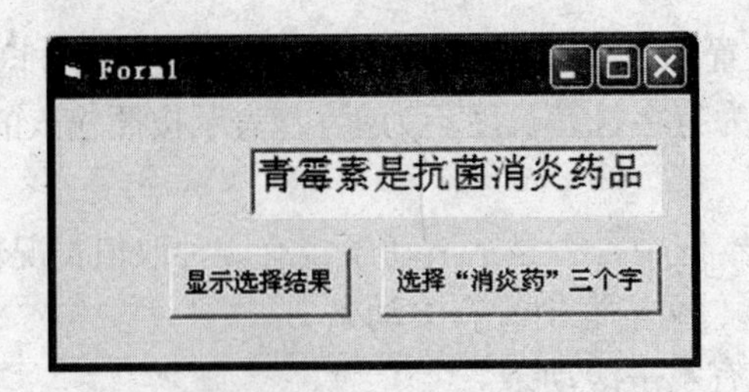

图3-4　SelStart、SelLength、SelText 属性

```
Private Sub Command1_Click ( )
    Print Text1. SelStart
    Print Text1. SelLength
    Print Text1. SelText
End Sub
Private Sub Command2_Click ( )
    Text1. SelStart = 6
    Text1. SelLength = 3
    Text1. SetFocus        '使焦点重新回到文本框，高亮显示选中的内容
End Sub
```

按下 F5 键运行程序，进行如下两步操作：

（1）利用鼠标在文本框中选择“抗菌消炎”四个字符，单击 Command1（“显示选择结果”按钮）。观察窗体上打印的内容是否正确。

（2）单击 Command2（“选择“消炎药”三个字”按钮）。观察文本框中系统选定的内容是否正确。

2. 事件和方法

文本框除响应 Click、DblClick 事件外还响应如下常用事件和方法：

（1）Change 事件

无论用户是在运行模式下通过对象窗口向文本框中输入、删除字符，还是通过代码改变 Text 属性的值，总之只要文本框的内容发生改变就会触发 Change 事件。在该事件中文本框的内容是变化之后的内容。

（2）KeyPress 事件

当焦点在文本框上时，按下键盘上某个具有字符编辑功能的按键时，就会触发文本框的 KeyPress 事件。

该事件过程对应代码的格式为 Private Sub Text1_KeyPress（KeyAscii As Integer），其中参数 KeyAscii 的值就是用户新输入字符对应的 Ascii 值。文本框中最终显示什么字符就取决于该事件过程结束时 KeyAscii 的值。因此在该事件过程中文本框中的内容不包括新输入的字符。

我们通常利用该事件来判断用户输入的是什么字符以便于执行不同的程序，例如当用户输入回车（KeyAscii = 13）时执行某种操作；或者对输入字符进行某种预处理，例如将输入的小写字母变为大写（如果 KeyAscii 在 97 ~ 122 之间时，则将 KeyAscii 减去

32)、不允许用户输入数字（当 KeyAscii 在 48 ~ 57 之间时，将 KeyAscii 的值改为 0）等。

【例 3 - 3】Change、KeyPress 事件练习

在窗体 Form1 上添加一个文本框 Text1（Text1 的上方要留有一定的空隙）。再添加一个命令按钮 Command1，Caption 属性设置为“清屏”。如图 3 - 5 所示。

图 3 - 5　Change、KeyPress 事件

在代码窗口中输入如下代码：

```
Private Sub Command1_Click ()
    Form1. Cls                    '清空目前窗体上打印的文本
End Sub
Private Sub Text1_KeyPress (KeyAscii As Integer)
    Print "触发 KeyPress 事件时 Text1中的文本为" & Text1. Text
End Sub
Private Sub Text1_Change ()
    Print "触发 Change 事件时 Text1中的文本为" & Text1. Text
End Sub
```

按下 F5 键运行程序，执行如下操作：

在文本框中逐个字符地输入“Ab”、退格键、“Cd”、回车、“Efgh”。每输入一个字符观察窗体上打印的内容，中间运行结果如图 3 - 6 所示。最后，单击“清屏”按钮，清除屏幕上打印的内容。

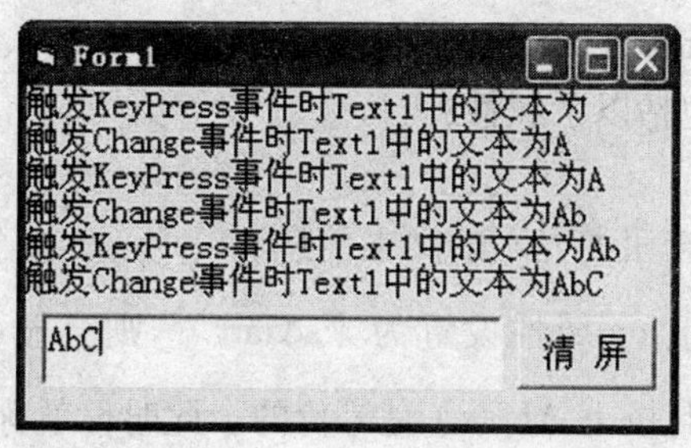

图 3 - 6　Change、KeyPress 事件练习结果

提 示

因为当按下键盘上的字母“b”时就触发了KeyPress事件，此时文本框中的内容仍为“A”，不包含当前输入的字符“b”，文本框接收用户输入的内容“b”后，就会触发Change事件。因此Change事件中的Text1. text包含当前输入的字符“b”。另外，因为回车键没有使得文本框的内容发生改变，因此只触发KeyPress事件，而不触发Change事件。

（3）GotFocus事件　无论是用户利用鼠标将焦点定位到该文本框上，还是利用Tab键将焦点移动到该文本框上，或者是在代码中利用SetFocus方法将焦点定位到该文本框上，只要光标焦点从其它控件进入该文本框就会触发GotFocus事件。

（4）LostFocus事件　与GotFocus类似，无论采用什么方法，只要光标焦点从文本框移走就会触发该事件。这两个事件通常用来进行输入数据的合法性检验。例如在输入考生成绩的文本框中，如果输入的数据不是数值、小于0、或者大于100，都应该给出非法数据的错误提示，就可以利用这个事件。

（5）SetFocus方法　SetFocus是文本框中常用的方法。格式为：

[对象名称.] SetFocus

功能是将光标焦点移动到指定的文本框中。

3.2 按钮控件

Visual Basic中的按钮控件是命令按钮，它可能是Visual Basic应用程序中最常用的控件，提供了用户与应用程序交互最简便的方法。

3.2.1 属性

在应用程序中，命令按钮通常用来在单击时执行指定的操作。以前介绍的大多数属性都可用于命令按钮，包括：Caption、Enabled、Font、Height、Left、Name、Top、Visible、Width。此外，它还包括以下属性：

1. Caption

该属性用于设置命令按钮上显示的文本信息。

如果将命令按钮的Caption属性设置为“s&tart”，则会显示为 start ，程序运行时利用鼠标单击该按钮与按下ALT+t是等价的。此时，就称ALT+t为该命令按钮的热键。即在Caption属性中将欲作为热键的字母前添加一个“&”字符。

2. Default属性

当一个命令按钮的Default属性设置为True时，如果目前焦点没有在其他命令按钮上，那么按键盘上的回车键与单击该命令按钮的作用相同。在一个窗体中，只允许有一个命令按钮的Default属性被设置为True。

3. Cancel 属性

当一个命令按钮的 Cancel 属性设置为 True 时，无论目前焦点在什么地方，按键盘上的 Esc 键与单击该命令按钮的作用相同。在一个窗体中，只允许有一个命令按钮的 Cancel 属性被设置为 True。

4. Style 属性

该属性用于设置命令按钮的外观风格。有两种取值情况：

0 － Standard 标准样式（缺省）　命令按钮上只能显示文本内容（Caption 属性），不能显示图形（Picture 属性可以设置但不显示）。

1 － Graphical 图形样式　命令按钮上既可以显示文本内容，又可以显示图形。

5. Picture 属性

该属性用于设置命令按钮上显示的图形。前提是必须把 Style 属性设置为 1（图形样式）。

6. ToolTipText 属性

为命令按钮设置了 Picture 属性时，由于图片已经形象地说明了该按钮的作用，一般为了美观 Caption 属性均设为空。但为了界面友好，在运行状态下，一般当将鼠标停留在某个按钮上时，会出现文字提示，说明该按钮的作用。这种提示文字就是事先设置在 ToolTipText 属性中的。

7. DownPicture 属性

该属性用于设置当控件被单击并处于“按下”状态时，在控件中显示的图形。为了使用该属性，必须把 Style 属性设置为 1（图形样式）。

如果没有指定 DownPicture 属性，则按下时显示 Picture 属性值；若 Picture 属性也没有设定，则按下时只显示 Caption 属性值。

8. DisabledPicture 属性

该属性用于设置当控件被禁用（Enabled 属性设为 False）时，在控件中显示的图形。为了使用该属性，必须把 Style 属性设置为 1（图形样式）。

Picture、DownPicture、DisabledPicture 属性均既可以在设计模式下通过属性窗口设定，又可以在运行模式下通过 LoadPicture 函数装入，参见图形控件中的 PictureBox 控件部分。

3.2.2 事件

命令按钮最常用的事件是单击（Click）事件。几点说明：

（1）命令按钮不支持 DblClick 事件。

（2）触发 Click 事件的方法：

① 用鼠标单击该命令按钮。

② 用 Tab 键将焦点移动到该命令按钮上，击键盘上的空格键（或回车键）。

③ 利用 Caption 属性中设定的热键。

④ 对于 Cancel 属性为 True 的按钮，按下键盘上的 Esc 键。

⑤ 对于 Default 属性为 True 的按钮，当焦点不在其他命令按钮上时，按下键盘

上的回车键。

3.3 单选按钮和复选框

应用程序中，经常需要为用户提供几种候选项供用户选择，最简单的就是单选按钮（OptionButton，又名收音机按钮 RadioButton）和复选框（CheckBox）。

3.3.1 属性和事件

单选按钮和复选框除具有前面介绍的 Caption、Enabled、Font、Height、Left、Top、Width、Name、Visible 常用基本属性外，和命令按钮一样，也具有 Picture、DownPicture、DisabledPicture 属性。需要特殊说明的还有下面几个属性：

1. Value 属性

Value 属性用来设置和表示单选按钮和复选框的选定状态。

对于单选按钮 Value 属性为布尔类型，有两种取值情况：

False（缺省） 表明该单选钮未被选中。

True 表明该按钮处于被选中状态。

对于复选框 Value 属性为数值型，有三种取值情况：

0 – Unchecked（缺省） 该复选项目前未被选中。

1 – Checked 该复选项目前已经被选中。

2 – Grayed 该复选框被禁止选择（灰色）。

2. Alignment 属性

该属性用于设置复选框或单选按钮控件标题的对齐方式，可以在设计模式下设置，也可以在运行模式下设置。有两种取值情况：

0 – VbLeftJustify（缺省） 控件居左，标题在控件右侧显示。

1 – VbRightJustify 控件居右，标题在控件左侧显示。

3. Style 属性

该属性用于指定复选框或单选按钮的显示方式。有两种取值情况：

0 – VbButtonStandard（缺省） 标准方式，同时显示控件和标题。

1 – VbButtonGraphical 图形方式，控件用图形的样式显示，外观与命令按钮相类似。

对 Style 属性的几点说明：

（1）Style 属性是只读属性，只能在设计模式下修改。

（2）当 Style 属性被设置为 1 时，可以用 Picture、DownPicture、DisabledPicture 属性分别设置不同的图标或位图（参见命令按钮），以表示未选定、选定和禁用。

（3）Style 属性被设置为不同的值时，其外观也不同。如图 3 – 7 所示。

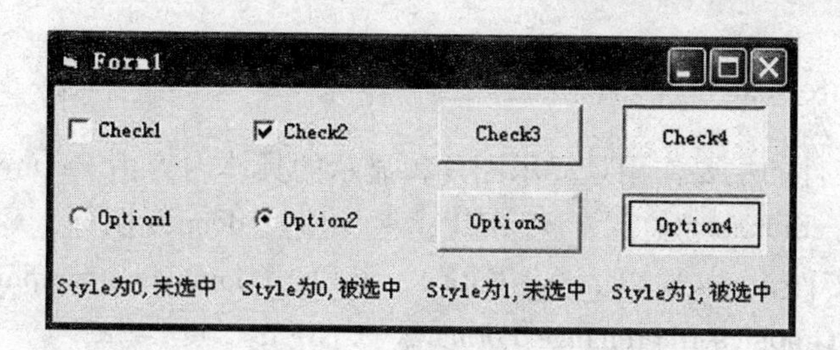

图3-7　复选框和单选按钮的风格比较

复选框和单选钮都可以接收 Click 事件，但是通常不对该事件过程编程，除非想即时响应。详见下面的举例。

一般情况下用户先对给出的选项进行选择，再单击某个具有“完成”功能的按钮，此时再判断用户的选择，并做出相应的动作即可。

3.3.2 应用举例

【例3-4】字符格式的设定（选中的选项即时生效）

在窗体 Form1 上添加一个文本框 Text1，将其 Text 属性修改为“青霉素是抗菌消炎药品”，Font 属性设为宋体，四号。再添加两个单选钮 Option1 和 Option2，将 Caption 属性分别设定为“隶书”和“黑体”。再添加两个复选框 Check1 和 Check2，将 Caption 属性分别设定为“斜体”和“删除线”。如图3-8所示。

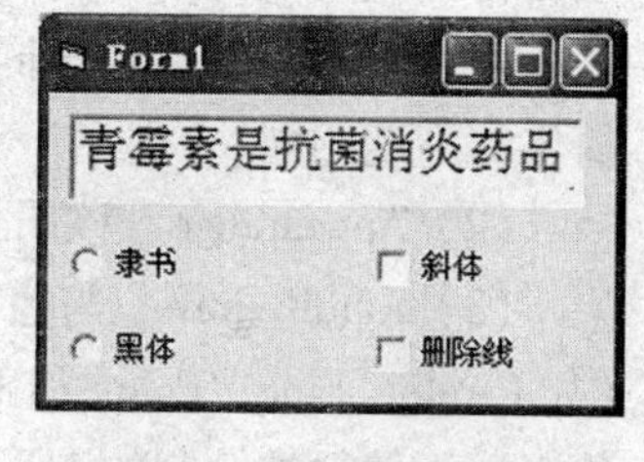

图3-8　字符格式设定

在代码窗口中输入如下代码：

```
Private Sub Option1_Click ()
  Text1.FontName = "隶书"
End Sub
Private Sub Option2_Click ()
  Text1.Font.Name = "黑体"
End Sub
Private Sub Check1_Click ()
  Text1.FontItalic =Not Text1.FontItalic False
End Sub
Private Sub Check2_Click ()
  Text1.FontStrikethru = Not Text1.FontStrikethru
End Sub
```

上面的 Option2_Click 事件中将 FontName 写为了 Font.Name，是为了说明这两种写法是等价的，只不过将 Font 作为整体属性，将 Name 作为了 Font 属性的下级属性。

3.4 图形控件

为了设计内容丰富、界面美观的应用程序我们经常需要用到与图形相关的控件：图片框（PictureBox）、图像框（Image）、直线（Line）、形状（Shape）。

3.4.1 PictureBox

PictureBox 控件的主要作用是显示图片，显示的具体内容由 Picture 属性决定。可加载的图片种类有：Bitmap（位图，*.BMP，*.DIB）、Icon（图标，*.ICO，*.CUR）、Metafile（图元文件，*.WMF，*.EMF）、JPEG（Joint Photographic Experts Group，*.JPG）、GIF（Graphics Interchange Format，*.GIF）。

此外，PictureBox 还可作为容器，像窗体一样容纳和分组其他控件或打印输入。

1. 重要属性

(1) Align　该属性用于设置图片框在窗体上的位置，有以下几种取值情况：

0 - None（缺省）　图片框的大小、位置由设计者自行手动设定。

1 - Align Top　图片框的上边缘自动与窗体的上边缘对齐，宽度自动与窗体的宽度相同（之后调整窗体宽度时，图片框的宽度也自动改变），高度保持原来高度不变（可以自行调整）。位置和宽度不可自行随意调整。

2 - Align Bottom　与1同理，图片框的下边缘自动与窗体的下边缘对齐，宽度自动与窗体的宽度相同。

3 - Align Left　图片框的左边缘自动与窗体的左边缘对齐，高度自动与窗体的高度相同（之后调整窗体高度时，图片框的高度也自动改变），宽度保持原来宽度不变（可以自行调整）。位置和高度不可自行随意调整。

4 - Align Right　与3同理，图片框的右边缘自动与窗体的右边缘对齐，高度自动与窗体的高度相同。

(2) Appearance　该属性用于设置图片框是否以三维形式显示。

(3) AutoRedraw　与窗体相同，在程序运行过程中，当在图片框中使用图形方法（如 Circle、Line、Point 和 Pset）绘制图形或使用 Print 方法输出文本后，由于被其他对象遮挡而使得被绘制的图形或打印的文本不可见后，被遮挡部分再次露出时，如果该属性设置为 True，那么这些图形或文本将被自动重绘输出。

(4) Picture　该属性用于设置图片框上显示的图片。

加载图片的方法有两种：

①设计模式下加载：选中某个图片框，单击属性窗口中“Picture”右端的“…”，在出现的“加载图片”对话框中，选择相应的图片文件即可。

② 运行模式下加载：使用 LoadPicture 语句。语法格式为：

[对象名.] Picture = LoadPicture（"包含完整路径的图片文件名"）

例如，将C盘根目录下“animal”文件夹中的图片文件“dog.bmp”加载到 Picture2 中，语句为：

```
Picture2.Picture = LoadPicture ("C:\animal\dog.bmp")
```

若将上面的语句写为：Picture2.Picture = LoadPicture（""），表明清除控件 Picture2 中的图片。

同理，可以利用下面的语句将 Pictrue1 和 Picture2 中现有的图片进行交换：

```
Picture3.Picture = Picture1.Picture
```

Picture1. Picture = Picture2. Picture

Picture2. Picture = Picture3. Picture

（5）AutoSize　该属性用于设置图片框是否自动调整为与 Picture 属性中加载的图片尺寸相同，如图 3－9 所示。注意与 Image 的 Stretch 属性的区别。

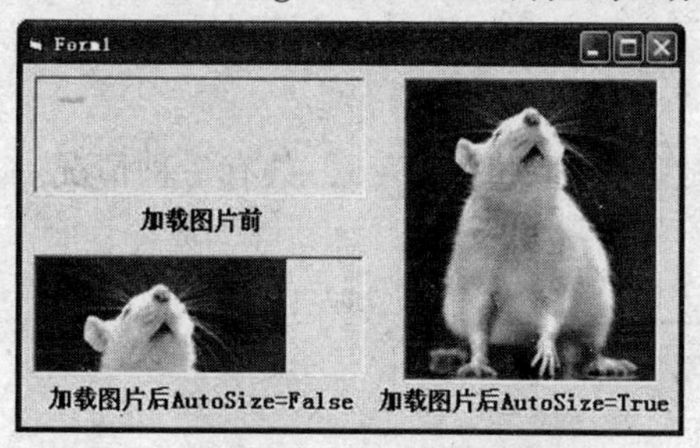

图 3－9　PictureBox 的 AutoSize 属性

2. 方法

Picture 控件的常用方法有 Print 方法和 Cls 方法，使用方法同窗体。

3.4.2 Image

图像框（Image）和图片框都可以显示图片，但图像框不能作为容器（不能像图片框一样存放其他的控件和打印输出），另外图像框比图片框占用更少的内存，描绘的更快。

图像框的属性基本与图片框相同。特殊说明如下：

图像框没有 AutoSize 属性，与之对应的是 Stretch 属性。Stretch 属性有两种取值情况，如图 3－10 所示。

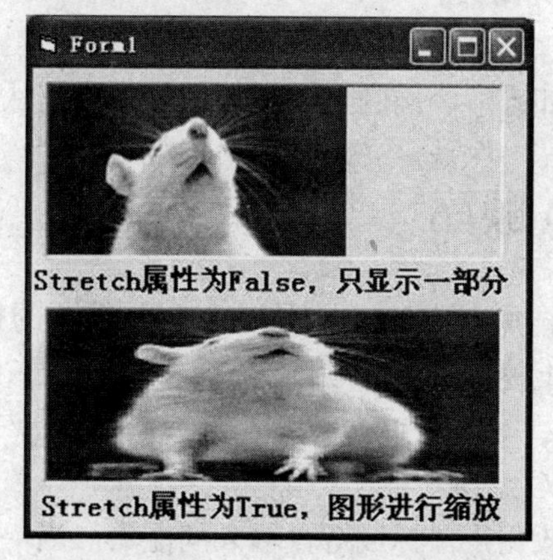

图 3－10　Image 的 Stretch 属性

False　装载 Picture 属性后，图像框的大小自动调整为与图形的大小相同。当调整图像框的大小时图形并不跟随缩放调整（如果图像框的高和宽大于图形的高和宽，则图形只占图像框的一部分；如果图像框的高、宽小于图形的高、宽，则只显示图形的一部分）。

True　图形的大小根据图像框大小的进行缩放，显示的永远是图形的全部内容。

3.4.3 Line

Line 控件可以显示为一条直线。常见属性：

1. BorderColor

线条的颜色。

2. BorderStyle

线型。例如实线、虚线等。取值从 0 ~ 6，共有 7 种情况。

3. BorderWidth

线条的粗细。

4. X1、Y1 和 X2、Y2

线条的起始端点坐标。

3.4.4 Shape

Shape 控件可以显示为一个简单的图形。常见属性：

1. BackColor、BackStyle

同 Label 控件。

2. BorderColor、BorderStyle、BorderWidth

图形的边框格式。同 Line 控件。

3. FillColor、FillStyle

填充图案的颜色和填充图案的类型，例如水平直线填充、斜线填充等。FillStyle 的取值从 0 ~ 7，共有 8 种填充图案。

4. Shape

图案的外观形状，例如圆形、椭圆形、正方形等。取值从 0 ~ 5，共有 6 种情况。

3.5 焦点与 Tab 顺序

在可视化程序设计中，焦点（focus）是一个十分重要的概念。下面详细介绍一下如何设置焦点，以及窗体上控件的 Tab 顺序。

3.5.1 设置焦点

简单地说，焦点是接收用户鼠标或键盘输入的能力。当一个对象具有焦点时，它可以接收用户的输入。在 Windows 系统中，某个时刻可以运行多个应用程序，但是只有具有焦点的应用程序才有活动标题栏，才能够接收用户的输入。类似地，在含有多个文本框的窗体中，只有具有焦点的文本框才能接收用户的输入。

当对象得到焦点时，会触发 GotFocus 事件；当对象失去焦点时，将触发 LostFocus 事件，前面文本框的例题中已经见过这方面的例子。LostFocus 事件过程通常用来对更新进行确认和有效性检查。窗体和多数控件支持这些事件。

可以用下面的方法设置一个对象的焦点：

· 利用鼠标单击该对象。

· 利用 Tab 键将焦点移动到该对象上。

· 利用热键选择该对象。

· 在代码中用 SetFocus 方法将焦点放到某个对象上。

焦点只能移到可视的窗体或控件上，因此，只有当一个对象的 Enabled 和 Visible 属性均为 True 时，它才能接收焦点。

注意，并不是所有对象都可以接收焦点。某些控件，例如框架（Frame）、标签（Label）、菜单（Menu）、直线（Line）、形状（Shape）、图像框（Image）和计时器（Timer）等，不能接收焦点。对于窗体来说，只有当窗体上的任何控件都不能接收焦点时，该窗体才能接收焦点。

对于大多数可以接收焦点的控件来说，从外观上可以看出它是否具有焦点。例如，当命令按钮、复选框、单选按钮等控件具有焦点时，在其内侧有一个虚线框，如图 3－11 所示。当文本框具有焦点时，在文本框内有闪烁的插入光标。

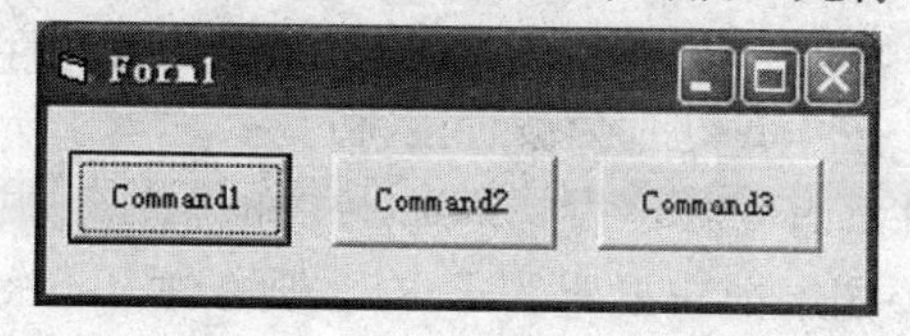

图 3－11　具有焦点的命令按钮

如前所述，可以通过 SetFocus 方法设置焦点。但是应当注意，由于在窗体的 Load 事件完成前，窗体和窗体上的控件是不可见的，因此，不能直接在 Form_Load 事件过程中，用 SetFocus 方法把焦点移到正在装入的窗体或窗体上的控件。例如，对于如图 3－11 所示窗体，编写如下事件过程：

```
Private Sub Form_Load ( )
    Command2. SetFocus
End Sub
```

程序设计者想在程序开始运行后，直接把焦点放到 Command2 上，但不可行。程序运行后，显示的出错信息如图 3－12 所示。

图 3－12　在 Form_Load 事件中使用 SetFocus 的错误提示

为解决这个问题，必须在设置焦点前通过 Show 方法使窗体可见。程序应修改为：

```
Private Sub Form_Load ( )
    Form1. Show
    Command2. SetFocus
End Sub
```

3.5.2 Tab顺序

当窗体上有多个控件时，用鼠标单击某个控件就可把焦点移到该控件上（假设该控件有获得焦点的能力），用Tab键也可以把焦点移到某个控件上。每按一次Tab键，焦点便从一个控件移到另一个控件。所谓Tab顺序，就是指按下Tab键时，焦点在各个控件之间移动的顺序。

在一般情况下，Tab顺序由控件建立时的先后顺序确定。例如，在窗体上创建了5个控件，其中3个文本框，两个命令按钮，建立顺序为：

Text1、Text2、Text3、Command1、Command2

程序执行时，光标默认地位于Text1中，每按一次Tab键，焦点就按Text2、Text3、Command1、Command2的顺序移动。当焦点位于Command2时，再按Tab键焦点又回到Text1。如前所述，除计时器、菜单、框架、标签等不接收焦点的控件外，其他控件均支持Tab顺序。

无效的（Enabled = False）和不可见的（Visible = False）控件，由于无法接收焦点，因此不在Tab顺序之内，按Tab键时会被直接跳过。

可以获得焦点的控件都有一种称为“TabStop”的属性，用它可以控制焦点的移动。该属性的缺省值为True，如果把它设置为False，则在用Tab键移动焦点时会跳过该控件。TabStop属性为False的控件，仍然保持它在实际的Tab顺序中的位置，只不过在按Tab键时这个控件被跳过。

在设计模式下，可以通过属性窗口中的TabIndex属性来改变Tab顺序。在前面的例子中，如果把Command2的TabIndex由4改为0，把Text1的TabIndex改为1，把Text2的TabIndex改为2，把Text3的TabIndex改为3，把Command1的TabIndex改为4。则程序运行时Tab顺序变为Command2 →Text1→Text2→Text3→Command1。

实际应用中通常按照用户操作的先后顺序来设置各控件的TabIndex属性值，例如在学生信息管理系统的个人信息录入界面中就要按照输入信息的先后来设置文本框和命令按钮的TabIndex值，这样才可以实现界面操作的友好性。

程序设计基础

- 从数据类型说起
- 常量、变量和表达式及其运算
- 常用的内部函数
- 程序语句及其编写规则

在第3章中已介绍了窗体和基本控件的使用，读者对VB的可视化设计有了概要的了解，知道可利用控件快速的编写简单的界面。本章将主要介绍VB的数据类型、表达式和编码规则等程序设计基础知识。

4.1 认识与理解数据类型

VB是在BASIC、GW BASIC、QUICK BASIC、True BASIC等语言基础上发展起来的，它保留了BASIC版本中的数据类型和语法，并根据语言的可视化要求增加了一些新的操作。表4－1列出了VB支持的标准数据类型，并包括了它们占用的存储空间和值的有效范围。

表4－1　Visual Basic的标准数据类型

名称	类型	类型声明	值的有效范围	字节	说明
字符型	String	$		0至65535	字符串，由ASCII字符组成，使用双引号分隔
整型	Integer	%	－32768至32767	2	
长整型	Long	&	－2147483648至2147483647	4	

续表

名称	类型	类型声明	值的有效范围	字节	说明
单精度实型	Single	!	-3.402823E+38 至 -1.401298E-45 +1.401298E-45 至 +3.402823E+38	4	
双精度实型	Double	#	-1.797693134862316D+308 至 -4.94065D+308 +4.94065D-324 至 +1.797693134862316D+308	8	
货币类型	Currency	@	-922337203685477.5805 至 922337203685477.5807	8	8 字节存储，精确到小数点后 4 位
日期类型	Date		1/1/100 至 12/31/9999	8	使用 8 个字节的浮点数表示日期和时间
字节型	Byte		0 至 255	1	数值类型
布尔型	Boolean		True 或 False	2	逻辑值
对象	Object		任何 Object 引用	4	用来表示图形、OLE 对象或其他对象
变体类型	Variant				是一种可变的数据类型。

4.1.1 基本数据类型

1. 数值数据类型

VB 的数值型数据分为整型数、浮点数、货币型和字节型。其中整型数又分为整数和长整数，浮点数分为单精度浮点数和双精度浮点数。

(1) Integer 和 Long

Integer 和 Long 型用来保存整数，整数的特点是运算速度比较快，数据精确，但数据的适用范围小。

Integer 类型占 2 个字节，其中高位有一位符号位，可存放的最大整数为 $2^{15}-1$，即 32767，最小整数为 -32768，当数据大于最大数或小于最小数时，程序运行时就会产生“溢出”而中断，此时，可采用其他的数据类型。

Long 类型占 4 个字节，可存放的最大整数为 $2^{31}-1$，最小整数为 -2^{31}。

在 VB 中整数的表示形式：n [%] 或 n [&]，其中% 为整型的类型符，可省略；& 为长整型的类型符。

例如：234，-678，276% 均表示整数。

123&，-137849& 等均表示长整型数。

(2) Single 和 Double

Single 和 Double 型用于存放浮点实数，浮点实数表示数的范围大，但有误差，且运算速度慢。在 VB 规定单精度浮点数精度为 7 位，双精度浮点数精度为 16 位。

单精度浮点数有多种表示形式：

n. n、n!、nE m 、n. nE m

即分别为小数形式，整数加单精度类型符和指数形式，其中 n、m 为无符号整数。

例如：234.23，1234.56!，1.23E+3

要表示双精度浮点数，对小数形式只要在数字后加“#”或用“#”代替”!”，对指数形式用“D”代替“E”或指数形式后加“#”

例如：2344.23#，1.23456E+4#，1.23E+12

Single 和 Double 型的浮点实数可用小数形式和指数形式表示。

（3）Currency 货币

Currency 货币型是定点实数和整数，最多保留小数点右边4位和小数点左边15位，用于货币计算，表示形式在数字后加@符号，例如234.67@、123@。

范围从-922337203685477.5808 到 922337203685477.5807。

（4）Byte

Byte 字节型用于存储二进制数。

2. 字符串

字符串是一个字符序列，由 ASCII 字符组成。在 VB 中其长度为 0~65535 个字符。其中长度为0的字符称为空字符串。字符串通常放在引号中，如：

"HELLO"、""（空字符串）

3. 逻辑型数据类型

逻辑（Boolean）数据类型用于逻辑判断，它只有 True 和 False 两个值. 当逻辑数据转换为整型数据时，True 转换为 -1，False 转换为 0. 当将其他类型数据转换为逻辑数据时，非0数转换为 True，0 转换为 False.

4. 日期型数据类型

日期（Date）型数据按8字节的浮点数来存储，表示的日期范围从公元0001年1月1日到9999年12月31日，而时间范围为0：00：00至23：59：59。

日期型数据有两种表示方法：一种是以任何字面上可被认作日期和时间的字符，用号码符（#）将其括起来表示；另一种以数据序列表示。

例如：#10/10/2000#，和#1996-3-5 10：09：08PM# 等都是合法的日期型数据。

当以数字序列表示时，小数点左边的数字代表日期，而小数点右边的数字代表时间，0为午夜，0.5为中午12点，负数代表的是1899年12月31日之前的日期和时间。

5. 对象数据类型

对象（Object）变量作为32位（4个字节）地址来存储，该地址可引用应用程序中的对象. 随后可以用 set 语句指定一个被声明为 Object 的变量，去引用应用程序所识别的任何实际对象。

6. 变体

变体数据类型是一种可变的数据类型，可以表示任何值，包括数值、字符串、日期/时间等。

4.1.2 用户定义数据类型

用户可利用 TYPE 语句定义自己的记录型数据类型，格式如下：

TYPE 类型名

元素名 AS 类型名
元素名 AS 类型名
……
END TYPE

4.2 常量和变量

计算机在处理数据时，必须将其装入内存，在机器语言与汇编语言中，借助于对内存单元的编号（称为地址）访问内存中的数据。而在高级语言中，需要将存放数据的内存单元命名，通过内存单元名来访问其中的数据。被命名的内存单元，就是常量或变量。

在程序中，不同类型的数据既可以常量的形式出现，又可以变量的形式出现。常量在程序执行期间其值不发生变化，而变量的值是可变的，它代表内存中指定的存储单元。

在 VB6.0 中，常量和变量的命名规则如下：

- 第一个字符必须是字母或汉字，后面由字母、汉字、数字或下划线组成。
- 不能使用 VB 中的关键字。
- 长度不能超过 255 个字符。
- VB 中不区分变量名的大小写，一般变量首字符用大写字母，其余用小写字母，常量全部用大写字母表示。

4.2.1 常量

常量是在程序运行中不变的量，在 VB 中有三种常量：直接常量、符号常量和系统提供的常量。

1. 直接常量

上一节中介绍的各种类型的常数值，其常数值直接反映了其类型，也可在常数值后紧跟类型符显示地说明常数的数据类型。

例如：982、347&、165.34、3.67E4、456D2

以上常数分别为整型、长整型、单精度浮点数（小数形式）、单精度浮点数（指数形式）、双精度浮点数。

在 VB 中除十进制常数外，还有八进制、十六进制常数。

八进制常数形式是在数值前加 &O。例如：&O345，&O876

十六进制常数形式是在数值前加 &H。例如：&HAB345，&H8CE7

2. 符号常量

如果在程序中要经常用到某些常数，则可以采用用户定义的符号常量表示这些常数。

符号常量定义形式如下：

Const 符号常量名 [As 类型] =表达式

其中：

符号常量名：命名规则同变量名，一般使用大写字母。

As 类型：说明了该常量的数据类型，该项可以省略，若省略该项，则数据类型由表达式值的类型决定该数据类型。此外，也可以使用类型说明符加在符号常量名的后面，直接说明常量的类型。

表达式：可以是数值或字符型常数，也可以是由运算符组成的表达式。

例如：

```
Const MyString = "这是一个字符串。"
Const MyAge = 49
Const PI = 3.1415926
Const X as Integer = 123
```

请注意字符串文字包含在两个引号（" "）之间。这是区分字符串型常数和数值型常数的最明显的方法。日期文字和时间文字包含在两个井号（#）之间。例如：

```
Const CutoffDate = #6-1-97#
```

最好采用一个命名方案以区分常数和变量。这样可以避免在运行时对常数重新赋值。例如，可以使用“vb”或“con”作常量名的前缀，或将常量名的所有字母大写。

注意：常量一旦声明，则在程序中只能引用，不能改变。

3. 系统常量

除了可以通过声明创建符号常量外，VB 系统还提供了为应用程序和控件定义的常量，这些常量可与应用程序的对象方法属性一起使用.

因为这些常数在 VB 中被建立，在使用之前不必定义它们。可在代码中任意处任意使用。表 4-2 列出一些 VB 中的系统常量。

表 4-2　VB 中的部分系统常量

常数	值	描述
vbCr	Chr（13）	回车符
vbCrLf	Chr（13）& Chr（10）	回车符与换行符
vbFormFeed	Chr（12）	换页符；在 Microsoft Windows 中不适用
vbLf	Chr（10）	换行符
vbNewLine	Chr（13）& Chr（10） 或 Chr（10）	平台指定的新行字符；适用于任何平台
vbNullChar	Chr（0）	值为 0 的字符
vbNullString	值为 0 的字符串	与零长度字符串（""）不同；用于调用外部过程

4.2.2 变量

变量是一种使用方便的占位符，用于引用计算机内存地址，该地址可以存储运行时可更改的程序信息。使用变量并不需要了解变量在计算机内存中的地址，只要通过变量名引用变量就可以查看或更改变量的值。

1. 用 Dim 语句显示声明变量

声明变量的一种方式是使用 Dim 语句、Public 语句和 Private 语句在代码中显式声明变量。

Dim 语句形式：

Dim 变量名 [As 类型]

其中：

类型：可使用表4－1中所列出的类型名。

[As 类型]：方括号部分表示该部分可以省略。省略“As 类型”部分，则所创建的变量默认为变体类型。

例如：

Dim X As integer

Dim Y As single

有时为了简便，也以符号进行简单的定义，作用是和上面一样的。整型可以用“%”代替，长整型可以用“&”代替，实型可以用“!”，双精度实型可以用“#”定义，如上面的例子可以写成：

Dim X%

Dim Y!

声明多个变量时，使用逗号分隔变量，但每个变量必须有自己的类型声明。例如：

Dim T, Bo, L, R

对于字符串类型变量，根据其存放的字符串长度是否固定，其定义方法有两种：

Dim 字符串变量名 As String

Dim 字符串变量名 As String * 字符数

前一种方法定义的字符串将是不定长的字符串，最多可存放2MB个字符；后一种方法可定义定长的字符串，存放的最多字符数由 * 号后面的字符数决定。

例如：

```
Dim Str1 As String          '声明可变长字符串变量Str1
Dim Str2 As String * 20     '声明定长字符串变量Str2可存放20个字符
```

对于变量Str2，若赋予的字符少于20，则右补空格；若赋予的字符超过20，则多余部分截去。

注意：在VB中，一个汉字占两个字节，但与一个西文字符一样都统计为一个字符。

除了使用Dim语句声明变量外，还可以用Static、Public、Private等关键字声明变量，详细内容将在“过程”章节中讨论。

2. 隐式声明

这种方式是通过直接在程序中使用变量名这一简单方式隐式声明变量。所有隐式声明的变量都是Variant类型的。但这不是一个好习惯，因为这样有时会由于变量名被拼错而导致在运行程序时出现意外的结果。因此，最好使用Option Explicit关键字强制声明“所有变量必须先声明再引用”。Option Explicit关键字必须放在窗体或模块的通用声明（General Declarations）处。

4.3 程序中的各种运算

VB有一套完整的运算符，通过运算符和操作数结合成表达式，实现程序编制中所需的大量操作。运算符是表示实现某种运算的符号，VB的运算符中包括算术运算符、字符串运算符、关系运算符和逻辑运算符等。

4.3.1 算术运算

表4－3列出了VB中的算术运算符，其中“－”运算符在单目运算（单个操作数）中作取负号运算，在双目运算（两个操作数）中作减法运算，其余运算符均属双目运算符。设表中变量x为整型，其值为2。

表4－3　算术运算符

含义	运算符号	优先级	示例	结果
求幂	^	1	x^4	16
负号	－	2	－x	－2
乘	*	3	x * x	4
除	/	3	7/x	3.5
整除	\	4	10 \ 3	3
求余	Mod	5	9 mod x	1
加	+	6	2 + x	4
减	－	6	x－5	－3

注意，在“^”运算符参与的表达式result = number^exponent中，仅当exponent参数为整数时，Number参数才可为负值。其中exponent可为分数，如8^（1/3）=2。

如果单个表达式中有多个指数运算，则“^”运算符按从左到右的顺序执行。

“\”运算符：用于两个数相除并返回以整数形式表示的结果。在除法操作前，数值表达式四舍五入为Byte、Integer或Long类型表达式。如：4.6 Mod 2.1结果为1。

在“Mod”运算符参与的表达式result = number1 Mod number2中，运算符执行number1除以number2操作（浮点数四舍五入为整数）并只返回余数作为result。例如，在表达式A = 19 Mod 6.7中，A等于5。

算术运算符两边的操作数应是数值型，若是其他类型，如数字字符或逻辑型，则自动转换成数值类型后再运算。如：

```
21 - True          '结果为22，True转换为数值-1，False转换为数值0
2 + "5" + False    '结果为7
```

4.3.2 字符串运算

字符串运算符有“&”和“+”两种。它们可将两个字符串连接成一个字符串。在字符串变量后面使用字符串运算符“&”时，变量与运算符“&”间应有一个空格。因为符号“&”同时还是长整型的类型定义符，当变量与符号“&”连在一起时，VB先把它作为类型定义符处理，容易造成错误。

注意，在具体使用字符串连接符“&”和“+”时，在某种情况下是有区别的：

“+”：连接符两边的操作数均为字符型时，其结果是将两个字符串连接在一起。若均为数值型则进行算术加法运算；若一个为数字字符型，另一个为数值型，则自动将数字字符转换为数值，再进行算术加法运算；若一个为非数字字符型，另一个为数值型，就会出现错误。

“&”：连接符两边的操作对象无论是字符型还是数值型，在进行连接操作时，均将它们转换成字符型，再进行连接。

如：

“123” + “321”　　'结果为"123321"

“123” +321　　'结果为444，因为"123"自动转换成整值123了

“abc” +123　　'出错，因为"abc"无法转换为数值

“abc” & 123　　'结果为"abc123"

“123” & “321”　　'结果为"123321"

123 & 321　　'结果为"123321"

4.3.3 关系运算

VB关系运算符（表4-4）的作用是将两个操作数进行比较，若关系成立，则返回True，否则返回False。在VB中，True用-1表示，False用0表示。操作数可以是数值型、字符型。

表4-4　Visual Basic 关系运算符

测试关系	运算符	表达式举例
等于	=	X = Y
不等于	< >或> <	X < >Y
小于	<	X < Y
大于	>	X > Y
小于等于	< =	X < = Y
大于等于	> =	X > = Y
比较样式	Like	"BAT123khg" Like "B?T *" 返回 True

注意：

（1）如果两个操作数是数值型，则按其大小比较。

（2）如果两个操作数是字符型，则按字符的ASCII码值从左到右一一比较，即首先比较两个字符串的第1个字符，其ASCII码值大的字符串大，如果第1个字符相同，则比较第2个字符，以此类推，直到出现不同的字符为止。

（3）汉字字符大于西文字符。

（4）关系运算符的优先级相同。

（5）“Like”运算符与通配符“?”、“*”、“#”、[字符列表]、[！字符列表]结合使用，在数据库的SQL语句中经常使用，用于模糊查询。其中“?”表示任何单一字符，“*”表示零个或多个字符，“#”表示任何一个数字（0~9），[字符列表]表示字符列表中的任何单一字符，[！字符列表]表示不在字符列表中的任何单一字符。

例如，找姓名变量中姓王的学生，则表达式为：姓名 Like "王*"

又如，找姓名变量中没有王字的学生，表达式为：姓名 Like"[！王]"

在下面程序中,"王军"和"王*"可以匹配,也可以和"王?"匹配,而"王军红"则只能和"王*"匹配,但不能与"王?"匹配:

```
Private Sub Command1_Click ()
    c$ ="2001181101"
    If Left(c$, 4) = "2001" Then Print c$;"是2001级的学生"
    n1$ ="王军"
    If n1$ Like "王*" Then
      Print n1$;"是姓王的学生"     '对
    Else
      Print n1$;"不是姓王的学生"
    End If
    n2$ ="王军红"
    If n2$ Like "王?" Then
      Print n2$;"可以和""王?""匹配"
    Else
      Print n2$;"不能和""王?""匹配"     '对
    End If
End Sub
```

4.3.4 逻辑运算与位运算

逻辑运算符（表4-5，表4-6）除 Not 是单目运算符外，其余都是双目运算符，作用是将操作数进行逻辑运算，结果是逻辑值 True 或 False。

表4-5 Visual Basic 逻辑运算符

运算符	逻辑	优先级	表达式举例	说明
Not	非	1	Not X	原来为真，否定为假
And	与	2	X And Y	其一为假，结果为假
Or	或	3	X Or Y	其一为真，结果为真
Xor	异或	3	X Xor Y	不同为真，相同为假
Eqv	等价	4	X Eqv Y	相同为真，不同为假
Imp	蕴含	5	X Imp Y	X为真，Y为假，结果为假

表4-6 逻辑运算表示例（-1为真，0为假）

X	Y	Not X	X And Y	X Or Y	X Xor Y	X EqvY	X Imp Y
-1	-1	0	-1	-1	0	-1	-1
-1	0	0	0	-1	-1	0	0
0	-1	-1	0	-1	-1	0	-1
0	0	-1	0	0	0	-1	-1

说明：

(1) 逻辑运算符中最常用的是Not、And、Or其中And、Or的使用要区分清楚，它们用于将多个关系表达式进行逻辑判断。若有多个条件，And（或也称逻辑乘）必须条件全部为真才为真，Or（或也称逻辑加）只要有一个条件为真就为真。

例如，某班级要评选优秀干部，必须同时满足“参加集体活动累积积分大于15、平均成绩大于80、是共青团员”三个条件的为候选对象，可表示如下：

积分>=35 And 平均分>=80 And 党派="共青团员"

如果用Or连接三个条件：

积分>=35 Or 平均分>=80 Or 党派="共青团员"

则评选优秀干部的条件变成只要满足三个条件之一即可。

(2) 如果逻辑运算符对数值进行运算，则以数字的二进制值逐位进行逻辑运算。例如“12 And 7”表示对12和7的二进制表示1100与0111进行And运算，得到二进制值100，结果为十进制数4。其对应关系如下式所示：

```
         1100
And      0111
---------------
         0100
```

因此利用逻辑运算符对数值进行运算时有如下作用：

① And运算符常用于屏蔽某些位。这种运算可在键盘事件中判定是否按了Shift、Ctrl、Alt等键，也可用于分离颜色码。例如语句“Cl = cl And 7”可以实现仅保留cl中的最后3位，其余位置成零。此处的等号（=）不是关系运算符而是赋值号，

② Or运算符常用于把某些位置1。例如语句“Cl = c1 Or 7”可以把cl中的最后3位置1，其余位保持原来值。

③ 对一个数连续两次进行xor操作，可恢复原值。在动画设计时，用xor模式可恢复原来的背景。

4.3.5 表达式与运算的优先级

1. 表达式组成

表达式由变量、常量、运算符、函数和圆括号按一定的规则组成。表达式通过运算后有一个结果，运算结果的类型由数据和运算符共同决定。

2. 表达式的书写规则

(1) 乘号不能省略。例如，x乘以y应写成：x * y。

(2) 括号必须成对出现，均使用圆括号，可以出现多个圆括号，但要配对。

(3) 表达式从左到右在同一基准上书写，无高低、大小区分。

例如：已知数学表达式 $\dfrac{\sqrt{(3x+y)}-z}{(xy)^4}$

写成VB表达式为：sqr（（3 * x + y） - z）/（x * y）^4

说明：sqr（）是求平方根函数，在下一节介绍。程序设计语言的初学者，要熟练地掌握将数学表达式写成正确的VB表达式。

3. 不同数据类型的转换

在算术运算中，如果操作数具有不同的数据精度，则 VB 规定运算结果的数据类型采用精度高的数据类型。即：

Integer < Long < Single < Double < Currency

但当 Long 型数据与 Single 型数据运算时，结果为 Double 型数据。

4. 优先级

前面已在运算符中介绍，算术运算符、逻辑运算符都有不同的优先级，关系运算符优先级相同。当一个表达式中出现了多种不同类型的运算符时，不同类型的运算符优先级如下：

算术运算符 > 字符运算符 > 关系运算符 > 逻辑运算符

注意：

（1）在运算中，括号内的运算优先于括号外的运算。对于多种运算符并存的表达式，可增加圆括号，改变优先级或使表达式更清晰。例如，若选拔优秀生的条件为“年龄（Age）小于19岁，三门课总分（Total）高于285分，其中有一门为100分”，如果其表达式写为：

Age < 19 And Total > 285 And Mark1 = 100 Or Mark2 = 100 Or Mark3 = 100

则表达不正确，应改成如下形式：

Age < 19 And Total > 285 And (Mark1 = 100 Or Mark2 = 100 Or Mark3 = 100)

（2）字符串连接运算符不是算术运算符，它的优先级高于比较运算符，低于算术运算符。

（3）Like 和比较运算符的优先顺序相同。进行模式匹配处理，应该注意？和 * 两个通配符。Is 是对象比较运算符，它不考虑对象的值，只是针对两个对象是否参照了相同的对象。

（4）当使用幂时，负号优先，例如：4 ^ -2，表示4的负2次方。

4.4 常用内部函数

VB 准备了很多常用的内部函数供编程使用，并带来很大的方便。使用函数常用如下两种方法：

（1）如果需要使用返回值，其格式为：变量名 = 函数名（参数列表）。

（2）如果不需要使用返回值，其格式为：函数名 参数列表。

所谓参数，就是在调用函数时交给函数处理的数据。所谓返回值，就是函数经过一系列运算返回给调用者的值。

4.4.1 输入输出函数

输入输出函数也可以称为交互式函数，是用来输入数据和输出信息的。主要有输入函数 Inputbox 和输出函数 Msgbox，下面将详细介绍这两个函数。

1. InputBox 函数

InputBox 函数用于接收用户从键盘输入的数据的函数。该函数通过对话框界面提供了一个良好的交互环境，等待用户输入正文或按下按钮，并返回包含文本框内容的字符串（String）。

格式：InputBox（prompt［，title］［，default］［，xpos，ypos］［，helpfile，context］）

其中：

Prompt：必需的。作为对话框消息出现的字符串表达式。prompt 的最大长度大约是 1024 个字符，由所用字符的宽度决定。如果 prompt 包含多个行，则可在各行之间用回车符（Chr（13））、换行符（Chr（10））或回车换行符的组合（Chr（13）& Chr（10））来分隔。

Title：可选的。显示对话框标题栏中的字符串表达式。如果省略 title，则把应用程序名放入标题栏中。

Default：可选的。显示文本框中的字符串表达式，在没有其他输入时作为缺省值。如果省略 default，则文本框为空。

xpos：可选的。数值表达式，成对出现，指定对话框的左边与屏幕左边的水平距离。如果省略 xpos，则对话框会在水平方向居中。

ypos：可选的。数值表达式，成对出现，指定对话框的上边与屏幕上边的距离。如果省略 ypos，则对话框被放置在屏幕垂直方向距下边大约三分之一的位置。

Helpfile：可选的。字符串表达式，识别帮助文件，用该文件为对话框提供上下文相关的帮助。如果已提供 helpfile，则也必须提供 context。

Context：可选的。数值表达式，由帮助文件的作者指定给某个帮助主题的帮助上下文编号。如果已提供 context，则也必须要提供 helpfile。

功能：产生一个对话框，提示用户输入信息，光标位于对话框底部的输入区中。

注意：

（1）InputBox 函数返回的是字符型数据，如果没有给变量定义类型，而将函数值赋值给变量，则变量不是变体类型数据，而是字符串数据。

（2）当在运行中，点击了“确定”按钮，则将文本框的数据返回；点击了“取消”按钮，则返回一个空字符串。

（3）一个 InputBox 函数只能输入一个值，多个值的输入应该多次执行 InputBox 函数。

（4）如果后面的参数要使用，前面的参数不使用，“，”一定要加上。例如，我们要输入自己的名字，可以使用如下代码：

N = InputBox（“请输入您的姓名”，“输入姓名”，“张三”）

这行代码是使用 InputBox 函数，让用户输入姓名，然后存到变量 N 中去。当用户输入姓名并单击“确定”后，输入的姓名将会被存到变量 N 中去；因为已经提供了缺省值，所以可以不输入任何数据而直接单击“确定”，这时保存的将是“张三”；如果用户单击的是“取消”的话，变量 N 的值将为空。

例如，编制如下程序可以提示“下面填写工作单位”，再在下一行提示“请输入”，标题为“输入”。

```
Private Sub Command1_Click ()
    mgzdw = InputBox ("下面填写工作单位" + Chr(13) _
    + Chr (10) + "请输入:","输入","Shan Xi University" _
    ,,,"c:\windows\system\winfile.hlp",10)
    Print mgzdw
End Sub
```

再如，编写如下程序，可以用InputBox函数输入多个数据。

```
Private Sub Command1_Click ()
    msg $ = "学生情况登记:"
    msg1 $ = "请输入姓名:" : msg2 $ = "请输入年龄:"
    msg3 $ = "请输入性别:" : msg4 $ = "请输入籍贯:"
    studname $ = InputBox (msg1 $, msg $)
    studage $ = InputBox (msg2 $, msg $)
    studsex $ = InputBox (msg3 $, msg $)
    studhome $ = InputBox (msg4 $, msg $)
    Print studname; ","; studsex; ",现年";
    Print studage; "岁,"; studhome; "人"
End Sub
```

2. MsgBox 函数

Msgbox函数是以对话框的形式输出信息的函数，它还可以让用户在对话框内进行相应的选择，然后将选择结果返回给程序。

格式：MsgBox (prompt [, buttons] [, title] [, helpfile, context])

其中：

Prompt：必需的。字符串表达式，作为显示在对话框中的消息。prompt的最大长度大约为1024个字符，由所用字符的宽度决定。如果prompt的内容超过一行，则可以在每一行之间用回车符（Chr (13)）、换行符（Chr (10)）或是回车与换行符的组合（Chr (13) & Chr (10)）将各行分隔开来。

Buttons：可选的。数值或数值表达式，指定显示按钮的数目及形式、使用的图标样式、缺省按钮是什么以及消息框的强制回应等。如果省略，则buttons的缺省值为0。Buttons的值是由表4-7中每组之中取一个数相加得来的。

表4-7 VB中按钮图标内部常量表

常数	值	描述
vbOKOnly	0	只显示OK按钮
VbOKCancel	1	显示OK及Cancel按钮
VbAbortRetryIgnore	2	显示Abort、Retry及Ignore按钮
VbYesNoCancel	3	显示Yes、No及Cancel按钮
VbYesNo	4	显示Yes及No按钮
VbRetryCancel	5	显示Retry及Cancel按钮

常数	值	描述
VbCritical	16	显示 Critical Message 图标。
VbQuestion	32	显示 Warning Query 图标。
VbExclamation	48	显示 Warning Message 图标。
VbInformation	64	显示 Information Message 图标。

常数	值	描述
vbDefaultButton1	0	第一个按钮是缺省值
vbDefaultButton2	256	第二个按钮是缺省值
vbDefaultButton3	512	第三个按钮是缺省值
vbDefaultButton4	768	第四个按钮是缺省值

常数	值	描述
vbApplicationModal	0	应用程序强制返回；应用程序一直被挂起，直到用户对消息框作出响应才继续工作。
vbSystemModal	4096	系统强制返回；全部应用程序都被挂起，直到用户对消息框作出响应才继续工作。
vbMsgBoxHelpButton	16384	将 Help 按钮添加到消息框
VbMsgBoxSetForeground	65536	指定消息框窗口作为前景窗口
vbMsgBoxRight	524288	文本为右对齐
vbMsgBoxRtlReading	1048576	指定文本应为在希伯来和阿拉伯语系统中的从右到左显示

在设置“按钮”参数时。只需在以上四类中分别选出合适的数值或相应的常量，将数值直接或者将常量用加号连接即可得到“按钮”参数的值。在每一类中选择不同的值会产生不效果，一般情况下最好使常量相加的形式表示，这可以提高程序的可读性。

Title：可选的。在对话框标题栏中显示的字符串表达式。如果省略 title，则将应用程序名放在标题栏中。

Helpfile：可选的。字符串表达式，识别用来向对话框提供上下文相关帮助的帮助文件。如果提供了 helpfile，则也必须提供 context。

Context：可选的。数值表达式，由帮助文件的作者指定给适当的帮助主题的帮助上下文编号。如果提供了 context，则也必须提供 helpfile。

注意：当用户选择对话框中的某个按钮时，MsgBox 函数将返回一个值，以供程序根据用户的选择来进行相应的操作。这个返回值也是 VB 的内部常量（表4-8）。

表4-8　VB内部常量表

常数	值	被鼠标单击的按钮
vbOK	1	OK
vbCancel	2	Cancel
vbAbort	3	Abort
vbRetry	4	Retry
vbIgnore	5	Ignore
vbYes	6	Yes
vbNo	7	No

例如编制程序，使用如下的消息框提问“是否继续?”，然后使用Print方法在窗体上给出结论“是”或“否”的程序大致如下，结果如图4-1。

```
Private Sub Command1_Click ( )
    a = MsgBox ("是否继续?", vbDefaultButton
2 + vbYesNo + vbQuestion, "提问")
    If a = 6 Then
        Print "是"
    Else
        Print "否"
    End If
End Sub
```

图4-1　程序结果

3. MsgBox语句

MsgBox语句的功能和MsgBox函数的功能一样，参数的内容和使用也是一样的，但它没有返回值；由于一些消息框不需要返回信息，所以不使用函数方式，使用语句方式。

格式：MsgBox prompt [, buttons] [, title] [, helpfile, context]

4. 格式输出

使用格式输出函数Format $可以使数值或日期按指定格式输出（表4-9）。

格式为：Format $（数值表达式，格式字符串）

表4-9　格式说明字符

数据类型	符号	作　用
Number	0	实际数字小于符号位数，数据前后加0
Number	#	实际数字小于符号位数，数据前后不加0
Number	.	加小数点
Number	,	千分位
Number	%	百分号格式。将数值乘以100，再追加一个百分号
Number	$	数字前强加$
Number	E+，E-	科学型格式。使用标准科学记数法
Date/Time	（缺省）	通用日期与时间格式。显示日期或时间，或两者一起显示
Date/Time	dddddd	长日期格式。Microsoft Windows控制面板的区域部件中，有与此相同格式的长日期设置。例如：Tuesday, May 26, 1992
Date/Time	dd-mmm-yy	中间日期格式。例如：26-May-92

续表

数据类型	符号	作　用
Date/Time	ddddd	短日期格式。Microsoft Windows 控制面板的区域部件中，有与此相同格式的短日期设置。例如：5/26/92
Date/Time	ttttt	长时间格式。Microsoft Windows 控制面板的区域部件中，有与此相同格式的时间设置。例如：05：36：17 A. M
Date/Time	hh：mm AM/PM	中间时间格式。例如：05：36 A. M
Date/Time	hh：mm	短时间格式。例如：05：36

	格式符	含义
日	d	显示不带0的日期（1-31）
	dd	显示带0的日期（01-31）
	ddd	以 Sun-Sat 格式显示日期
	dddd	以 Sunday-Saturday 格式显示日期
	ddddd	以年月日标准格式显示日期
月/分钟	m	显示不带0的月，如果后面紧跟 h 或 hh 则显示不带0的分
	mm	显示带0的月，如果后面紧跟 h 或 hh 则显示带0的分
	mmm	以 Jan-Dec 显示月份
	mmmm	以 January-December 显示月份
年	yy	以两位数显示年（00-99）
	yyy	以四位数显示年（1900-20）

例如：程序如下，结果如图4-2。

```
Private Sub Command1_Click ( )
    Print Format $ (348.52, " $ ###.00"), Format (Now, "hh:mm AM/PM")
    Print Format $ (1348.52, " $0, 000.00"), Format (Now, "ttttt")
    Print Format $ (0.52, "##%"), Format (0.05, "00%")
End Sub
```

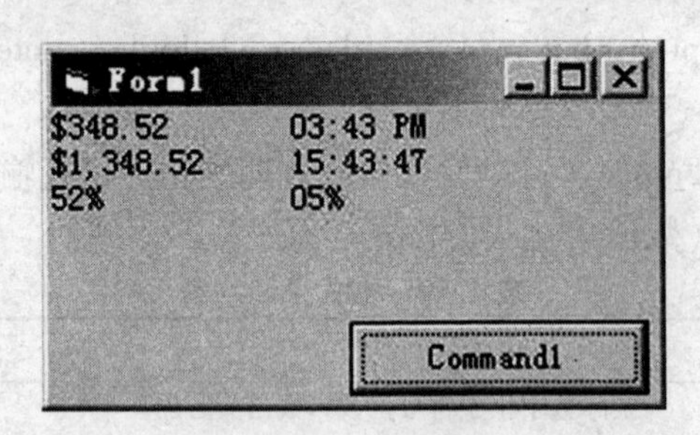

图4-2　程序结果

4.4.2 类型转换函数

常用的转换函数见表4-10。

表4－10　常用的转换函数

函数名	功能	例	结果
Asc（C）	字符转换成ASCII码	Asc（“B”）	66
Chr＄（N）	ASCII码转换成字符	Chr＄（66）	B
Hex［＄］（N）	十进制转换成十六进制	Hex（100）	64
Otc［＄］（N）	十进制转换成八进制	Otc＄（100）	144
Str＄（N）	数值转换为字符串	Str＄（123.45）	“123.45”
Val（C）	数字字符串转换为数值	Val（“123AB”）	123

当要对不同类型的变量进行操作时，就需要先进行类型转换。主要的类型转换函数见表4－11。

表4－11　类型转换表

函数名	作用
CInt	将表达式转换为整型的
CLng	将表达式转换为长整型的
CSng	将表达式转换为单精度浮点型的
CDbl	将表达式转换为双精度浮点型的
Cdate	将表达式转换为日期型的
CStr	将表达式转换为字符型的
CBool	将表达式转换为布尔型的
CVar	将表达式转换为变体型的

4.4.3 字符串操作函数

1. VB字符处理机制

早期英文字符占用1个字节，汉字占用2个字节，即ANSI方式；在VB4.0以后，字符串采用统一编码方式，即“UniCode”。在UniCode方式下，所有字符都占用2个字节。所以现在在字符串函数中，考虑的是字符个数，而不是字节数。

2. 字符串函数

（1）删除空格函数

去掉字符串左部连续空格：LTrim＄（字符串）

去掉字符串右部连续空格：RTrim＄（字符串）

去掉字符串两边连续空格：Trim＄（字符串）

例如，下列程序结果如图4－3，可以清楚的看出函数的功能。

图4－3　程序结果

```
Private Sub Command1_Click ( )
    aaa1 = "aaaaa "
    bbb1 = " bbbbb"
    ccc1 = " ccccc "
    Print "|" + LTrim(aaa1) + "|" + LTrim(bbb1) + "|" + LTrim(ccc1) + "|"
    Print "|" + RTrim(aaa1) + "|" + RTrim(bbb1) + "|" + RTrim(ccc1) + "|"
    Print "|" + Trim(aaa1) + "|" + Trim(bbb1) + "|" + Trim(ccc1) + "|"
End Sub
```

(2) 字符串截取函数

左部截取：Left $ （字符串，n） 从左部开始取 n 个字符

右部截取：Right $ （字符串，n） 从右部取 n 个字符

中部截取：Mid $ （字符串，p，n） 从左部开始的第 p 个字符，取连续 n 个字符。如果省略 n，则表示从 p 位置开始截取到字符串结尾。

例如，下列程序可以清楚地看出函数的功能，结果如图 4-4。

```
Private Sub Command1_Click ( )
    MyString = "Mid Function Demo"
    FirstWord = Left(MyString, 3)          '返回 "Mid"
    LastWord = Right(MyString, 4)          '返回 "Demo"
    MidWords = Mid(MyString, 5)            '返回 "Funcion Demo"
    Print FirstWord, LastWord, MidWords
End Sub
```


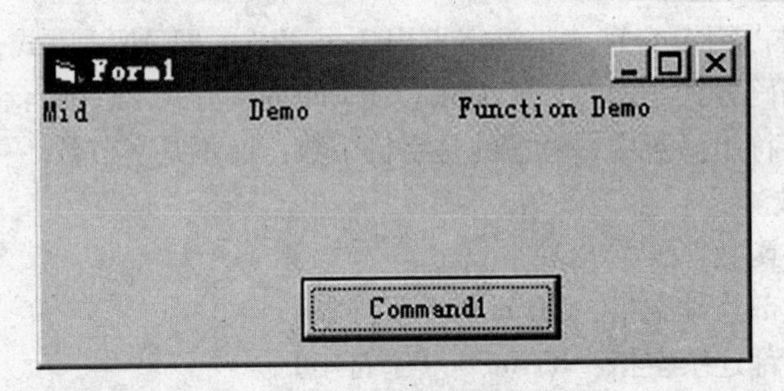

图 4-4 程序结果

(3) 字符串长度测试函数

Len（字符串）：字符串的长度。

LenB（变量名）：字符串或变量所占的存储空间的字节数。

例如，下列程序可以清楚地看出函数的功能，结果如图 4-5。

```
Private Type CustomerRecord            '定义用户自定义的数据类型。
    ID As Integer                      '将此定义放在常规模块中。
    Name As String * 10
    Address As String * 30
End Type
```

```
Private Sub Command1_Click ()
    Dim Customer As CustomerRecord          '声明变量。
    Dim MyInt As Integer, MyCur As Currency
    Dim MyString, MyLen
    MyString = "Hello World"                '设置变量初值。
    MyLen = LenB (MyInt)                    '返回 2。
    Print MyLen
    MyLen = Len (Customer)                  '返回 42。
    Print MyLen
    MyLen = Len (MyString)                  '返回 11。
    Print MyLen
    MyLen = LenB (MyCur)                    '返回 8。
    Print MyLen
End Sub
```

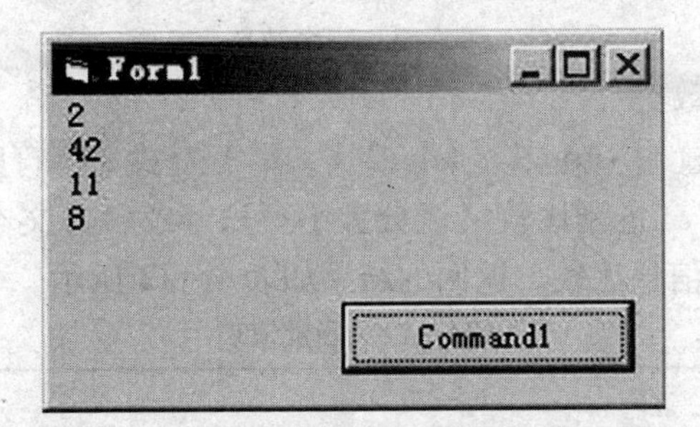

图4 - 5　程序结果

(4) String $ 函数

String $ (n, ASCII 码值): 返回由该 ASCII 码指定的字符组成的 n 个字符的字符串

String $ (n, 字符串): 返回由该字符串的第一个字符组成 n 个字符的字符串

例如, 下列程序可以清楚地看出函数的功能, 结果如图 4 - 6。

```
Private Sub Command1_Click ()
    Print String $ (5, 65)          '返回字符串"AAAAA"
    Print String $ (3, "c")         '返回字符串"ccc"
End Sub
```

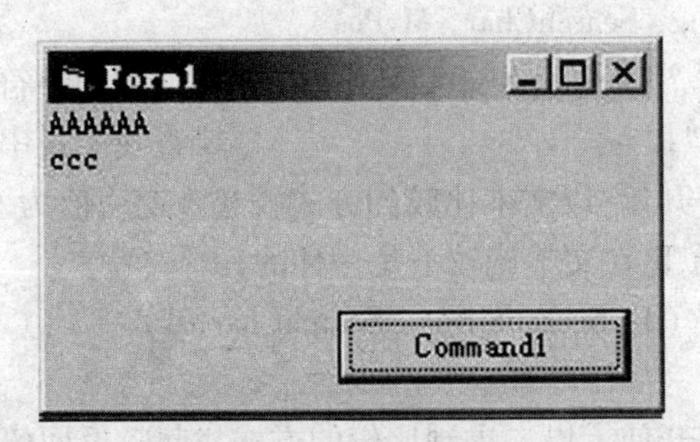

图4 - 6　程序结果

(5) 空格函数

Space $ (n): 返回由 n 个空格组成的字符串

例如，下列程序可以清楚地看出函数的功能，结果如图 4-7。

```
Private Sub Command1_Click ()
    Print "start" + Space(3) + "END"      '返回字符串"start   END"
    Print "start" + "123" + "END"         '返回字符串"start123END"
End Sub
```

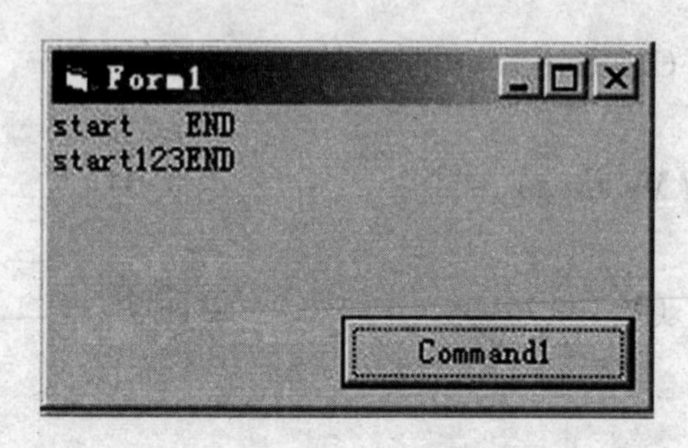

图4-7 程序结果

(6) 字符串匹配函数

Instr $ ([开始位置,] string1, string2 [, n]) 查找某字符串在另一个字符串中首次出现的位置。n 为 0，二进制比较（区分大小写）；n 为 1，文本方式比较（不区分大小写）；n 为 2，数据库信息比较。返回的结果如表 4-12 所示。

表 4-12 函数值表

如果	InStr 返回
string1 为零长度	0
string1 为 Null	Null
string2 为零长度	开始位置
string2 为 Null	Null
string2 找不到	0
在 string1 中找到 string2	找到的位置
开始位置 > string2	0

例如，下列程序可以清楚地看出函数的功能，结果如图 4-8。

```
Private Sub Command1_Click ()
    Dim SearchString, SearchChar, MyPos
    SearchString = "XXpXXpXXPXXP"          '被搜索的字符串
    SearchChar = "P"                       '要查找字符串 "P"
    '从第四个字符开始,以文本比较的方式找起。返回值为 6 (小写 p)
    '小写 p 和大写 P 在文本比较下是一样的。
    MyPos = InStr (4, SearchString, SearchChar, 1)
    Print MyPos
    '从第一个字符开使，以二进制比较的方式找起。返回值为 9 (大写 P)
    '小写 p 和大写 P 在二进制比较下是不一样的
```

```
    MyPos = InStr (1, SearchString, SearchChar, 0)
    Print MyPos
    '缺省的比对方式为二进制比较（最后一个参数可省略）。
    MyPos1 = InStr (SearchString, SearchChar)          '返回 9
    mypos2 = InStr (1, SearchString, "W")              '返回 0
    Print MyPos1, mypos2
End Sub
```

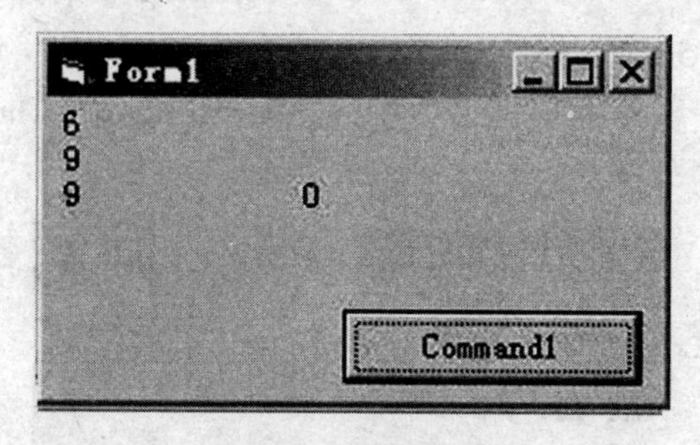

图4－8　程序结果

（7）字母大小写转换函数

Ucase $ （字符串）：将字符串转换为大写

Lcase $ （字符串）：将字符串转换为小写

例如，下列程序可以清楚地看出函数的功能，结果如图4－9。

```
Private Sub Command1_Click ( )
    Print UCase $ ("Rose")          '返回字符串"ROSE"
    Print LCase $ ("Rose")          '返回字符串"rose"
End Sub
```

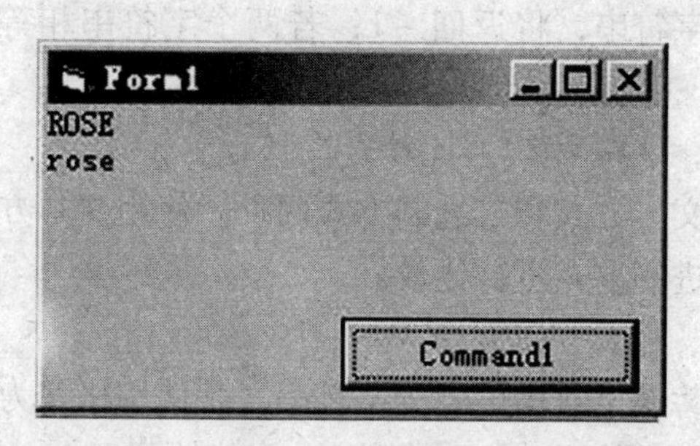

图4－9　程序结果

（8）替换字符串命令

Mid $ （字符串，位置［，L］）＝子字符串

说明：在字符串中，从指定位置开始L个字符被子字符串替换，如果子字符串长度大于L，子字符串被截取；如果L没有，则替换后的字符串长度和被替换前的字符串长度一样。

例如，下列程序可以清楚地看出函数的功能，结果如图4－10。

```
Private Sub Command1_Click ( )
    Dim MyString
```

```
    MyString = "The dog jumps"          '设置字符串初值。
    Mid (MyString, 5, 3) = "fox"
    Print MyString                      'MyString = "The fox jumps"
    Mid(MyString, 5) = "cow"
    Print MyString                      'MyString = "The cow jumps"
    Mid(MyString, 5) = "cow jumped over"
    Print MyString                      'MyString = "The cow jumpe"
    Mid(MyString, 5, 3) = "duck"
    Print MyString                      'MyString = "The duc jumpe"
End Sub
```

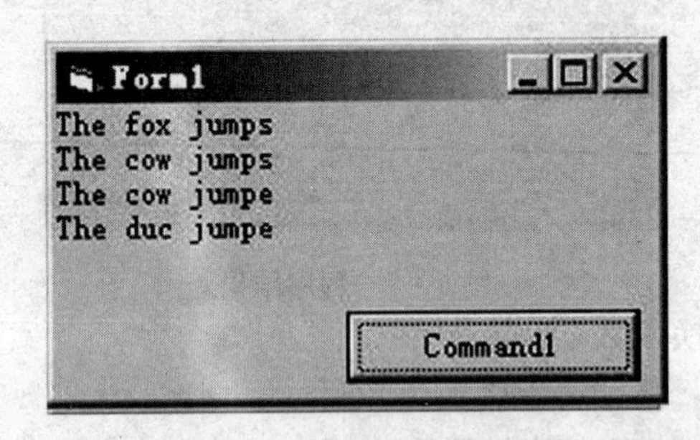

图4－10　程序结果

（9）StrReverse 函数

返回与原字符串反向的字符串。例如：StrReverse（“format”）的值为“tamrof”。

（10）strComp 函数

比较两个字符串的大小。若第一个字符串大于第二个字符串，函数将返回1；若第一个字符串小于第二个字符串，将返回－1；若两个字符串相等，则返回0。其使用格式：

StrComp（字符串1，字符串2，[比较方式]）

其中，比较方式有文本方式和二进制方式两种。使用文本方式比较时，会忽略字母的大小写。缺省时按二进制方式进行比较。

（11）Replace 函数

用指定的字符串来替换字符串中的子字符串。其使用格式为：

Replace（字符串1，字符串2，字符串3，[起始位置]，[替换个数]，[比较方式]）

其中，后面三个参数是可选的，表示从第几个字符开始替换几次。如果缺省这三项，默认从字符串1第一个字符开始用字符串3替换掉所有的字符串2，其比较方式是二进制方式。现举例如下，结果如图4－11。

```
Private Sub Command1_Click ()
    a = Replace ("Visual Basic", "i", "I")
    b = Replace ("Visual Basic", "i", "1", , 1)
    c = Replace ("Visual Basic", "i", "I", , 5)
```

```
    d = Replace ("Visual Basic", "i", "abc")
    e = Replace ("Visual Basic", "i", " ")
    f = Replace ("Visual Basic", "i", "abc", , , vbTextCompare)
    Print a, b, c, d, e, f
End Sub
```

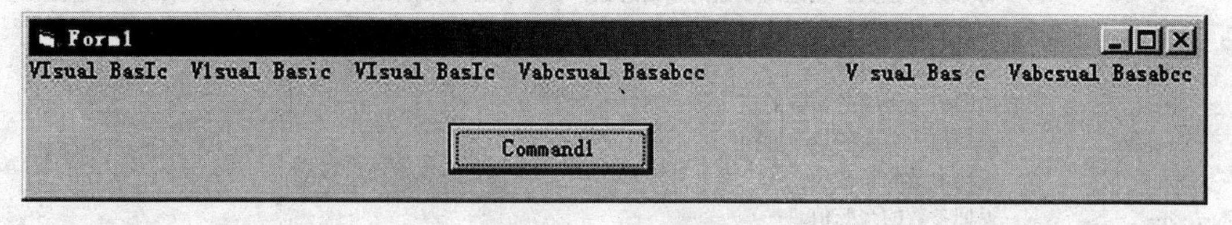

图4-11 程序结果

(12) Split 函数

根据指定的分隔符将字符串分解为多个部分，并以数组的形式返回。使用格式如下：

Split（字符串，[分隔符]，[分解个数]，[比较方式]）

其中，后三个参数是可选的，若全部缺省时表示以空格为分隔符，能分解多少次就分解多少次，且以二进制方式进行比较。

在使用 Split 函数之前，要先定义一个动态数组用以存放该函数的返回值。例如：已经定义一个动态数 a ( )，则 a = split ("a*b*c*d*e*f","*", 3) 将返回一个具有三个元素的数组，其各元素的值分别为"a"、"b"、"c"；a = split ("a b c d e f") 将返回一个具有六个元素的数组，其各元素的值分别分别为"a"、"b"、"c"、"d"、"e"、"f"。

使用 split 函数所返回的数组的下界为 0。

(13) Join 函数

正好与 Split 函数相反，它是把指定的字符型数组的各个元素之间加上指定的字符串作为分隔符连成一个字符串。例如：如果已经定义一个具有三个元素的数组 a()，其的值分别为"a"、"b"、"c"。则 Join (a,"*") 的值为"a*b*c"，Join (a,"@#") 的值为"a@#b@#c"，Join (a) 的值为"a b c"。

(14) InStrRev 函数

该函数的作用与 InStr 函数类似，但它的查找顺序是从后向前的。其格式与 InStr 函数不同：

InStrRev（原字符串，查找字符串，[起始位置]）

其中，最后一个参数是可选的。缺省的话，则从最后一字符开始查找。例如：InstrRev ("How do you do","do") 的值为 12，InStrRev ("How do you do","do", 12) 的值为 5。

4.4.4 数学函数

这里所说的数学函数是用来完成特定数学运算的函数，与实际上数学里的函数有些类似。所有的数学函数的参数和返回值都是数值型的。主要的数学函数参见表 4-13。

表4-13 数学函数表

函数名	作用
Abs	返回绝对值
Sqr	返回平方根
Round	返回参数四舍五入后的值
Fix	若参数是正数，则返回该数的整数总数；若参数是负数，则返回一个不小于参数的最小整数
Int	若参数是正数，则返回该数的整数总数；若参数是负数，则返回一个不大于参数的最大整数
sgn	返回参数的符号
Exp	返回以e为底的指数的值
Log	返回以e为底的对数的值
Sin	返回参数的正弦值
Cos	返回参数的余弦值
Tan	返回参数的正切值
Atn	返回参数的余切值

以上各数学函数除“Round”函数可以有两个参数，其他函数只需一个参数。

其中，“Round”函数的第一个参数是要四舍五入的小数，第二个参数是可选的，用来指定保留到小数点后面几位，若缺省此项，则不保留小数部分。例如：Round（9.1415926，3）的值为9.142，Round（7.8）的值为8，Round（-6.3）的值为-6，Round（-6.8）的值为-7。

如果参数是正数，函数“Fix”和“Int”的返回值是一样的；如果参数是负数，对于相同的参数这两个函数的返回值相差1。例如：Fix（7.4）、Int（7.4）、Fix（7.8）、Int（7.8）的值都是7；而Fix（-7.4）、Int（-7.4）、Fix（-7.8）、Int（-7.8）的值分别是-7、-8、-7、-8。

对于“Sgn”函数，若参数是正数，则返回1；若参数是负数，则返回-1；若参数为0，则返回0。例如：Sgn（8）、Sgn（-8）、Sgn（0）的值分别是1、-1、0。

这里的“Log”并不是数学里的对数函数，而是自然对数函数。如果要求以x为底y的对数，则需要用换底公式以Log（y）/Log（x）的形式去求。例如求以20为底3的对数，要写成Log（3）/Log（20）的形式。

对“Sin、Cos、Tan、Atn”这四个三角函数，它们的参数是弧度制的，使用时要注意把角度化为弧度。

4.4.5 Rnd随机函数

“Rnd”是产生随机数的函数，它依赖于一个随机数生成器产生0~1之间的随机数据。在实际编程中，通常需要产生一组某个范围内的随机整数，可以通过如下方法取得。例如要产生a至b之间的随机整数，可用Int（Rnd *（b-a+1））+a的形式来产生。例如要在窗体上显示10个7至25之间的随机整数，可用如下代码：

```
For I = 1To 10
   Print Int (rnd * 25 -7 + 1) + 7;
Next I
```

另外还要注意，如果要使用“Rnd”函数，则必须在程序的启动部分（一般是启动窗体的 Load 过程或 Sub Main 子程序）使用“Randomize”语句来进行初始化。否则，每次程序运行时产生的都是相同的随机数列。

Randomize 语句格式：Randomize [number]

如果省略 number，则用系统计时器返回的值作为新的种子值。如果没有使用 Randomize，则（无参数的）Rnd 函数使用第一次调用 Rnd 函数的种子值。

在 Rnd（x）中，当 x<0 时，每次都使用 x 作为随机数种子得到相同结果；当 x=0，最近生成的数；当 x>0 时，序列中的下一个随机数，上一个产生的随机数为下一个随机数的种子。下面程序结果如图 4-12。

```
Private Sub Command1_Click ()
    Randomize
    Print Rnd (1); Rnd (1); Rnd (0)
    Print Rnd (2); Rnd (3); Rnd (4)
    Print Rnd (-1); Rnd (-1)
    Print Rnd (-2); Rnd (-3); Rnd (-4)
    Print Rnd (2); Rnd (3); Rnd (4)
    Print "***********"
End Sub
```

图4-12　程序结果

4.4.6 日期函数

日期和时间函数用来返回日期和时间，还可以从日期和时间中提取年、月、日、时、分、秒。主要的日期和时间函数及功能如表 4-14 所示。

表 4-14　时间与日期函数表

函数名	参数列表	作用
Date	无	返回当前的日期
Time	无	返回当前的时间
Now	无	返回当前的日期和时间
Timer	无	返回从午夜开始到当前时间
Year	日期	所流逝的秒数，返回日期中的年份
Month	日期	返回日期中的月份
MonthName	月份	返回日期中的月份的中文或英文名
Weekday	日期	返回日期的星期数
WeekdayName	星期	返回日期的星期数的中文或英文名
Day	日期	返回日期中的天数
Hour	时间	返回时间中的小时

续表

函数名	参数列表	作用
Minute	时间	返回时间中的分钟数
Second	时间	返回时间中的秒数
DateAdd	项目，增加量，日期	返回“日期”参数加上一段增加量
DateDiff	项目，日期，日期	时间间隔后的日期，返回两个日期之间的间隔
FormatDateTime	日期时间，格式化方式	将日期和时间改成指定的格式

在表4－14中的“日期”参数，既可以是日期型的，也可以是字符型的。“月份”和“星期”参数都是整型的。其中：

Year函数返回的年份是四位数的，例如：Year（“92/03/17”）值为1992。

MonthName函数是根据“月份”参数来返回它的中文或英文名。例如MonthName(10)，如果系统是中文的，其值为“十月”；如果系统是英文的，则其值为“october”。

WeekdayName函数是根据“星期”参数来返回它的中文或英文名。例如；Wcek-dayName（3）的值为“星期二”或“Tuesday”。

DateAdd函数中的“项目”参数可以有“m、q、d、h”等几种取值（表4－15）它们分别表示，增加月份、增加季节数、增加天数、增加小时数。例如：DateAdd（“d”，5，“2005/03/22”）的值为“2005－3－27",DateAdd（“q”，2，“2005/03/17”）的值为“2005－9－17”。当然，“增加量”参数也可以是负数，如：DateAdd（“d”，－2，“2005/03/17”）的值为“2005－3－15”，DateAdd（"m"，－2，"2005/03/17"）的值为“2005－1－17”。

DateDiff函数用来计算两个日期之差。例如：DateDiff（"m"，"2004/09/20"，"2005/03/17"）是计算这两个日期相差的月份，其值为6；DateDiff（"d"，"2004/09/20"，"2005/03/17"）是计算这两个日期相差的天数，其值为178，DateDiff函数中的“项目”参数详见表4－15。

表4－15 项目参数日期形式

日期形式	yyyy	q	m	y	d	w	ww	h	n	s
意义	年	季	月	一年的天数	日	一周的天数	星期	时	分	秒

FormatDateTime函数是对日期和时间进行格式化，其相关常量见表4－16。

表4－16 时间日期格式化函数常量

常量名	值	格式化方式
vbGeneralDate	0	一般型日期和时间
vbLongDate	1	长型日期
vbshortDate	2	短型日期
vbLongTime	3	长型时间
vbShortTime	4	短型时间

FormatDateTime函数的格式化方式：在程序中添加如下代码，即可显示对当前日期和时间的几种格式化效果，如图4－13。

```
Dim i As Integer
For i =0 TO 4
  Print FormatDateTime (now (), i)
Next i
```

```
Form1
2005-10-3 21:30:42
2005年10月3日
2005-10-3
21:30:42
21:30
```

图4-13 程序结果

4.4.7 其他常用函数

1. IsNumeric 函数

返回 Boolean 值指明表达式的值是否为数字。

格式：IsNumeric (expression)

expression 参数可以是任意表达式。

说明：如果整个 expression 被识别为数字，IsNumeric 函数返回 True；否则函数返回 False。如果 expression 是日期表达式，IsNumeric 函数返回 False。

下面的示例利用 IsNumeric 函数决定变量是否可以作为数值：

```
Dim MyVar, MyCheck
MyVar = 53                    '赋值。
MyCheck = IsNumeric (MyVar)   '返回 True。
MyVar = "459.95"              '赋值。
MyCheck = IsNumeric (MyVar)   '返回 True。
MyVar = "45 Help"             '赋值。
MyCheck = IsNumeric (MyVar)   '返回 False。
```

2. LBound 函数

返回指定数组维的最小可用下标。

LBound (arrayname [, dimension])

参数：arrayname 数组变量名，遵循标准变量命名约定。Dimension 指明要返回哪一维下界的整数。使用1表示第一维，2表示第二维，以此类推。如果省略 dimension 参数，默认值为1。

3. UBound 函数

用来返回数组的上界。使用格式与 LBound 函数一样。UBound 函数返回指定数组维数的最大可用下标。

格式：UBound (arrayname [, dimension])

参数：arrayname 必选项。数组变量名，遵循标准变量命名约定。Dimension 可选项。指定返回哪一维上界的整数。1表示第一维，2表示第二维，以此类推。如果省略

dimension 参数，则默认值为 1。

4. LoadPicture 函数

返回图片对象。

格式：LoadPicture（picturename）

picturename 参数是字符串表达式，指明要装入的图片文件的名称。

说明：可以由 LoadPicture 识别的图形格式有位图文件（.bmp）、图标文件（.ico）、行程编码文件（.rle）、图元文件（.wmf）、增强型图元文件（.emf）、GIF（.gif）文件和 JPEG（.jpg）文件。

5. QBColor 函数

返回颜色的函数。格式：QBColor（颜色号）。其中，“颜色号”参数的取值在 0 至 15 之间，与其相对应的颜色如表 4－17 所示。

表 4－17 颜色值对照表

值	0	1	2	3	4	5	6	7
颜色	黑色	蓝色	绿色	青色	红色	洋红色	黄色	白色
值	8	9	10	11	12	13	14	15
颜色	灰色	亮蓝色	亮绿色	亮青色	亮红色	亮洋红色	亮黄色	亮白色

例如，要想把文本框的背景色设置为亮绿色，可以使用如下语句：

Text1. BackColor = QBColor（10）

6. RGB 函数

这也是返回颜色的函数，但它又与 QBColor 函数不同。该函数是通过红、绿、蓝三原色的值来确定一种颜色的。因为每种颜色的值都是从 0 至 255，所以该函数可以返回的颜色的总数为 256 * 256 * 256 = 16777216 种。例如：Textl. BackColor = RGB（200，30，50）可以把文本框的背景色设置为这种自己定义的颜色。

7. TypeName 函数

返回表达式的类型。使用格式如下：TypeName（表达式）

该函数可以判断“表达式”参数的值是什么类型的。

8. Shell 函数

Shell 函数用于在 VB 程序中调用能在 DOS 下或 Windows 下运行的可执行程序。格式如下：

Shell（命令字符串［，窗口类型］）

其中：

命令字符串：要执行的应用程序名，包括路径。，它必须是可执行文件（扩展名为 .COM、.EXE、.BAT）。

窗口类型：表示执行应用程序的窗口大小，0～4，6 的整型数，一般取 1。

函数返回值为一个任务标识 ID，它是运行程序的唯一标识。

例如，当 VB 程序在运行时调用 Windows 的计算器，则调用 Shell 函数如下：

```
i = Shell（"c：\ windows \ calc. exe"）
```

程序执行后，显示计算其界面。

4.5 程序语句

4.5.1 赋值语句

在 VB 中赋值语句有两种：

1. 对普通变量的赋值。格式：变量 = 表达式

例如，Dim a As Integer

　　a = 100 * 20

2. 对对象变量的赋值。格式：Set 变量 = 表达式

例如，Dim ex As DataBase

　　Set ex = OpenDataBase（"File.mdb"）

功能：将表达式的值赋给左部的变量。

举例：

```
a = 1
a = a + 1
Form1.Caption = "Hello!"
a = Form1.Caption
mytime = year（Now）
```

说明：

赋值语句可以将赋值号右边的内容进行计算，所以它有赋值和计算的双重功能。赋值号与数学的“等号”意义不一样，等号左右两边的值是一样的，而赋值号表示一个操作。赋值号两端的数据类型必须一致，例如，编制程序，添加一个按钮，单击事件中按上面内容赋值，并且使用 print 方法将上面的变量内容打印出来。程序如下，结果如图 4-14。

```
Private Sub Command1_Click（）
    a = 1
    Print a
    a = a + 1
    Print a
    Form1.Caption = "Hello!"
    a = Form1.Caption
    mytime = Year（Now）
    Print a, mytime
End Sub
```

图4－14 程序结果

4.5.2 注释语句

注释语句是非执行语句，它是为了程序员更好的阅读程序和理解程序在程序中增加的程序说明。有时它对于程序的调试也非常有用，譬如说可以利用注释屏蔽一条语句以观察变化，发现问题和错误。注释语句将是程序中最经常用到的语句之一。

格式1：Rem 注释内容

格式2：'注释内容

举例：

```
a=1：b=0：c=0                        '初始化变量
Text1.ForeColor=&H80000008&        '文本框字符颜色为黑色
Rem 下面是控制部分
Mts="这个学生是"+Left(Text1.Text，4) _
                +"入校的学生。"            '给提示信息变量赋值
```

说明：

任何字符都可以放在注释内容中。格式2注释语句可以作为一个独立的行，也可以放在一行后面，但必须是此行最后一个语句；格式1只能作为一个独立的行。不能放在续行符后。

续行符：当一个语句太长，可以放在几行中，只要在第一行和倒数第二行末尾加上“空格+下划线”，就表明本行命令未完，需加入下一行，“空格+下划线”即为续行符。

4.5.3 暂停语句

格式：Stop

功能：用来暂停程序的执行。主要是用于程序调试阶段，查看程序执行步骤中的状态是否正确。

举例：将下面程序放在一个按钮的单击事件中，运行后观察效果。

```
Private Sub Command1_Click ()
    a=0
    b=100          '初始化变量
    For  i=1 to b    '循环语句
        Stop          '暂停在此处
        a = a + i
```

```
    Next i
    Print "从1到" + str(b) + "的求和结果是" + str(a) + "。"
End Sub
```

说明：

在解释系统中，程序运行时，运行到Stop命令，程序执行暂停，立即窗口打开。

在可执行文件中有此命令则将关闭所有文件。

在程序调试完成后，生成可执行文件前，应将所有Stop命令删除。

立即窗口的功能：可以测试有问题或新写的过程代码。也可以在执行一个应用过程时查询或更改某个变量值。在运行中止时，在过程代码中指定该变量一个想要的新值等。

4.5.4 End语句

End语句用于结束一个过程或块，常用的End语句总结如下。

End：停止执行。不是必要的，可以放在过程中的任何位置关闭代码执行、关闭以Open语句打开的文件并清除变量。

End Function：必要的，用于结束一个Function语句。

End If：必要的，用于结束一个If Then [Else] 语句块。

End Select：必要的，用于结束一个Select Case语句。

End Sub：必要的，用于结束一个Sub语句。

End Type：必要的，用于结束一个用户定义类型的定义（Type语句）。

End With：必要的，用于结束一个With语句。

End语句提供了一种强迫中止程序的方法，它不调用Unload、QueryUnload或Terminate事件或任何其他的Visual Basic代码，只是生硬地终止代码的执行。窗体和类模块中的Unload、QueryUnload和Terminate事件代码未被执行。类模块创建的对象被破坏，由Open语句打开的文件被关闭，并且释放程序所占用的内存。其他程序的对象引用无效。

4.6 程序的编写规则

至此，已经把VB最常用控件、VB语言基本知识都做了介绍，为以后学习编程打下了基础。在结束本章以前，简述VB的编码规则。VB和任何程序设计语言一样，编写代码也都有一定的书写规则，其主要规定如下。

1. VB代码不区分字母的大小写

为了提高程序的可读性，VB对用户程序代码进行自动转换。

（1）对于程序中的关键字，首字母总被转换成大写，其余字母被转换成小写。

（2）若关键字由多个英文单词组成，它会将每个单词首字母转换成大写。

（3）对于用户自定义的变量、过程名，VB以第一次定义的为准，以后输入的自动向首次定义的转换。

2. 语句书写自由

(1) 在同一行上可以书写多条语句，语句间用冒号“:”分隔。

(2) 一个语句可分若干行书写，在要续行的行尾加入续行符（空格和下划线“ ”）

(3) 一行允许多达255个字符。

3. 注释有利于程序的维护和调试

(1) 注释可以Rem开头，但一般用撇号“'”引导注释内容，用撇号引导的注释可以直接出现在语句后面。

(2) 可以使用“编辑”工具栏的“设置注释块”、“解除注释块”按钮，使选中的若干行语句（或文字）成为注释或取消注释。

注意，若编辑工具栏没有在窗口上显示，只要选择“视图”菜单的“工具栏”子菜单，然后选择“编辑”命令即可。

4. 保留行号与标号

VB源程序也接受行号与标号，但行号与标号不是必需的。标号是以字母开始而以冒号结束的字符串，一般用在转向语句中。对于结构化程序设计方法，应尽量限制转向语句的使用。

第 5 章 CHAPTER

分支与循环

内容提要

- 从结构化程序说起
- 分支
- 循环
- 各种应用

结构化程序设计中包含三种基本结构：顺序、分支和循环，参见图 5－1。分支和循环在程序代码中是经常用到的结构，这两种结构在代码执行时可以改变程序的流程，使程序根据条件执行不同的路线或使某段代码被重复执行。

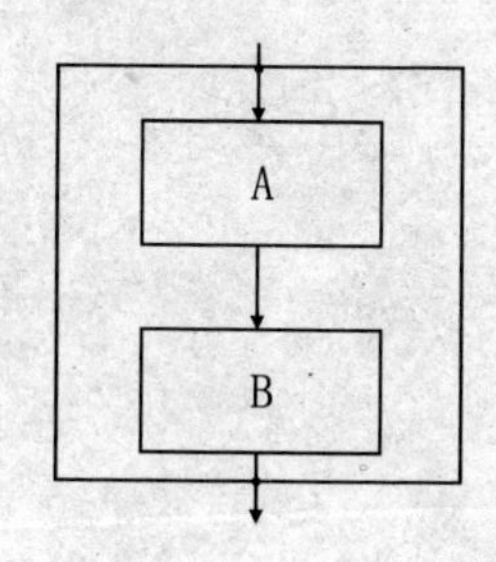

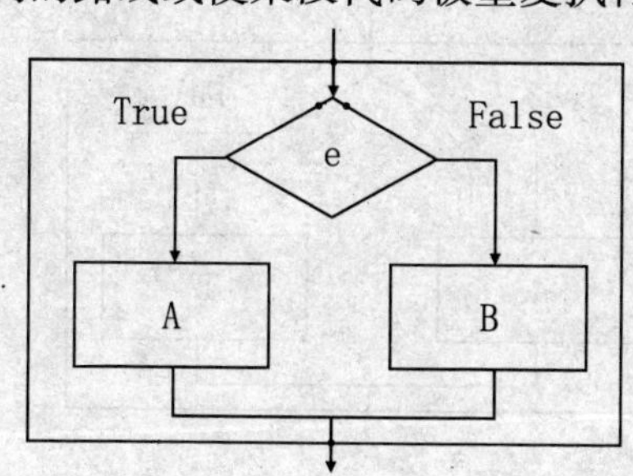

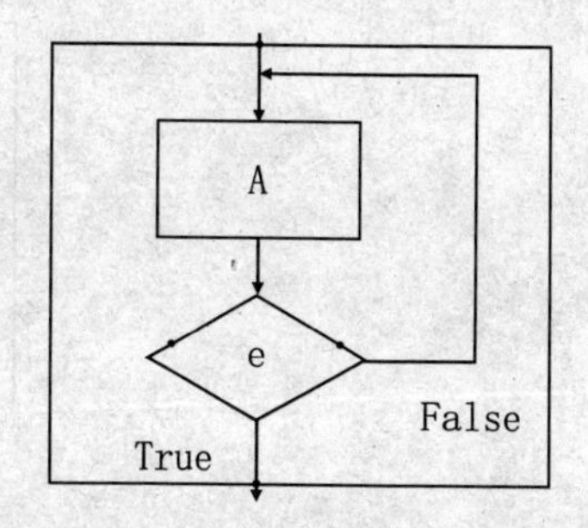

图 5－1　顺序、分支和循环结构示意图

5.1 分支结构

5.1.1 If – Then – Else 结构语句

If – Then – Else 结构语句有多种书写格式，可以根据需要选择某种形式的 If 语句。

1. 单行语句结构

格式1（图5 –2）：

If [Condition] Then [Instruction]

其中 Condition 表示条件（图中用 e 代替），它可以是逻辑变量、关系表达式或逻辑表达式。Instruction 表示一条语句或一条指令（图中用 A 代替）。

功能：如果条件值为真，则执行其后的指令：如果条件值为假，则不执行其后的指令。

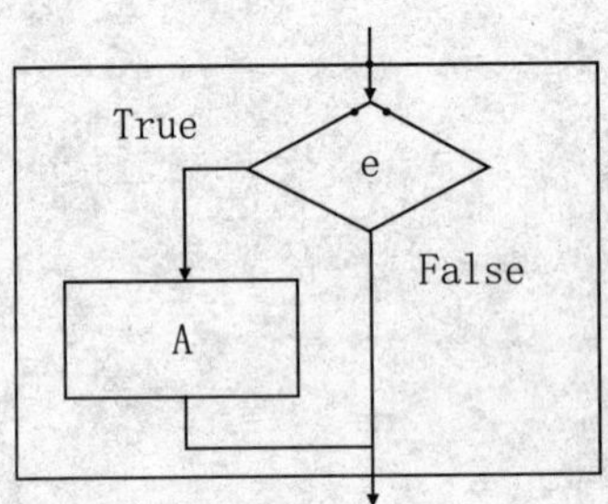

图5 –2 If 单行语句格式1示意图

格式2（图5 –3）：

If [Condition] Then [Instruction 1], Else [Instruction 2]

功能：如果条件值（图中用 e 代替）为真，执行 Then 后面的指令（图中用 A 代替）：如果条件值为假，则执行 Else 后面指令（图中用 B 代替）。

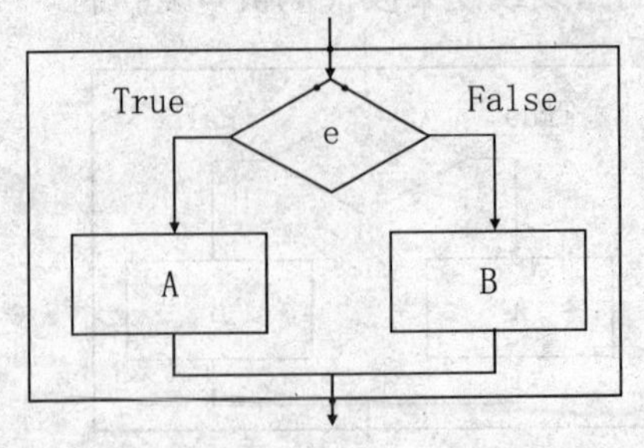

图5 –3 If 单行语句格式2示意图

注意：以上两种单行语句结构不需要写 End If 语句。

2. 多行语句块结构

格式1（图5 –4）：

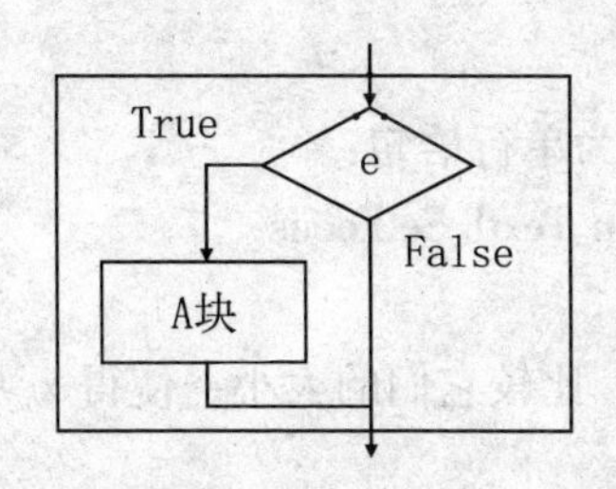

图5-4　If多行语句格式1示意图

If [Condition] Then
[语句块]
End If

本结构语句执行过程与单行语句格式1完全一致。其中语句块（图中用A块代替）表示有多条语句。

功能：如果条件值为真，执行Then后面的指令；否则执行下一条语句。

格式2（图5-5）：

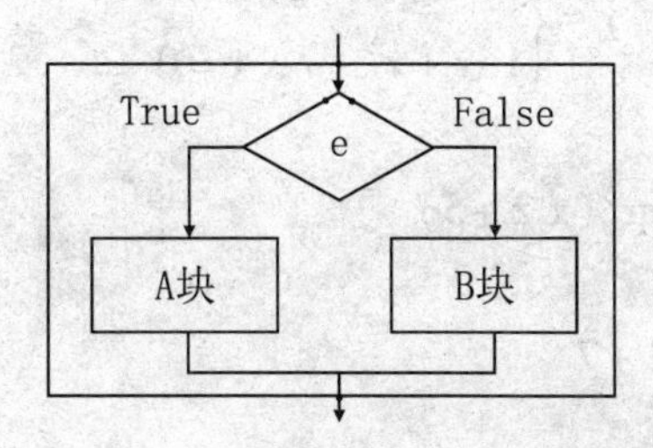

图5-5　If多行语句格式2示意图

If [Condition] Then
[语句块A]
Else
[语句块B]
End If

功能：如果条件值为真，就执行［语句块A］（图中用A块代替），接着执行End If的下一条语句；否则就执行［语句块B］（图中用B块代替），然后执行End If的下一条语句。

当格式2中的［语句块B］省略时，格式2与格式1相同；当格式2中的［语句块B］省略，且［语句块A］只有一条语句时，格式2可以转换成单行语句结构中的格式1；如果［语句块A］只有一条语句时，且［语句块B］也有一条语句时，格式2可以转换成单行语句结构中的格式2。由此可以看出，分支语句的格式之间是可以转化的，使用时根据具体情况选择合适的格式。

注意：多行语句一定要有End If语句。

例如：

```
If Textl. Text = "" Then          '当文本框中文本为空时,则使文本框成为焦点
  Textl. SetFoeus
```

```
End If
```

上面的三行语句可以简化为单行语句：

```
If Textl. Text = "" Then Textl. SetFocus
```

两者执行结果完全相同。

例如：已知两个数 x 和 y，比较它们的大小，使得 x 大于 y。语句如下：

```
If x < y Then
  t = x          'x 与 y 交换
  x = y
  y = t
End if
```

或 If x < y Then t = x：x = y：y = t

注意：将存放在两个变量中的数据进行交换，必须借助于第三个变量才能实现，如果把上面语句写成：If x < y Then x = y：y = x 执行后结果会如何呢？

例如：计算分段函数 $y=\begin{cases}e^x+\sqrt{x^2+5}, & x\neq 0\\ 1nx+x^2+7, & x=0\end{cases}$

```
If x < >0 then
  y = Exp (x) + Sqr (x^2 +5)
Else
  y = log (x) + x^2 +7
End if
```

5.1.2 If 语句嵌套

If 语句可以嵌套使用，嵌套使用时应注意 If 与 End If 的层层配套关系。一般来说 If 语句的嵌套遵从“就近原则”，即最里层的 If 与下面最近的 End If 是一对，Else 也一样遵从“就近原则”。

注意：书写代码时请用缩进的格式书写代码，这样容易检查。

【例 5-1】已知三角形三条边的长度，设计求此三角形面积的程序。输出结果显示在文本框中，并且把结果再存入 D：盘文件名为“sear. dat”。

问题分析：设三角形的三条边分别为 a、b、c，从数学上已知，当 a + b > c、a + c > b 且 b + c > a 时，三角形存在，其面积

$$s=\sqrt{P\ (P-a)\ (P-b)\ (P-c)}$$

式中　P = (a + b + c) /2

算法说明：首先，三角形的三条边 a、b、c 都必须大于 0；再者，三角形的三条边要满足构成三角形的条件：任意两边之和要大于第三边。根据问题分析，可得到（图 5-6）的算法流程图。用户界面设计如（图 5-7）所示。如果给出的数据不能满足要求构不成三角形，则弹出“数据错误”的信息框。

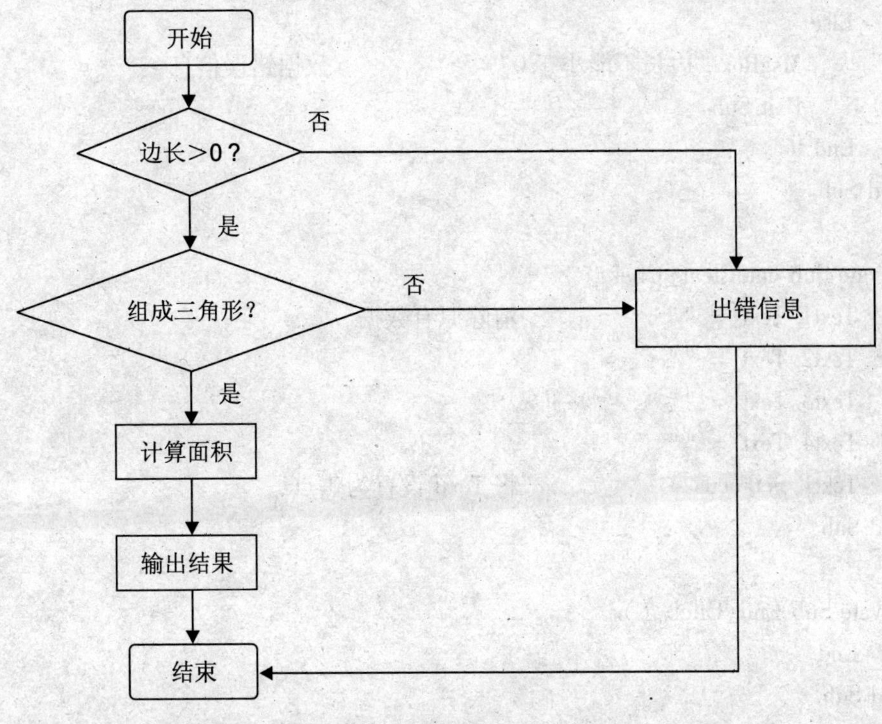

图5-6　算法流程图

代码如下：

```
Option Explicit
Private Sub cmdCalculate_Click ()
    Dim a As Single, b As Single, c As Single, p As Single, s As Single
    a = Val (Text1. Text)
    b = Val (Text2. Text)
    c = Val (Text3. Text)
    If a >0 and b >0 and c >0 Then
        If a + b > c And b + c > a And c + a > b Then
            Open "D: \ sear. dat" For Output As #1
            p = (a + b + c) /2
            s = Sqr(p * (p - a) * (p - b) * (p - c))          '求三角形面积
            Text4. Text = CStr (Int (s * 1000 + 0.5) / 1000)
            保留三位小数，第四位四舍五入
            Write #1, Text4
            Close #1
        Else
            MsgBox "不能构成三角形"          '数据错误信息
            Exit Sub                         '跳出本过程
        End If
```

```
        Else
            MsgBox "边长不能小于0"                '数据错误信息
            Exit Sub
        End If
    End Sub

    Private Sub cmdClear_Click ()
        Text1. Text = ""                '清除原有数据
        Text2. Text = ""
        Text3. Text = ""
        Text4. Text = ""
        Text1. SetFocus                 '将 Text1 设置为焦点
    End Sub

    Private Sub End_Click ()
        End
    End Sub
```

程序说明：使用文本框接受输入的数值型数据时，由于文本框的 Text 属性是字符型的，所以使用了转换函数 Val（x）将由文本框输入的数据转换成数值型；而将计算结果赋给文本框的 Text 属性时，又使用了 CStr（x）函数将数值型数据转换成字符型数据。但由于赋值语句执行时，也会对不相符合的数据类型强制进行转换，因此，不使用这些转换函数程序也能执行。

注意，图 5－7 中一组输入数据正确时，不会出现错误信息。应多次试验本程序，每次输入不同的输入数据，才可能出现错误提示。

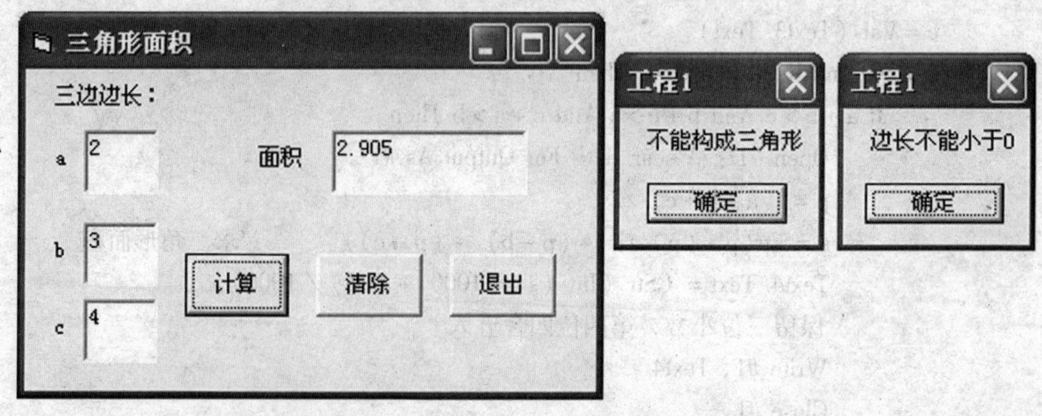

图 5－7　程序界面及运行出错提示信息

【例 5－2】将考试成绩转换成等级。计算规则如下：

分数　　100－90　　89－80　　79－70　　69－60　　<60

等级　　　A　　　B　　　C　　　D　　　E

本题要对成绩按不同的分数进行分段判断，应使用 If - Else - End If 嵌套结构来实现题目要求。请读者与【例5-3】进行比较。

用户界面（图5-8）由两个文本框和两个命令按钮及相应的用于说明的标签组成（读者可自行设计界面及设置相关属性）。

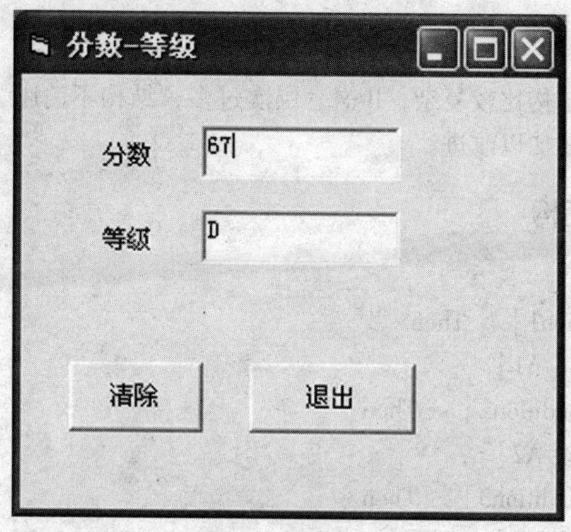

图5-8　程序界面

要求：从文本框1中输入成绩分数，当输完数据按回车键时，等级结果自动地出现在文本框2中。

考虑到题目的要求，有关转换的程序代码应放在 Text1_KeyPress（ ）过程中：

```
Private Sub Text1_KeyPress (KeyAscii As Integer)
    Dim Score As Integer, Degree As String
    If KeyAscii = 13 Then
        Score = Val (Text1.Text)
        If Score >= 90 And Score <= 100 Then
            Degree = "A"
        Else
            If Score >= 80 Then
                Degree = "B"
            Else
                If Score >= 70 Then
                    Degree = "C"
                Else
                    If Score >= 60 Then
                        Degree = "D"
                    Else
```

```
                Degree = "E"
            End If
        End If
    End If
End If
Text2. Text = Degree
End If
End Sub
```

可以看出这样的结构比较复杂，If嵌套层次过多，结构不清晰，书写代码时容易出错。下一小节将对本题加以改进。

5.1.3 多分支结构

格式（图5-9）：

```
If [Condition1] Then
    [语句块 A1]
ElseIf [Condition2] Then
    [语句块 A2]
ElseIf [Condition3] Then
    [语句块 A3]
    ……
ElseIf [Condition N] Then
    [语句块 N]
Else
    [语句块 N+1]
End If
```


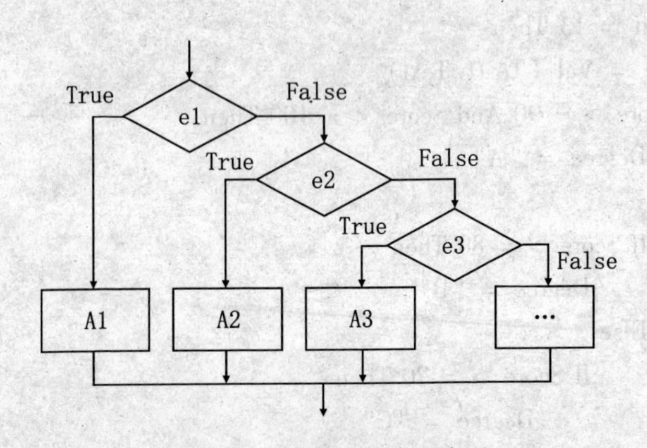

图5-9 多分支If语句示意图

功能：如果条件［Condition1］值为真，就执行［语句块A］，接着执行End If的下一条语句；否则就判断下一个条件［Condition2］，如果条件［Condition2］值为真，就执行［语句块B］，然后执行End If的下一条语句，…，当没有条件为真，就执行Else

后面的［语句块 N+1］。

注意：多分支语句中只可能有一个语句块被执行。

【例5-3】 将【例5-2】用多分支语句进行改写。

```
Private Sub Text1_KeyPress (KeyAscii As Integer)
Dim Score As Integer, Degree As String
    If KeyAscii = 13 Then
        Score = Val (Text1.Text)
        If Score >= 90 And Score <= 100 Then
                Degree = "A"
        ElseIf Score >= 80 Then
                Degree = "B"
        ElseIf Score >= 70 Then
                Degree = "C"
        ElseIf Score >= 60 Then
                Degree = "D"
        Else
                Degree = "E"
        End If
        Text2.Text = Degree
    End If
End Sub
```

对比【例5-2】可以看出多分支语句结构简明清晰。所以当有多个条件需要分别判断时往往选用多分支结构。还有一种结构也可以在多个条件中进行快速选择，这就是下面将要介绍的 Select Case 结构，其书写方式比较独特，请特别注意。

5.1.4 Select Case - End Select 结构

本结构语句提供了实现多分支结构的另一种方法。它的一般形式如下：

```
Select Case e
  Case C1
    A 组语句
  Case C2
    B 组语句
  Case Else
    n 组语句
End Select
```

其中，e 称为测试表达式，可以是算术表达式或字符表达式；c1，c2，…是测试项，它们可取三种形式。

（1）具体取值。例如，3、5、7.2 等（当测试表达式是算术表达式时）。

（2）连续的数据范围。例如，8 To 20，B To H 等。

（3）满足某个判决条件。例如，Is >20，Is < =P，等。

测试项还可以是这三种形式的组合。例如，4，7 To 9，Is >30。即一个 Case 语句中允许有多个测试项，项与项之间用逗号分隔。

本结构的执行方式是：先求测试表达式的值，接着逐个检查每个 Case 语句的测试项，如果测试表达式的值满足某个测试项中的任意一个测试内容，系统就执行该 Case 语句下的那组语句；若没有一个测试项满足要求，就执行 Case Else 下的语句。本组语句执行完后，跟着执行 End Select 语句的下一条语句。

【例5-4】用 Select Case 结构实现【例5-3】的功能。

```
Private Sub Text1_KeyPress (KeyAscii As Integer)
    Dim Score As Integer, Degree As String
    If KeyAscii = 13 Then
        Score = Val (Text1. Text)
        Select Case Score
            Case 90 To 100
                Degree = "A"
            Case Is > = 80
                Degree = "B"
            Case Is > = 70
                Degree = "C"
            Case Is > = 60
                Degree = "D"
            Case Else
                Degree = "E"
        End Select
        Text2. Text = Degree
    End If
End Sub
```


对比【例5-3】可以看出 Select Case 结构与多分支结构在有些场合可以相互替代。当条件是对某一个值进行判断，并且是一些离散值时，选用 Select Case 结构比较合适。

【例5-5】编写一个按月收入额计算个人收入调节税的应用程序，并把结果存入 D：盘的数据文件“pay. dat”中。

计税公式如下：

$$tax = \begin{cases} 0 & pay \leqslant 1000 \text{ 或离退休} \\ (pay—1000) \ast 0.05 & 1000 < pay \leqslant 1500 \\ (pay—1500) \ast 0.1 + 25 & 1500 < pay \leqslant 2000 \\ (pay—2000) \ast 0.15 + 75 & 2000 < pay \leqslant 2500 \\ (pay—2500) \ast 0.2 + 150 & 2500 < pay \leqslant 3000 \\ (pay—3000) \ast 0.25 + 250 & 3000 < pay \leqslant 3500 \\ (Pay—3500) \ast 0.3 + 375 & 3500 < pay \leqslant 4000 \\ (pay—4000) \ast 0.35 + 525 & 4000 < pay \leqslant 4500 \\ (pay—4500) \ast 0.4 + 700 & pay \leqslant 4500 \end{cases}$$

式中，pay 为纳税人的月收入。

根据计税方法，用 If 与 Select Case 结构嵌套来实现税费计算。本题也可以用多分支 If 结构实现，请读者自己修改程序代码。

设计程序的运行界面及程序代码如（图 5－10）所示。

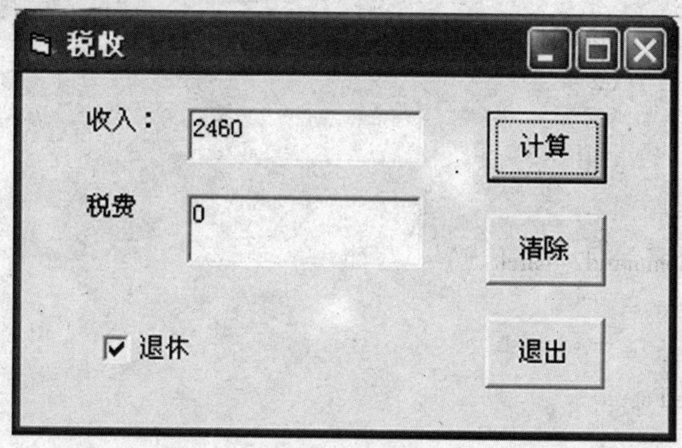

图 5－10　税收界面

```
Option Explicit
Private Sub Command1_Click ( )
    Dim tax As Single, pay As Single
        Open "D: \ pay. dat" For Output As #1
        pay = Text1
    If Check1. Value = 1 Or pay < = 1000 Then
        tax = 0
    Else
        Select Case pay
            Case Is < = 1500
                tax = (pay - 1000) * 0.05
            Case Is < = 2000
                tax = 25 + (pay - 1500) * 0.1
            Case Is < = 2500
```

```
            tax = 75 + (pay - 2000) * 0.15
        Case Is <= 3000
            tax = 150 + (pay - 2500) * 0.2
        Case Is <= 3500
            tax = 250 + (pay - 3000) * 0.25
        Case Is <= 4000
            tax = 375 + (pay - 3500) * 0.3
        Case Is <= 4500
            tax = 525 + (pay - 4000) * 0.35
        Case Else
            tax = 700 + (pay - 4500) * 0.4
      End Select
    End If
    Text2.Text = tax
    Write #1, Text2
    Close #1
End Sub

Private Sub Command2_Click()
    Text1.Text = ""
    Text2.Text = ""
    Text1.SetFocus
End Sub

Private Sub Command3_Click()
    Unload Me
End Sub
```


5.1.5 条件函数

VB 中提供的条件函数有 IIF 函数和 Choose 函数，有时前者可以代替 IF 语句，后者可以代替 Select Case 语句，均适用于简单的条件判断，而使程序简化。

1. IIf 函数

IIf 函数形式：

IIf（表达式，当条件为 True 真时的值，当条件为 False 假时的值）

例如，求 x，y 中的大数，放入变量 Maxm 中，语句如下：

```
Maxm = IIf (x > y, x, y)
```

2. Choose 函数

Choose 函数形式：

Choose（数字类型变量，值为1的返回值，值为2的返回值......）

例如，根据变量op的值（1~4），转换为+、-、×、÷运算符的语句如下：

x = Choose（op," +"," -"," ×"," ÷"）

当值为1时，返回字符串“+”，然后存入变量x中，当值为2时，返回字符串“-”，以此类推；当op是1~4的非整数时，系统自动取op的整数再判断；若不在1~4之间，函数返回Null值。

5.2 循环结构

循环结构也是程序的基本结构。所谓循环，就是重复地执行某些操作，在程序中体现的就是部分代码被重复执行。VB中循环结构分为两大类：条件循环（Do-Loop）和计数循环（For-Next）。在条件循环中又有当型循环结构（While）和直到型循环结构（Until）之分。下面首先讨论条件循环。

5.2.1 Do-Loop循环结构

Do-Loop循环结构语句有多种形式，下面介绍常用的四种形式：

格式（1）

```
Do While Condition
  …
  [循环体]
  …
Loop
```

格式（2）

```
Do
  …
  [循环体]
  …
Loop While Condition
```

以上两种循环属于当型循环，既当条件成立时执行循环体，条件不成立时结束循环，执行循环后面的语句。流程图分别对应图5-11（a）和图5-11（b）。

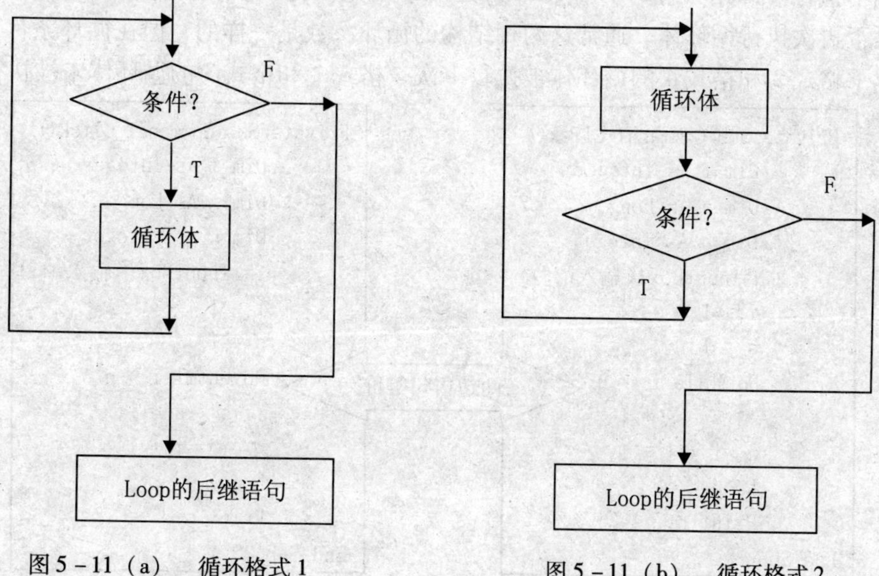

图5-11（a） 循环格式1

图5-11（b） 循环格式2

格式（3）

```
Do Until Condition
    …
    [循环体]
    …
Loop
```

格式（4）

```
Do
    …
    [循环体]
    …
Loop Until Condition
```

第（3）和第（4）两种循环属于直到型循环，即条件不成立则执行循环体，直到条件成立时结束循环，执行循环后面的语句。流程图分别对应图5－12（a）和图5－12（b）。

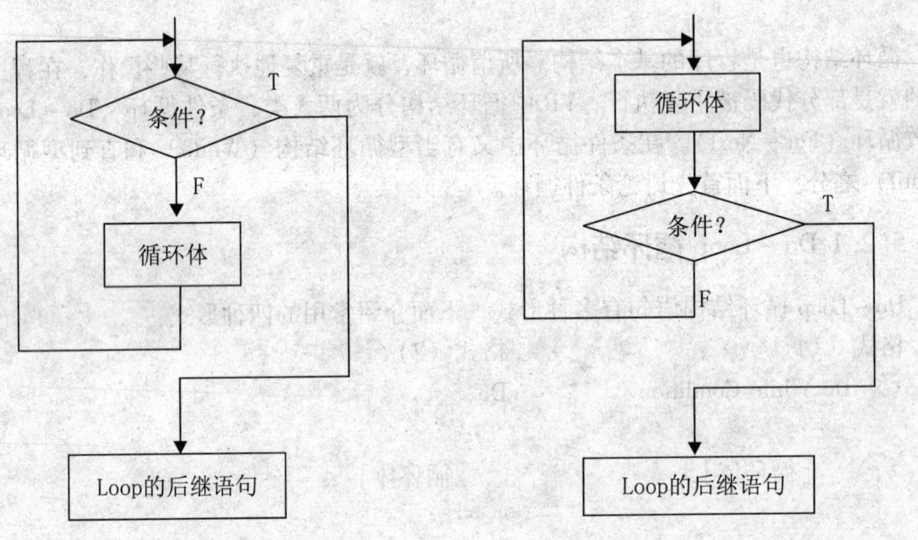

图5－12（a） 循环格式3　　　图5－12（b） 循环格式4

可以看出，每种循环结构的两种形式的区别是：一个先进行判别，再根据判别结果执行或不执行（即结束循环）循环体；另一个则先执行一次循环体，再进行判别，以决定是否再次执行循环体。通常这两种结构的循环次数是一样的，但在循环条件不满足的情况下格式2和格式4的循环体被执行1次，格式1和格式3的循环体未被执行。

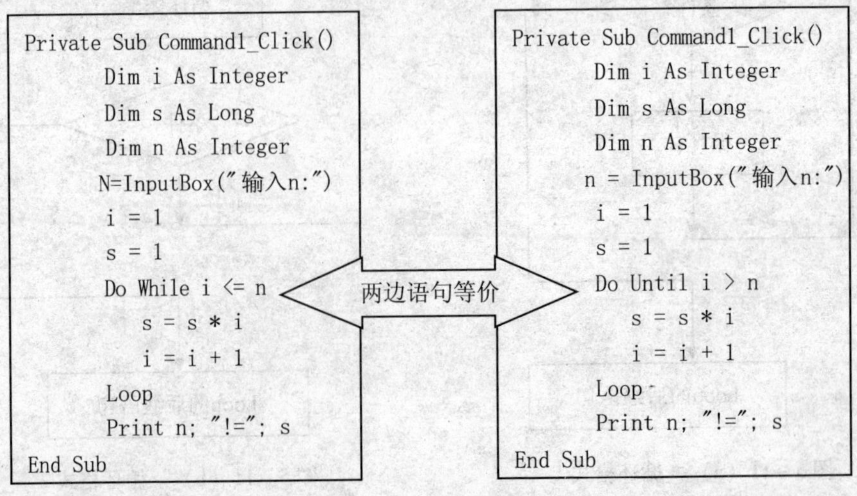

在 Do 语句和 Loop 语句之间的语句为循环体语句。循环体中，可以包括一条或多条可执行语句，前面学过的赋值等语句，以及本章学习的分支语句，包括循环语句本身，只要需要都可以放在循环中执行。

其实 While 和 Until 是可以互换的，互换时只要将判断条件互逆即可。比如，While x = 10，可以写成 Until x < >0；While a or c，可以用 Until a and c 代替。请看计算阶乘的程序中，循环控制条件的相互替代，结果是完全一样的。

VB 还提供了分别在 Do 和 Loop 后面都跟有条件判断的格式，判断时 While 和 Until 可以组合使用，如：

```
Do Until Condition 1
  …
  [循环体]
  …
Loop While Condition 2
```

这样又可以组合成几种不同的循环格式，在此就不一一列出了。

【例5-6】求自然对数 e 的近似值，要求其误差小于0.00001，近似公式为：

$$e=1+1/1!\ +1/2!\ +1/3!\ +\cdots+1/n!\ +\cdots$$

把计算结果存入 D：盘的“result. dat”文件中。

算法分析：该题涉及两个问题：

（1）用循环结构求级数和的问题。求级数和的项数和精度都是有限的，否则有可能会造成溢出或死循环，本例根据某项数的精度来控制循环的结束与否。

（2）累加与连乘在程序设计中非常重要。累加是在原有和的基础上一次次的加一个数，如 e = e + t。连乘则是在原有积的基础上一次次的乘以一个数，如 n = n * i。为了保证程序的可靠，一般在循环体外对存放累加和的变量清零、存放连乘积的变量则置1。

```
Private Sub Form_Click ( )
Dim i% , n&, t!, e!
Open “D: \ payresult. dat” For Output As #1
  e = 0              '存放累加和结果
  i = 0              '计数器
  n = 1              '存放阶乘的值
  t = 1              '级数第 i 项值
  Do While t > 0.00001
    e = e + t        '累加和
    i = i + 1
    n = n * i        '连乘，求阶乘
    t = 1 / n
  Loop
  Print "计算了 "; i; " 项的和是 "; e
```

```
  Write #1, i, e
  close #1
End Sub
```

5.2.2 Exit Do 语句

Exit Do 语句，为跳出循环语句。如果程序执行到 Exit Do 语句时，就会直接退出循环，转而执行 Loop 语句的下一条语句。这样可以适应许多比较特殊的情况，例如，在执行循环体时，如果满足了某一条件，不需要在执行循环时，则可以通过执行 ExitDo 语句，直接退出循环。一般来说 ExitDo 语句常与 If - Then 语句结合使用，即：

```
If Condition Then Exit Do
```

另外有一种特殊的循环结构，就是无条件循环（图 5 - 13）：

```
Do
    …
    If Condition Then Exit Do
    …
Loop
```

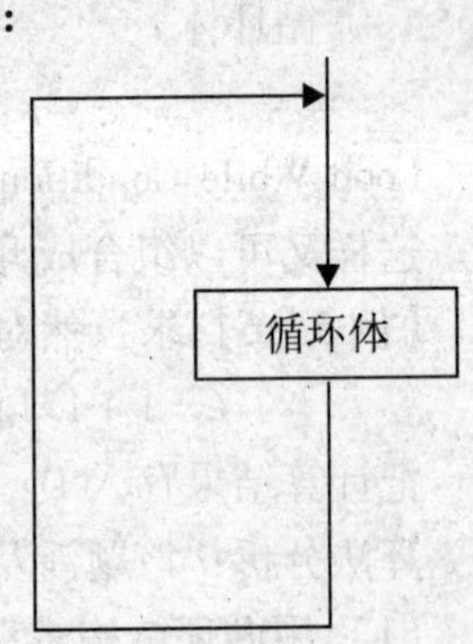

图 5 - 13 无条件循环

这种结构的循环体中必须有 Exit Do 语句，否则会造成“死循环”现象。

注意：Exit Do 只能跳出一重循环，所以在循环嵌套时要进行分析，看是否需要连续跳出多重循环。

【例 5 - 7】设计求两个自然数的最大公约数程序。

算法分析：求最大公约数的常用方法是辗转相除法。例如：求 24 和 36 的最大公约数时，是通过下面的方法：

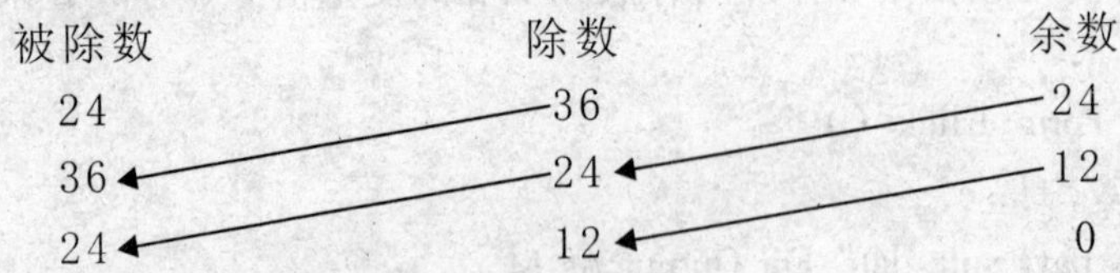

当余数为 0 时，除数 12 就是最大公约数。

采用辗转相除法，求两个数的最大公约数的具体步骤如流程图（图 5 - 14）描述。其中，三个变量分别表示被除数（m）、除数（n）及余数（r）。

问题分析：由于输入的数据 M 和 N 要求是自然数，所以在程序中应加入对数据的合法性进行检验的部分；考虑到程序的应用范围，数据类型可选用长整型。

本例中使用了运算符 Mod 来求余数。在使用 Mod 运算符时，切记应在它的前后各加一个空格，而不要把用 Mod 运算符连接的两个变量与运算符混在一起，造成错误。如求 m 除以 n 的余数，应写成“ m Mod n”，界面设计如图 5 - 15，程序代码如下：

```
Option Explicit
Private Sub Command1_Click ( )
    Dim m As Long, n As Long, r As Integer
```

```
        m = Val (Text1)
        n = Val (Text2)
        If (IsNumeric (Text1) = False Or IsNumeric (Text2) = False) Or m < 1 Or n
< 1 Then
            MsgBox "数据有误,请重输", vbInformation
            Call Command2_Click        '调用“清除”按钮事件过程
        Else
            Do
                r = m Mod n
                m = n
                n = r
            Loop Until r = 0
            Text3 = m          '正确结果在变量 m 中
        End If
    End Sub

    Private Sub Command2_Click ()
        Text1 = ""
        Text2 = ""
        Text3 = ""
        Text1. SetFocus
    End Sub
    Private Sub Command3_Click ()
        End
    End Sub
```

开始
输入M、N
求R=M MOD N
M=N
N=R
R≠0
是
输出M
结束

图5-14　流程图

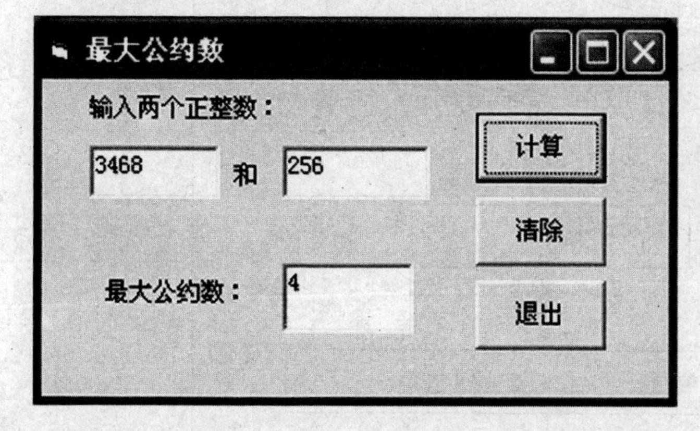

图5-15　界面及提示信息

5.2.3 For－Next 循环结构

如果事先已知循环次数，则可使用 For－Next 循环结构语句。它的一般形式如下：

```
For i = n1 To n2 [Step n3]
    [循环体]
Next i
```

式中，i 是循环控制变量，应为整型或单精度型；n1、n2 和 n3 是控制循环的参数。n1 为初值、n2 为终值、n3 为步长。当 n3 = 1 时，Step n3 部分可以省略。For 语句和 Next 语句之间的诸语句称为循环体。

For－Next 循环结构语句的执行方式如下。

执行 For 语句，系统将做以下操作：

（1）计算 n1、n2 和 n3 的值（如果 n1、n2、n3 为算术表达式）。

（2）给 i 赋初值（n1）。

（3）进行判别。判别 i 的值是否超过 n2，即当 n3 >0（步长为正数）时，判别 i 是否大于 n2；当 n3 <0（步长为负数）时，判别 i 是否小于 n2。如果未超过，则执行循环体；如果超过了，则退出循环，去执行 Next 语句的下一语句。

（4）执行 Next 语句，系统执行下述操作：

i 增加一个步长，即执行 i = i + n3，转而执行判别操作。

For－Next 循环执行方式的流程图（步长值为正的计数循环）见图 5－16。

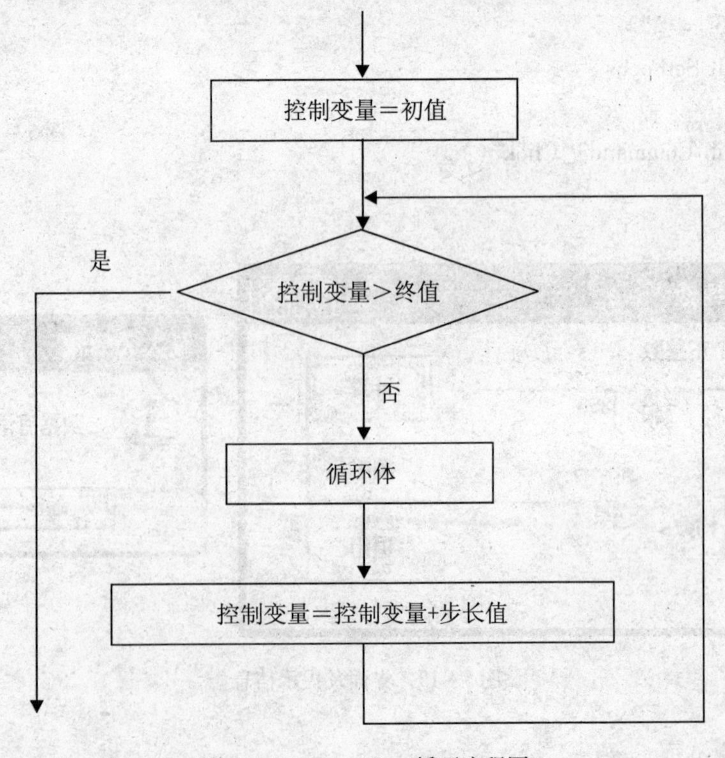

图 5－16　For－Next 循环流程图

注意：三个循环参数 n1、n2 和 n3 中包含的变量如果在循环体内被改变，不会影响循环的执行次数；但循环控制变量若在循环体内被重新赋值，则循环次数有可能发生变化。

For - Next 循环的正常循环次数可用下式计算：

循环次数 = Int（（n2 - n1）/n3）+1

例如，执行下面的程序代码：

```
Option Explicit
Private Sub Form_Click ( )
    Dim i As Integer
    For i = 1 To 10 Step 3
        Print i;
    Next i
    Print
    Print "循环结束后 i = "; i
End Sub
```

窗体上将显示结果（图 5 - 17）。

图 5 - 17　显示结果

它表明循环一共执行了 4 次，结束循环后，i 的取值为 13。

由于数据在计算机内部均是以二进制形式存储的，十进制整数可准确转换为二进制形式，而带小数点的十进制数在转换为单精度型数或双精度型数时则多半存在数制转换误差。如果使用非整型数做循环控制变量，循环参数也使用非整型数，那么循环次数就有可能发生意想不到的变化。所以应尽可能避免使用非整型数控制循环的执行。

可以使用 Exit for 语句跳出循环。Exit for 语句的使用方法与 Do - Loop 循环中使用 Exit Do 类似。

【例 5 - 8】编写一个程序求 1 ~ 10 这十个数的和与乘积。

算法分析：求若干个数之和或若干个数的乘积，可采用“累加”与“累乘”法。累加法是设置一个存放和数的变量，称为“累加器”，它的初始值设为 0，累加过程通过循环实现，在循环体中，和数与累加器相加后再赋值给累加器；累乘的算法与累加类似，不过设置的是“累乘器”，它的初始值应设为 1，在循环体内，乘数应与累乘器相乘。在求乘积时，应注意乘积的大小，设置适当的数据类型。

程序设计界面及运行结果见（图 5 - 18），界面凹陷部分是两个图片框。

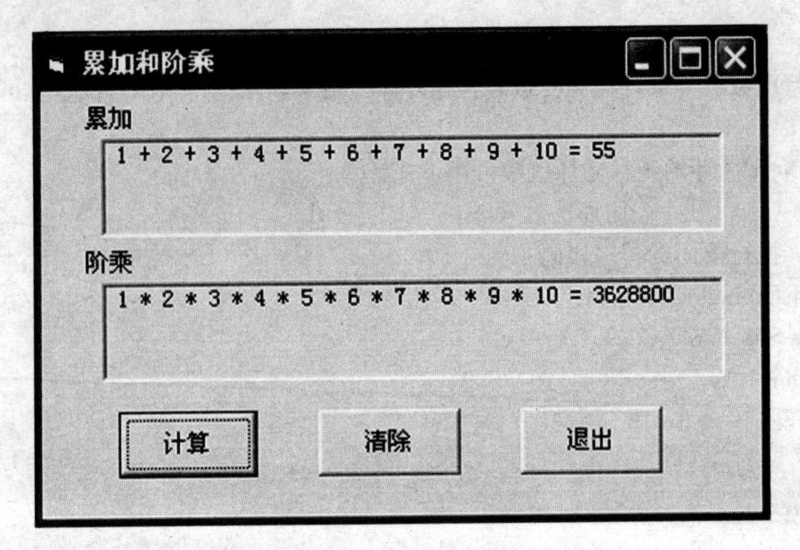

图5-18　程序设计界面及运行图

程序代码如下：

```
Option Explicit
Private Sub Command1_Click ( )            '计算按钮
    Dim i As Integer, sum As Integer, fact As Long
    sum = 0
    For i = 1 To 10
        sum = sum + i
        If i < 10 Then
          Picture1. Print i; " + ";
        Else
          Picture1. Print i; " = ";
        End If
    Next i
    Picture1. Print sum
    fact = 1
    For i = 1 To 10
        fact = fact * i
        If i < 10 Then
            Picture2. Print i; " *";
        Else
            Picture2. Print i; " = ";
        End If
    Next i
    Picture2. Print fact
End Sub
```

```
Private Sub Command2_Click ( )          '清除按钮
    Picture1. Cls
    Picture2. Cls
End Sub

Private Sub Command3_Click ( )          '退出按钮
    End
End Sub
```

【例5-9】下面是一个从由字母数字组成的字符串中找出所有大写字母并逆序输出的程序。最后再把结果存入D：盘的数据文件“letter. dat”中。

程序设计界面及运行图见（图5-19）。从一个字符串中找出符合要求的字符是采取对字符串的每一个字符逐个筛选的方法实现的。本例利用Mid函数可以从字符串中提取出单个字符，利用循环控制处理过程，循环的终值使用Len函数；对于符合要求的字符采用连接运算 组成新字符串；逆序输出则是通过从后往前逐个提取字符再连接的。

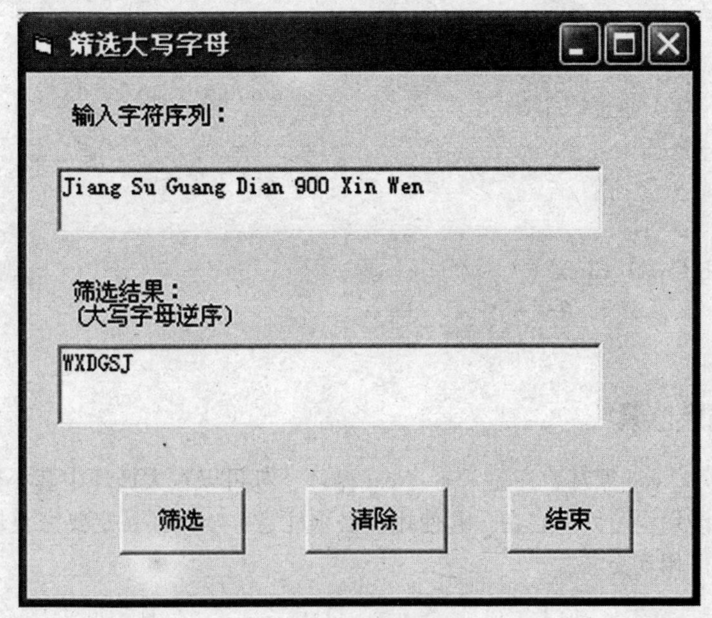

图5-19　程序设计界面及运行图

程序代码如下：

```
Option Explicit
Private Sub Cmd1_Click ( )
    Dim s As String, d As String, t As String
    Dim i As Integer
    Text1. SetFocus
    Open “D: \ letter. dat” For Output As #1
```

```
    s = Text1
    For i = 1 To Len (s)
        If Mid (s, i, 1) > = "A" And Mid(s, i, 1) < = "Z" Then
          t = t & Mid(s, i, 1)
        End If
    Next i
    For i = Len (t) To 1 Step -1
        d = d & Mid (t, i, 1)
    Next i
    Text2 = d
    Write #1, Text2
    Close #1
End Sub

Private Sub Cmd2_Click ()
    Text1 = ""
    Text2 = ""
    Text1. SetFocus
    close #1
End Sub

Private Sub Cmd3_Click ()
    End
End Sub
```


5.2.4 循环嵌套

无论是 Do-Loop 循环，还是 For-Next 循环，都可以在大循环中套小循环。两种不同类型的循环语句也可以嵌套在一起使用。必须注意：小循环一定要完整地被包含在大循环之内，不得相互交叉。

For	For	Do	Do
<语句>	<语句>	<语句>	<语句>
For	Do	Do	For
<循环体>	<循环体>	<循环体>	<循环体>
Next	Loop	Loop	Next
<语句>	<语句>	<语句>	<语句>
Next	Next	Loop	Loop

【例5-10】下面是一个模拟摇奖的程序。设有100个人中签，要从中找出两个中奖人。由机器自动随机产生第一组1000个1~100间的数据，第1000个随机数据即为

第一个中奖人的号码；然后再次随机产生第二组 1000 个 1 ~ 100 间的数据，第 1000 个随机数据即为第二个中奖人的号码。

问题分析：问题的关键是如何产生 1—100 之间的随机整数。VB 提供了一个可以产生 0 ~ 1 的随机小数的随机函数 Rnd（x），注意在使用 Rnd（x）时，为了防止伪随机数的生成，可先使用无参数的 Randomize 语句初始化随机数生成器，该生成器具有从系统计时器获得的随机种子，可以保证生成真正的随机数。

生成某个范围内的随机整数，可使用以下公式：

Int（（上界 - 下界 +1） * Rnd） + 下界

根据 Rnd（x）函数的用法，如要产生 1 ~ 100 之间的随机整数，使用下面的算术表达式即可：

Int（（100 - 1 +1） * Rnd） +1

算法分析：本程序算法比较简单，首先外循环用来控制产生两个随机数，里面使用 For - Next 循环产生 1000 个 1 - 100 间的随机整数即可。但为了获得摇奖的效果，每产生一个随机数，再利用一个 For - Next 循环起到延时作用，降低数据显示的速度，以便可以较容易地看清数据变化的状况，使用 Refresh 方法，使文本框中的文本不断改变。

界面设计如图 5 - 20 所示。

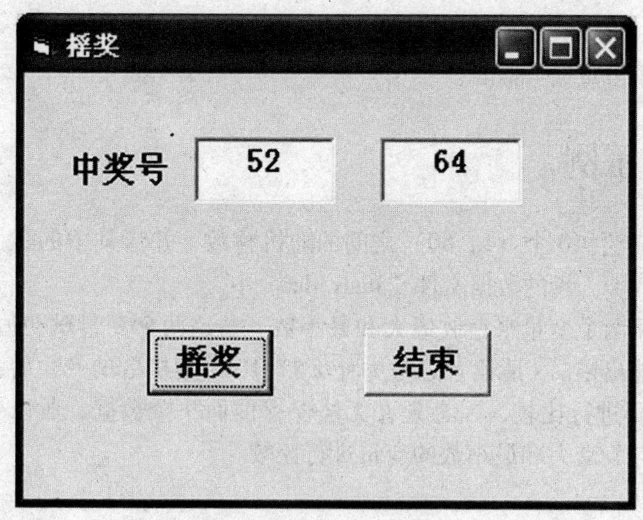

图 5 - 20　界面及运行结果

程序代码如下：

```
Private Sub Command1_Click ()
    Dim ranum As Integer, i As Integer, j As Integer
    Dim a As Integer, n As Integer
    Dim t1 As Integer, t2 As Integer
    Randomize
    For n = 1 To 2
        For i = 1 To 1000
            ranum = Int (100 * Rnd) + 1
```

```
                a = 0
                For j = 1 To 10000          '延时
                    a = a + 1
                Next j
                Text1. Text = CStr (ranum)
                Text2. Text = CStr (ranum)
                Text1. Refresh
                Text2. Refresh
            Next i
            If n = 1 Then t1 = CStr (ranum) Else t2 = CStr (ranum)
        Next n
        Text1. Text = t1
        Text2. Text = t2
    End Sub
    Private Sub Command2_Click ()
      End
    End Sub
```

本程序采用了三重循环嵌套。

5.3 程序示例

【例5-11】产生10个（1，50）之间的随机整数，并将其中的最大数和最小数打印出来。同时存入D：盘的数据文件“Imax. dat”中。

算法分析：用两个变量来存放最大和最小数，给这两个变量赋初值时要考虑周全，否则最小值有可能出错。（请读者思考为什么?）10个随机数的产生容易掌握，但不能10个数产生完毕再进行比较，因为现在无法保存前面9个数据，所以要在产生一个随机数后，立即与存放最大和最小数的变量进行比较。

```
Option Explicit
Private Sub Form_Click ()
    Dim i As Integer, x As Integer
    Dim min As Integer, max As Integer
    Open "D: \ Imax. dat" For Output As #1
    Randomize
    max = 0: min = 51                  '赋初值
    For i = 1 To 10
        x = Int (Rnd * 31) + 20  '产生随机数
        Print x;
        If max < x Then max = x
```

```
        If min > x Then min = x
    Next i
    Print
    Print "max = "; max
    Print "min = "; min
    Write #1, max, min
End Sub
```

运行结果如图5-21。

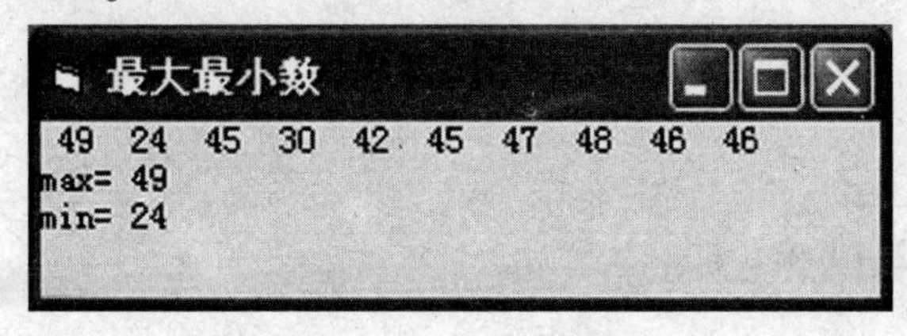

图5-21　运行结果

【例5-12】已知参加聚会有36人，现共有36块小蛋糕，按照下面规则进行分配，男士每人4块，女士每人3块，小孩2个人分1块，蛋糕刚好分完。问男、女、小孩各多少人?

算法分析：根据题目规定，可以判断出男士最多9人，女士最多12人，因为小孩每次只能二人分一块，所以小孩最少是2人，最多是36人。这类题目一般用穷举法来写程序。

程序界面及结果见图5-22 。

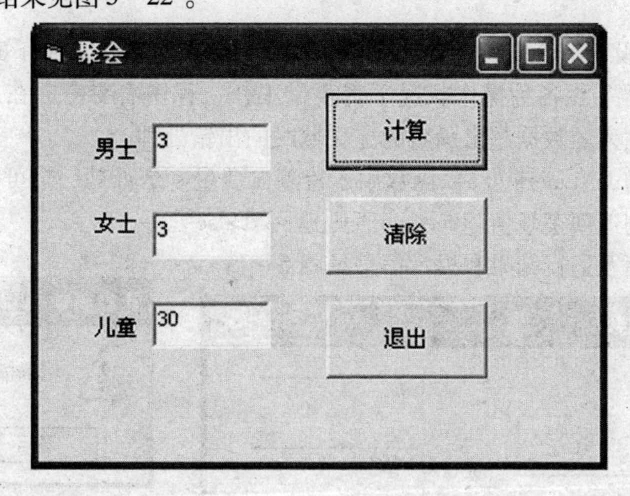

图5-22　程序及结果界面

程序代码如下：

```
Option Explicit
Private Sub Command1_Click ()
Dim male As Integer, female As Integer, children As Integer
For male = 1 To 9
  For female = 1 To 12
```

```
            For children = 2 To 36 Step 2
            If (children + female + male = 36) And (male * 4 + female * 3 + children * 0.5 =
36) Then
                Text1 = male
                Text2 = female
                Text3 = children
              End If
            Next children
        Next female
    Next male
    End Sub
    Private Sub Cmd2_Click ()
        Text1 = ""
        Text2 = ""
        Text3 = ""
    End Sub

    Private Sub Cmd3_Click ()
        End
    End Sub
```

【例5-13】设计一个简易函数计算器。要求对输入的数据进行有效性检验。

保证“计算器”在各种操作状况下都正常工作，程序需要考虑在用户没有在文本框中输入数据或输入的数据超出函数的定义域时的出错处理。

程序中使用的 IsNumeric (s) 函数用于检测自变量 s 是否是一个可转换成数值的数字串，如果是，则返回逻辑值"True"，否则返回"False"。

程序设计界面及运行结果和提示信息见图5-23。

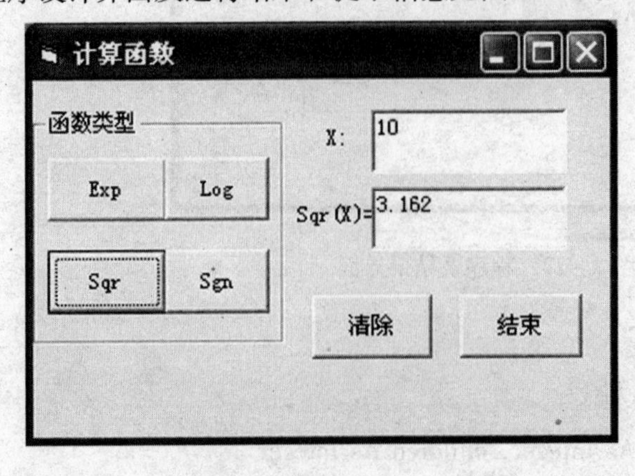

图5-23 界面、结果及提示

程序代码如下：

```
Option Explicit
Dim x As Single                ′x 在通用代码段中声明
Private Sub CmdExp_Click ( )
    If Text1 = "" Then
        MsgBox "请输入 X 值!", 48 + vbOKOnly, "计算函数"
        Text1. SetFocus
    ElseIf IsNumeric (Text1) Then
        x = Val (Text1)
        Label2. Caption = "Exp(X) =:"
        Text2 = Int (Exp (x) * 1000 + 0.5) / 1000
    Else
        MsgBox "输入数据错误!", 48 + vbOKOnly, "计算函数"
        Text1 = ""
        Text1. SetFocus
    End If
End Sub

Private Sub CmdLog_Click ( )
    If Text1 = "" Then
        MsgBox "请输入 X 值!", 48 + vbOKOnly, "计算函数"
        Text1. SetFocus
    ElseIf IsNumeric (Text1) And Val (Text1) > 0 Then
        x = Val (Text1)
        Label2. Caption = "Log(X) =:"
        Text2 = Int (Log (x) * 1000 + 0.5) / 1000
    Else
        MsgBox "输入数据错误!", 48 + vbOKOnly, "计算函数"
        Text1 = ""
        Text1. SetFocus
    End If
End Sub

Private Sub CmdSgn_Click ( )
    If Text1 = "" Then
        MsgBox "请输入 X 值!", 48 + vbOKOnly, "计算函数"
        Text1. SetFocus
    ElseIf IsNumeric (Text1) Then
```

```
        x = Val (Text1)
        Label2. Caption = "Sgn(X) =:"
        Text2 = Str (Sgn (x))
    Else
        MsgBox "输入数据错误!", 48 + vbOKOnly, "计算函数"
        Text1 = ""
        Text1. SetFocus
    End If
End Sub

Private Sub CmdSqr_Click ()
    If Text1 = "" Then
        MsgBox "请输入 X 值!", 16 + vbOKOnly, "计算函数"
        Text1. SetFocus
    ElseIf IsNumeric (Text1) And Val (Text1) > 0 Then
        x = Val (Text1)
        Label2. Caption = "Sqr(X) =:"
        Text2 = Int (Sqr (x) * 1000 + 0.5) / 1000
    Else
        MsgBox "输入数据错误!", 48 + vbOKOnly, "计算函数"
        Text1 = ""
        Text1. SetFocus
    End If
End Sub

Private Sub CmdCls_Click ()
    Text1 = ""
    Text2 = ""
    Label2. Caption = ""
    Text1. SetFocus
End Sub

Private Sub CmdQuit_Click ()
    End
End Sub
```


【例5-14】编写程序输出3~300之间的素数。要求将找到的素数显示在列表框中。

算法分析：所谓素数即指除了1和它本身不能被其他数整除的数。因此当某个数不能被从 2 开始到这个数减 1 之间的所有数整除时，这个数就是素数。

程序界面及运行结果见（图 5－24）。

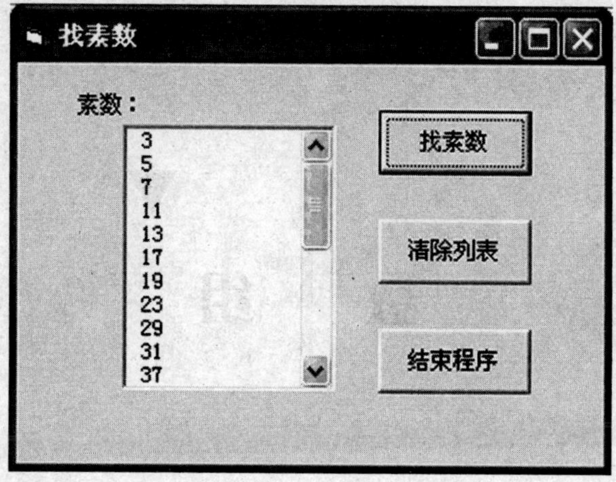

图 5－24　程序界面及运行结果

程序代码如下：

```
Option Explicit
Private Sub Command1_Click ( )
    Dim n As Integer, i As Integer
    For n = 3 To 100
      For i = 2 To n -1
          If n Mod i = 0 Then Exit For
      Next i
      If i = n Then
          List1. AddItem Str (n)
      End If
    Next n
End Sub

Private Sub Command2_Click ( )
    List1. Clear
End Sub

Private Sub Command3_Click ( )
    End
End Sub
```

第6章 CHAPTER

数　组

- 从数组的概念说起
- 数组的基本操作
- 动态数组
- 控件数组
- 常用算法——排序和查找

前面所介绍的变量都是简单变量，各简单变量之间相互独立，没有内在的联系，并与其所在的位置无关。在处理大量相关数据时，使用简单变量将会有很大的困难，有时甚至是不可能的。例如，在编写一个读入30名学生的学号及其考试成绩，然后再按照考试成绩从高到低的顺序把他们的学号打印出来的程序时，如使用简单变量来存放这30组数据，那么，对考试成绩进行排序处理的过程就会变得十分繁琐而复杂。如果使用数组来存放这些数据，就会极大地简化程序的设计。因此，在许多场合，总是使用数组这样一个数据结构来处理数据量大、类型相同且有序排列的数据。

6.1 数组的概念

数组是一组具有相同类型的有序变量的集合。这些变量按照一定的规则排列，使用一片连续的存储单元。数组可用于存储成组的有序数据。使用数组就是用一个相同的名字引用这一组变量中的数据，这个名字称为数组名。

6.1.1 数组命名与数组元素

数组名的命名规则与简单变量命名规则一样。数组名不是代表一个变量，而是代表有内在联系的一组变量。数组内的每一个成员称为数组元素，为了标识数组中的不同的元素，每个数组元素都有各自的编号即下标，下标确定了数组元素在数组中的位置。可以用数组名和下标唯一识别数组中的一个元素，因此数组元素又称为下标变量，数组元素的类型也就是数组的类型。数组元素名由数组名、下标和圆括号共同组成。

数组元素名的一般形式如下：

数组名（下标1［，下标2，…］）

其中，下标可以是常量、变量或算术表达式。当下标的值为非整数时，会自动进行四舍五入处理。比如一个只有单个下标的数组A有5个元素，则它的元素可以分别表示为：A（0）、A（1）、A（2）、A（3）、A（4）。

在一个数组中，如果只需一个下标就可以确定一个数组元素在数组中的位置，则该数组称为一维数组。如果需要两个下标才能确定一个数组元素在数组中的位置，则该数组称为二维数组。以此类推，必须由N个下标才能确定一个数组元素在数组中的位置，则该数组称为N维数组。因此确定数组元素在数组中的位置的下标数就是数组的维数。通常把二维以上的数组称为多维数组。VB规定数组的维数不得超过60。

6.1.2 数组定义

在使用一个数组之前必须对数组进行定义，确定数组的名称和它的数据类型，指明数组的维数和每一维的上、下界的取值范围，这样系统就可以为数组分配一块内存区域，存放数组的所有的元素。数组的每个数组元素在这个连续的区域内都占据各自特定的单元，而单元的地址则用下标来表示。程序通过数组元素名，也就是通过数组元素的下标值来使用其中的某个存储单元。

在VB中有两种类型的数组：固定大小数组和动态数组。在定义数组时就确定了数组大小，并且在程序运行过程中，不能改变其大小的数组称为固定大小数组。在定义数组时不指明数组的大小，仅定义了一个空数组，在程序运行时根据需要才确定其大小，即在程序运行中可以改变其大小的数组，称为动态数组。

在程序中通过数组说明语句来定义数组。

1. 数组说明语句

数组说明语句的形式如下：

Public | Private | Static | Dim <数组名>（[<维界定义>]）[As <数据类型>]

其中，Public、Private、Static、Dim是关键字。在VB中可以用这4个语句定义数组。与变量说明类似，使用不同的关键字说明的数组其作用域将有所不同（作用域问题将在下一章中讨论）。

<维界定义>的格式如下：

［<下界1>To］　上界1［［，<下界2>To］　上界2…］

其中，“下界”和关键字“To”可以缺省。如果在程序的通用代码段中没有特别的声明语句，即程序没有使用Option Base 1语句，缺省下界和关键字To时，则表示下标的取值是从0开始，等价于“0 To 上界”。如果程序中使用了Option Base 1语句，下标的取值是从1开始，等价于“1 To 上界”。

格式中的下界1表示数组第一维的维下界，下界2表示第二维的维下界……

例如，下列数组说明语句出现在模块声明段。

```
Dim A (6) As Integer
Private Name (1999 To 2002) As String *8
Dim B (2, 1 to 2) As Integer
```

第一条数组说明语句等价于Dim A（0 to 6）As Integer，它定义了一个模块级的一维整型数组，数组的名字为A，该数组共有7个数组元素，分别是A（0）、A（1）、A（2）、A（3）、A（4）、A（5）、A（6）。

第二条数组说明语句，定义了一个模块级的、一维的、数组元素的长度为8个字节的字符串型数组Name，维下界是1999，维上界是2002。该数组共有Name（1999）、Name（2000）、Name（2001）、Name（2002）4个元素。

第三条数组说明语句，定义了一个模块级的二维整型数组，B数组共有B（0，1）、B（0，2）、B（1，1）、B（1，2）、B（2，1）、B（2，2）6个元素。

2. 数组的上、下界

某维的下界和上界分别表示该维的最小和最大的下标值。维界的取值范围不得超过长整型（Long）数据的数据范围（-2，147，483，648到2，147，483，647），且下界≤上界，否则将产生错误。在定义固定大小数组时，维的上、下界说明必须是常数表达式，不可以是变量名。如果维界说明不是整数，VB将对其进行四舍五入处理。例如：


```
Dim M As Integer
Const N = 5 As Integer
Dim A (N) As Integer
Dim B (1To 6.6) As Integer
Dim C (1 To 2 * 3) As Integer
Dim D (0 To M) As Integer      '错。普通变量不允许用来说明数组大小
```

上列数组说明语句中的前三个语句都是正确的，分别定义了A、B、C三个一维数组。其中第一条数组说明语句中用一个已定义的符号常数说明A数组的维上界，其值是5。第二条数组说明语句定义B数组的维上界是6.6，但经过四舍五入处理后B数组的维上界是7。第三条数组说明语句用一个表达式说明C数组的维上界，系统首先计算出表达式的值，然后再根据表达式的值确定C数组的维上界是6。而最后一个说明语句是错误的，因为M是一个整型变量，不能用来说明数组的维界。在数组说明语句中若用符号常数说明数组的维界，那么该符号常数在这个说明语句之前必须已定义过。

3. 数组的类型

数组说明语句中As <数据类型>是用来声明数组的类型。数组的类型可以是Integer、Long、Single、Double、Date、Boolean、String（变长字符串）、String * length（定长

字符串)、Object、Currency、Variant 和自定义类型。若缺省 As 短语，则表示该数组是变体（Variant）类型。

请看下面数组定义的例子：

```
Option Base 1
Dim Score（4），B（3，3）As Integer
```

Option Base 1语句，必须位于模块的通用部分，用以说明本模块内所有缺省维下界说明的数组说明语句定义的数组，它的维下界均为1。因此数组说明语句定义了的名为Score 的一维数组，它的维下界是1，具有4个元素；由于缺省类型说明，所以 Score 数组类型是 Variant 类型。该数组说明语句还定义了一个有3行、3列（3×3）的二维整型数组B。

在过程中除可以用 Dim 语句说明数组外，还可根据需要用 Static 语句定义静态数组。

静态数组的特点与静态变量相同，在调用过程时，它的各个元素会继承上次退出该过程时对应元素的值。例如，在过程中用下面的语句定义一个一维的整型静态数组 Starry。

```
Static Starry（3）As Integer
```

数组说明语句不仅定义了数组，分配了存储空间，而且还将数组初始化，数值型的数组元素初始值为零，变长字符类型的数组元素初始值为空字符串，定长字符类型的数组元素初始值为指定长度个数的空格，布尔型的数组元素初始值为“False”，变体（Variant）类型的数组元素的初始值是"Empty"。

4. 数组的大小

用数组说明语句定义数组，指定了各维的上、下界取值范围，也就确定了数组的大小。所谓数组的大小就是这个数组所包含的数组元素的个数。数组的大小有时也称为数组的长度。可用下面的公式计算数组的大小：

数组的大小=第一维大小×第二维大小×…×第N维大小

维的大小=维上界—维下界+1

例如，程序有下面的数组说明语句

```
Dim A（6）As Integer
Dim B（3，-1 To 4）As Single
```

A 数组的大小=6-0+1=7（个数组元素）

B 数组的大小=（3-0+1）×［4-（-1）+1］=4×6=24（个数组元素）

6.1.3 数组的结构

数组是具有相同数据类型的多个值的集合，数组的所有元素按一定顺序存储在连续的存储单元中。下面分别讨论一维、二维和三维数组的结构。

1. 一维数组的结构

一维数组只能表示线性顺序，也可以用一维数组表示数学中的向量。设有如下语句：

Dim A（8）As Integer

数组A的逻辑结构示意如下：

（A（0）	A（1）	A（2）	…	A（6）	A（7）	A（8）

一维数组在内存中存放时将会开辟连续的存储单元来依次存放这些数据，由于是整形数组，因此每个数据占两个字节。

2. 二维数组的结构

二维数组的表示形式是由行和列组成的一张二维表，二维数组的数组元素需要用两个下标来标识，即要指明数组元素的行号和列号。通常用二维数组表示数学中的矩阵。设有如下语句：

```
Option Base 1
Dim T（3，4）As Integer
```

定义了一个二维数组，数组说明符的圆括号中的第一个数为行数，第二个数为列数，表明数组T有3行（1~3）、4列（1—4）共计12个元素。二维数组Table的逻辑结构示意如下：

	第1列	第2列	第3列	第4列
第1行	T（1，1）	T（1，2）	T（1，3）	T（1，4）
第2行	T（2，1）	T（2，2）	T（2，3）	T（2，4）
第3行	T（3，1）	T（3，2）	T（3，3）	T（3，4）
第4行	T（4，1）	T（4，2）	T（4，3）	T（4，4）

二维数组在内存中是“逐列存放”，即先存放第一列的所有元素，接着存放第二列所有元素……直到存完最后一列的所有元素。这一点在后面【例6-4】中可以得到印证。

3. 三维数组的结构

三维数组是由行、列和页组成的三维表。三维数组也可理解为几页的二维表，即每页由一张二维表组成。三维数组的元素是由行号、列号和页号来标识的。

```
Option Base 1
Dim P（2，3，2）As Integer
```

上面的数组说明语句定义了一个三维数组，圆括号中的第一个数为行数，第二个数为列数，第三个数为页数。三维数组P有2页、2行、3列共12个元素。数组P的逻辑结构形式如下：

第1页	P（1，1，1）	P（1，2，1）	P（1，3，1）
	P（2，1，1）	P（2，2，1）	P（2，3，1）
第2页	P（1，1，2）	P（1，2，2）	P（1，3，2）
	P（2，1，2）	P（2，2，2）	P（2，3，2）

三维数组在内存中是“逐页存放”，即先对数组的第一页中的所有元素按顺序分配存储单元，然后再对第二页中的所有元素按顺序分配存储单元……直到数组的每一个元素都分配了存储单元。

6.2 数组的基本操作

对数组的操作主要是通过对数组元素的操作完成的。由于数组元素的本质仍是变量，只不过是带有下标的变量而已，所以可以像给变量赋值一样，给数组元素赋值，也可以使用 Print 方法输出数组元素，自然也可以在表达式中将数组元素作为运算元素进行运算。

与普通变量不同，数组元素是有序的，可以通过改变下标访问不同的数组元素。因此在需要对整个数组或数组中连续的元素进行处理时，利用循环进行处理是最有效的方法。

6.2.1 数组元素的赋值

1. 用赋值语句给数组元素赋值

在程序中通常用赋值语句给单个数组元素赋值。例如：

```
Dim Score (3) As Integer
Dim Two (1, 1 to 2) As Integer
Score (0) =80
Score (1) =75
Score (2) =91
Score (3) =68
Two (0, 1) = Score (0)
……
```

2. 通过循环逐一给数组元素赋值

从上面的例题中可以看出，如果引用数组的每个元素都要指明其下标，会非常不便。实际上在程序中可利用变量来实现对数组元素的访问。例如，在上例中将 91 赋值给 Score (2) 元素可用下面方式来实现：

```
i=2
Score (i) =91
```

若在一个 For 循环中用循环控制变量作为数组元素的下标，就可依次访问一维数组的每一个元素。同样使用双重的 For 循环，用内、外循环的循环控制变量分别作为第一维、第二维的下标就可依次访问二维数组的所有元素，以此类推，数组有 N 维就可以采用 N 重循环给 N 维数组的所有的元素一一赋值。例如：

```
Private Sub Form_Click ()
    Dim A (6) As Integer, i As Integer
    Dim B (1 to 2, 1 to 2) As Integer, j As Integer
    For i=0 To 6       '使用循环给一维数组赋值并输出
        A (i) =Int (99 * Rnd) +1
        Print A (i);
```

```
        Next I
        Print
        For i=1 To 2        '利用二重循环给二维数组赋值并输出
            For j=1 To 2
            B (i, j) =i*10+j
                Print B (i , j);
            Next j
            Print
        Next i
    End Sub
```

3. 用 InputBox 函数给数组元素赋值

```
    Private Sub Form_Click ()
        Dim A (6) As Integer, i As Integer
        For i=0 To 6
            A (i) =InputBox ("给数组元素赋值","数组 A 赋值")
            Print A (i);
        Next i
        Print
    End Sub
```

在程序中，可以使用 InputBox 函数让用户从键盘输入值赋给数组元素。但是，由于在执行 InputBox 函数时程序会暂停运行等待输入，并且每次只能输入一个值，占用运行时间长，所以 InputBox 函数只适合输入个别数据。如果数组比较大，需要输入的数据比较多，用 InputBox 函数给数组赋值就显得不便。

4. 用 Array 函数给数组赋值

利用 Array 函数可以把一个数据集赋值给一个 Variant 变量，再将该 Variant 变量创建成一个一维数组。Array 函数的一般使用形式如下：

<变体变量名> = Array ([数据列表])

注意：Array 函数只能给 Variant 类型的变量赋值。<数据列表>是用逗号分隔的赋给数组各元素的值。

Array 函数创建的数组的长度与列表中的数据的个数相同。若缺省<数据列表>，则创建一个长度为 0 的数组。若程序中缺省 Option Base 语句或使用了 Option Base 0 语句，则 Array 函数创建的数组的下界从 0 开始；若使用了 Option Base 1 语句，则数组的下界从 1 开始。例如：

```
    Option Base 1
    Private Sub Form_Click ()
        Dim A As Variant
        Dim B (4) As Variant
        A=Array (5, 4, 3, 2, 1)
```

```
    Print A (1); A (2); A (3); A (4); A (5)
    A = Array (1.51, 2.31, 3.61, 4.11)
    Print A (1); A (2); A (3); A (4)
    A =" NO Array"
    Print A
    B = Array (1, 2, 3, 4, 5, 6)        '该语句是一条错误语句
End Sub
```

运行该程序，执行语句“A = Array (5, 4, 3, 2, 1)”，Array函数就创建了一维数组A，数组元素的类型是Integer。该数组的下标从1开始，共有A (1)、A (2)、A (3)、A (4)、A (5) 等5个元素，它们的值分别是5、4、3、2、1。这里的A是一个包含数组的Variant变量，与类型是Varinat的数组是完全不相同的，但对它们的元素的处理方法是一样的。因为A是一个包含数组的Variant类型的变量，所以可再次用赋值语句“A = Array (1.51, 2.31, 3.61, 4.1)”给A赋值，此刻Array函数创建的数组中元素个数是4个，数组元素的类型改为Single。也可以用普通的赋值语句给已包含数组的Variant变量A赋一个值，例如，A =" NO Array",执行该语句后，A不再包含数组，又成为一个普通的Variant变量。当执行语句“B = Array (1, 2, 3, 4, 5, 6)”时，就会产生一个“编译错误，不能给数组赋值”的错误，其原因是B是一个被定义为Variant类型的数组，而不是一个普通的Variant类型的变量。

切记：不可以用Array函数给非Variant类型的变量赋值。

6.2.2 数组元素的引用

在程序中可以像使用普通变量一样引用数组元素，也就是说，数组元素可以出现在表达式中的任何位置，可以出现在赋值号的左边。在引用数组元素时，数组元素的下标表达式的值一定要在定义数组时规定的维界范围之内，否则就会产生“数组越界”的错误。

数组元素的输出与普通变量的输出完全相同。可以使用Print方法将数组元素显示在窗体上或者显示在PictureBox中，或者输出到文件中，也可将数组元素显示到文本框（TextBox）中。程序调试时还可以用Debug. Print将数组元素显示到“立即”窗口中。

与输入类似，可以利用循环控制数组元素的输出。

【例6-1】产生10个（1, 50）之间的随机整数，并将其中的最大数和最小数打印出来，同时将其存放在顺序文件“t. dat”中。

在上一章的【例5-10】中（同样的题目），曾提到无法保留已产生的数据问题，现在利用数组就能很好地解决这类问题。

```
Option Explicit
Option Base 1
Private Sub Form_click ()
    Dim Compare (12) As Integer, I As Integer
    Dim Max As Integer, Min As Integer
```

```
    Open "out. dat" for output as #1
    Randomize
    For I = 1 To 12
        Compare (I) = Int (90 * Rnd) + 10
        Print Compare (I);
        Print #1, Compare (I);
    Next I
    Print
    Print #1
    Max = Compare (1): Min = Compare (1)
    For I = 1 To 12
        If Compare (I) > Max Then
            Max = Compare (I)
        ElseIf Compare (I) < Min Then
            Min = Compare (I)
        End If
    Next I
    Print "最大数是:"; Max
    Print #1, "最大数是:"; Max
    Print "最小数是:"; Min
    Print #1, "最小数是:"; Min
    Close #1
End Sub
```


运行结果见图6-1。用记事本打开 out. dat 文件，内容也与此相似。

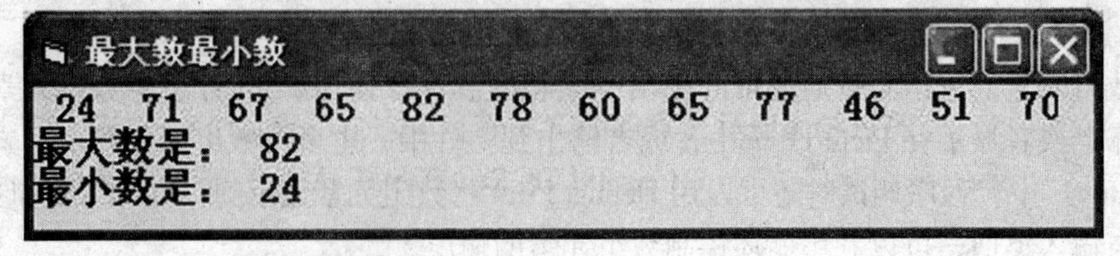

图6-1 程序运行结果

【例6-2】生成一个如下形式的矩阵（见图6-2），并按矩阵元素的排列次序将矩阵输出到图片框或文本框（同时输出也可）。

分析：矩阵可用一个二维数组表示，根据矩阵元素值的变化规律应对奇数行的元素与偶数行的元素分别处理。二维数组输出则通过二重 For 循环实现，用外循环控制行的变化，用内循环控制列的变化。

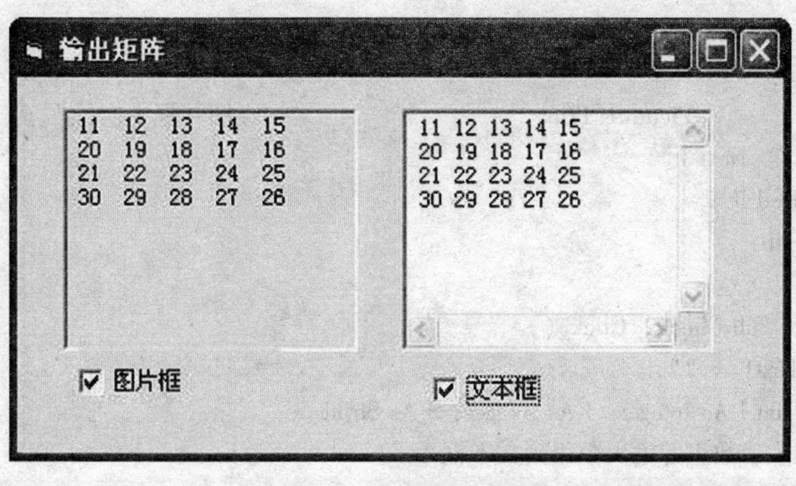

图6-2　程序运行界面

程序代码如下：

```
Option Explicit
Option Base 1
Dim A (4, 5) As Integer, K As Integer            '在通用部分定义数组
Private Sub Check1_Click ( )
    Picture1. Cls
    Dim I As Integer, J As Integer, S As String
    '生成数组
    If Check1. Value = 1 Then
        K = 10
        For I = 1 To 4
            If I Mod 2 < > 0 Then                '处理奇数行
                For J = 1 To 5
                    K = K + 1
                    A (I, J) = K
                Next J
            Else
                For J = 5 To 1 Step -1           '处理偶数行
                    K = K + 1
                    A (I, J) = K
                Next J
            End If
        Next I
        '输出数组到图片框
        For I = 1 To 4
            For J = 1 To 5
```

```
                Picture1. Print A (I, J);
            Next J
            Picture1. Print                         '在图片框中换行
        Next I
    End If
End Sub

Private Sub Check2_Click ()
    Text1 = ""
    Dim I As Integer, J As Integer, S As String
    '生成数组并输出数组到文本框
    If Check2. Value = 1 Then
        K = 10
        For I = 1 To 4
            If I Mod 2 < > 0 Then                   '处理奇数行
                For J = 1 To 5
                    K = K + 1
                    A (I, J) = K
                Next J
            Else
                For J = 5 To 1 Step -1              '处理偶数行
                    K = K + 1
                    A (I, J) = K
                Next J
            End If
        Next I
        For I = 1 To 4
            For J = 1 To 5
                S = S & Str (A (I, J))
            Next J
            S = S & Chr (13) & Chr (10)            '在文本框中插入回车换行
        Next I
        Text1 = S
    End If
End Sub
```


注意：上例中的文本框的 MuhiLine 属性必须设置为"True"。语句中的 Chr (13) 是回车符，Chr (10) 是换行符。请思考过程中第一条语句 Picture1. Cls 和 Text1 = "" 的含义,如果没有这两条语句，结果会如何?

在上面两个过程中生成数组的代码是重复的，这个问题将在下一章中用调用通用过程的方法加以解决。

6.2.3 数组函数及数组语句

1. LBound 函数

LBound 函数的功能是返回数组某维的维下界的值。它的调用形式如下：

LBound（数组名［，d］）

参数 d 为维数，若缺省则函数返回数组第一维的维下界的值或一维数组的下界。

例如，执行下面的程序段：

```
Private Sub Form_Click（）
  Dim A（4）As Integer，B（3 to 6，10 to 20）
  Print LBound（A），LBound（B，1），LBound（B，2）
End Sub
```

程序执行结果是：

```
0    3    10
```

其中，LBound（A）返回 A 数组的维下界的值 0，LBound（B，1）和 LBound（B，2）分别返回 B 数组的第一维的维下界的值 3 和第二维的维下界的值 10。

2. UBound 函数

UBound 函数的功能是返回数组某维的维上界的值，它的调用形式如下：

UBound（数组名［，d］）

UBound 函数返回的是数组维上界的值。

例如，执行下面的程序段：

```
Private Sub Form_Click（）
  Dim A（4）As Integer，B（3 to 6，10 to 20）
  Print UBound（A），UBound（B，1），UBound（B，2）
End Sub
```

程序执行结果是：

```
4    6    20
```

其中，UBound（A）返回 A 数组的维上界的值 4，UBound（B，1）和 UBound（B，2）分别返回 B 数组的第一维的维上界的值 6 和第二维的维上界的值 20。

3. For Each – Next 结构语句

在处理数组元素时，大多使用循环结构。VB 提供了一个与 For – Next 语句类似的结构语句 For Each – Next，两者都可以重复执行某些操作直到完成指定的循环次数。但是，For Each – Next 语句是专门用来为数组中的每个元素重复执行一组语句而设置的。程序执行 For Each – Next 语句时，VB 跟踪必须处理的元素的总数，处理每一个元素，并在到达数组或集合末尾时自动停止循环。

For Each – Next 结构语句的一般形式是：

```
For Each Element In <array>
```

```
    [语句集]
    Next [Element]
```

结构中 Element 是在 For Each－Next 结构内重复使用的 Variant 变量，它实际上代表的是数组中每一个元素。

<array>是要处理的数组名。

循环次数则由数组中的元素的个数确定。

语句集就是需要重复执行的循环体，与 For－Next 循环一样，在循环体内可以包含若干 Exit For 语句，执行该语句，将退出循环。

【例6－3】使用 For Each－Next 结构，找出10个9的倍数，并分两行输出。程序代码如下，运行结果如图6－3。

```
Option Explicit
Option Base 1
Private Sub Form_Click ( )
    Dim A (10) As Integer, V As Variant
    Dim i As Integer, j As Integer
    j = 9
    For i = 1 To 10
        A (i) = j
        j = j + 9
    Next i
    j = 0
    For Each V In A
        j = j + 1
        Print V;
        If j Mod 5 = 0 Then Print
    Next V
    Print
End Sub
```

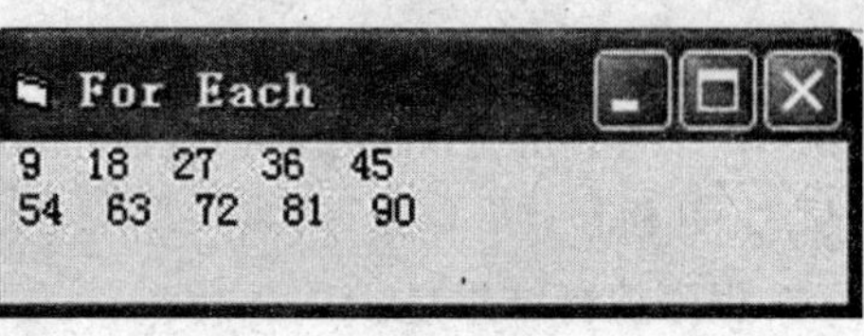

图6－3 程序运行结果

【例6－4】把下面的二维数组，用 For Each－Next 结构输出。观察输出结果。

```
    11    12    13
    21    22    23
    31    32    33
    41    42    43
Option Explicit
Option Base 1
Private Sub Form_Click ( )
    Dim a (4, 3) As Integer, V As Variant
    Dim i As Integer, j As Integer
```

```
    For i = 1 To 4
        For j = 1 To 3
            a (i, j) = i * 10 + j
        Next j
    Next i
    For Each V In a
        Print V;
    Next V
End Sub
```

执行程序，在窗体上显示的结果如图6-4。

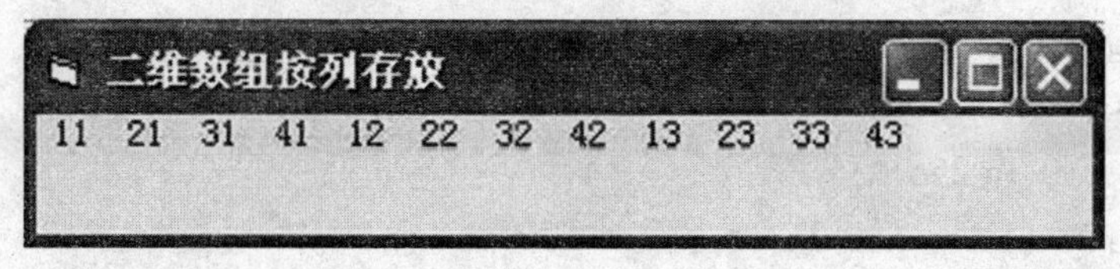

图6-4 程序运行结果

由于二维数组元素在内存中是按列的顺序排列的，从运行该程序的结果可以看出For Each-Next语句正是按数组元素在内存中排列顺序依次处理每个数组元素。

6.2.4 数组应用

在程序设计中，数组的应用非常广泛，下面通过一些综合示例具体说明数组的应用方法。读者应很好地体会在程序代码中数组的下标与循环控制变量之间的关系。

【例6-5】统计字母（不分大小写）在文本中出现的次数。

算法说明：定义一个一维数组用来统计26个字母出现的次数，它的下标取值范围在0~25之间。让数组元素下标值0~25与字母A~Z一一对应起来。即用数组元素A(0)记录字母“A”在文本中出现的次数，A(1)记录字母“B”在文本中出现的次数，以此类推，A(25)记录字母“Z”在文本中出现的次数。具体统计字母在文本中出现的次数的算法是，每次顺序取出文本中的一个字母，若这个字母是大写字母，则用该字母的ASCII码值减去“A”的ASCII码值；若这个字母是小写字母，则用该字母的ASCII码值减去“a”的ASCII码值，这样就得到与这个字母对应的数组元素的下标；然后再将该数组元素的值加1。

程序代码如下：

```
Option Explicit
Private Sub Command1_Click ()
    Dim St As String, Idx As Integer
    Dim A (0 To 25) As Integer
    Dim I As Integer, Js As Integer
    Dim Ch As String * 1, L As Integer
    St = Text1.Text
```

```
    St = UCase (Text1)
    L = Len (St)
    For I = 1 To L
        Ch = Mid (St, I, 1)
        If Ch > = "A" And Ch < = "Z" Then
            Idx = Asc(Ch) - Asc ("A")          '计算数组下标值
            A (Idx) = A (Idx) + 1              '相应字母数组元素加 1
        ElseIf Ch > = "a" And Ch < = "z" Then
            Idx = Asc(Ch) - Asc ("a")
            A (Idx) = A (Idx) + 1
        End If
    Next I
    For I = 0 To 25
        If A (I) < > 0 Then
            Js = Js + 1
            '还原出字母：下标值 + "A" 的 AscII 码
            Text2 = Text2 & Chr (I + Asc ("A")) & ":" & Str(A (I)) & " "
            If Js Mod 3 = 0 Then Text2 = Text2 & Chr (13) & Chr (10)
        End If
    Next I
End Sub
```

程序运行结果如图 6－5。

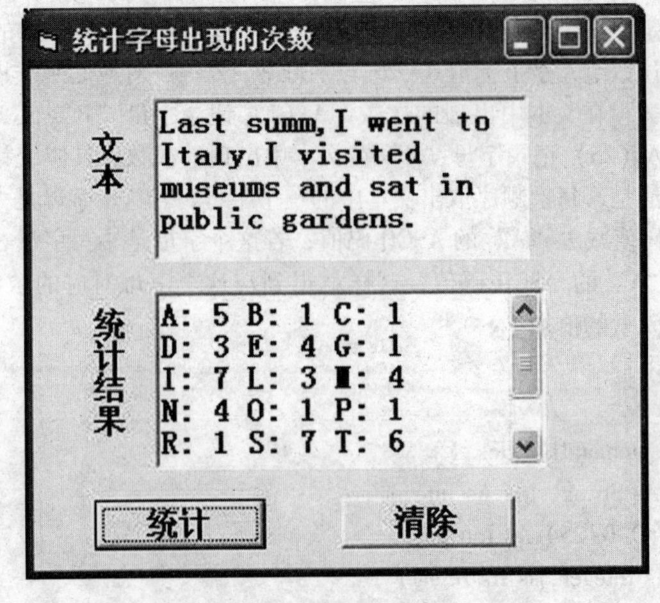

图 6－5　程序运行结果

提示

文本框中的内容可以在设计状态时，在文本框的 Text 属性中输入，可以避免程序调试时重复的文字输入。

【例6-6】20个小朋友按照编号顺序围成一圈，1~3循环报数，凡报到3者出圈，直到全部出圈为止。编写程序记录出圈小朋友的出圈顺序。

算法说明：本例通过巧妙使用数组元素的值和数组元素的下标（位置）来实现题目的要求。定义两个一维数组 OldNum 和 OutNum。OldNum 的数组元素的下标（位置）对应学生的老编号，数组元素的初值均为1，(1表示未出圈，0表示已出圈)。OutNum 的数组元素的下标（位置）表示小朋友的出圈的顺序，数组元素的值是小朋友的编号。

记录编号的方法是：将数组 OldNum 的数组元素依次逐个相加（报数处理），每当和数为3时，则将该元素的值置为0（逢3者出圈处理），并把它的下标值（编号）赋给 OutNum 数组的一个元素 OutNum（i），i 依次等于1，2，…20。

程序代码如下：

```
Option Explicit
Private Sub Command1_Click ( )
    Dim oldNum (20) As Integer, outNum (20) As Integer
    Dim i As Integer, j As Integer, Count As Integer
    Dim idx As Integer
    For i = 1 To 20
        oldNum (i) = 1
    Next i
    idx = 0
    For i = 1 To 20
        Count = 0
        Do While Count < 3
            idx = idx + 1
            If idx > 20 Then idx = 1 循环处理数组下标
            Count = oldNum (idx) + Count
        Loop
        oldNum (idx) = 0
        outNum (i) = idx
    Next i
    For i = 1 To 20
        Text1 = Text1 & Right (" " & i, 3)
        Text2 = Text2 & Right (" " & outNum(i), 3)
```

```
    Next i
End Sub
```

程序运行结果如图6－6。

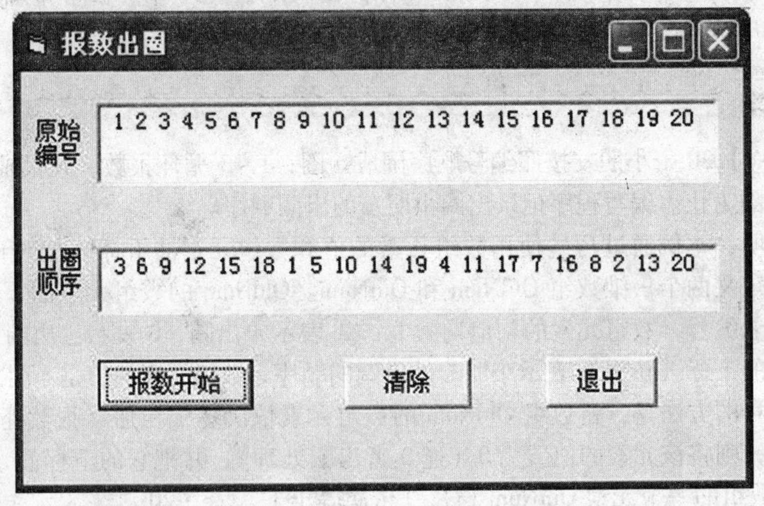

图6－6 程序运行结果

6.3 动态数组

在程序设计阶段定义数组时，可能不知道数组到底应该有多大才能满足需要，所以希望在运行程序时具有改变数组大小的能力。动态数组就是在程序运行时可以根据需要多次重新定义大小的数组。用数组说明语句定义一个不指明大小的数组，VB将它视为一个动态数组。使用动态数组可以节省存储空间，有助于有效地管理内存，使程序更加简洁明了。

6.3.1 动态数组定义

定义动态数组一般分为两步：

（1）定义不指明大小的数组。语句格式如下：

Public | Private | Dim | Static 数组名（ ）[As 数据类型]

（2）使用ReDim语句来动态地定义数组的大小、分配存储空间。语句格式如下：

ReDim [Preserve] 数组名（维界定义）

ReDim语句的功能是：重新定义动态数组，或定义一个新数组，按指定的大小重新分配存储空间。

注意：ReDim语句与Public、Private、Dim、Static语句不同，ReDim语句是一个可执行语句，只能出现在过程中；其次，重新定义动态数组时，不能改变数组的数据类型，除非是Variant变量所包含的数组。

与固定大小数组说明不同，在重新定义动态数组时，变量可以出现在维界表达式中，也就是说，可以使用变量说明动态数组新的大小。在程序中可以使用ReDim语句多次重新定义动态数组。例如：

```
Option Base 1
Dim DAry ( ) As Integer
Private Sub Subl ( )
    Dim X As Integer, Y As Integer
    ReDim DAry (9)         '将动态数组 DAry ( ) 定义为具有 9 个元素的一维数组
    X = 3
    Y = 5
    ReDim DAry (X, Y)        '将动态数组 DynArry 重新定义为 3×5 的二维数组
End Sub
```

当语句中缺省关键字 Preserve 时，可以重新定义动态数组的维数和各维的上、下界，执行 ReDim 语句时，原有存储在数组中的值全部丢失，重新定义的数组被赋予该类型变量的初始值。

含有关键字 Preserve 时，保留原数组的内容，但只能改变最后一维的维上界（由于数组元素在内存中按列排列的缘故）。若改变数组的维数或其他的维界将产生错误。

若重新定义后的数组比原来的数组小，则从原来数组的存储空间的尾部向前释放多余的存储单元；如果比原来的数组大，则从原来的数组存储空间的尾部向后延伸增加存储单元，新增元素被赋予该类型变量的初始值。例如：

```
Private Sub Form_Click ( )
    Dim I as integer
    Dim a ( ) as integer
    Open app. path & "\" & "in. dat" for input as #1
    Do while not eof (1)
      i = i + 1
      Redim preserve a (i)
      Input #1, a (i)
    Loop
    Close #1
End Sub
```

注：假定“in. dat”为顺序文件并与项目工程文件存放在同一个文件夹中。

如果 ReDim 语句所使用的数组在模块级或过程中不存在，则该语句相当于用说明语句定义一个新数组。

【例6-7】对数组重新定义时保留动态数组的内容，程序运行结果如图6-7。

```
Option Base 1
Private Sub Form_Click ( )
    Dim DAry ( ) As Integer
    Dim I As Integer, J As Integer
    ReDim DAry (3, 3)
```

```
    Print "数组 DAry 的值"
    For I = 1 To 3
        For J = 1 To 3
            DAry (I, J) = I * 10 + J
            Print DAry (I, J);
        Next J
        Print
    Next I
    ReDim Preserve DAry (3, 5)
    DAry (3, 5) = 10
    Print "数组 DAry 的值"
    For I = 1 To 3
        For J = 1 To 5
            Print DAry (I, J);
        Next J
        Print
    Next I
End Sub
```

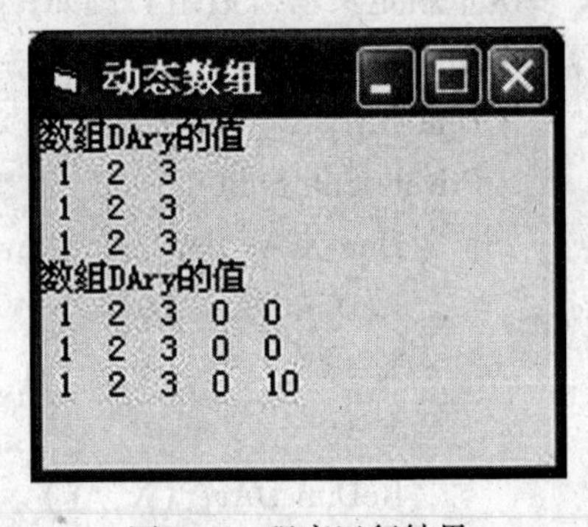

图6-7　程序运行结果

6.3.2 Erase 语句

Erase 语句的功能是重新初始化固定大小数组的元素，或者释放动态数组的存储空间。它的使用形式如下：

Erase a1 [, a2, …]

语句中的 a1、a2 为需要重新初始化的数组名。

例如，下面图中的程序段及其运行结果如图 6-8 所示。

在 Erase 语句执行后，整型数组 A 的所有元素值将改变为 0；分配给动态数组 B 的存储单元释放给系统，B 数组又成为一个没有存储单元的空数组。如果此时打印 B 数组的元素，将出现下标越界错误，见图 6-9。

下标越界错误是初学者在使用数组时经常遇到的错误。这时需要仔细检查有关数组的说明语句和对数组元素进行操作的语句中的下标值，若下标值超过了数组说明语句中的上下界就会产生下标越界错误。

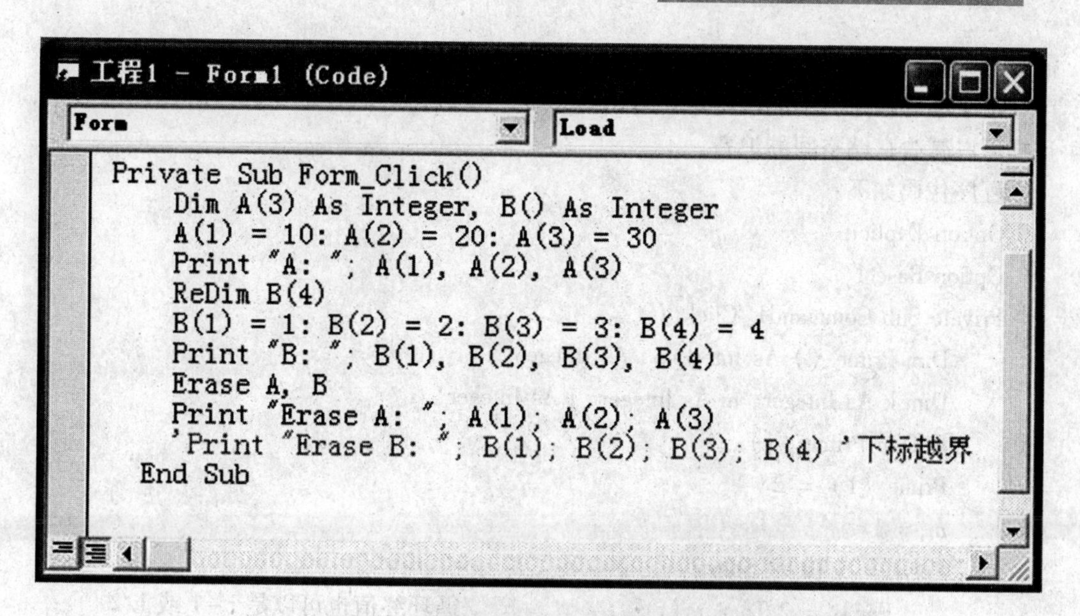

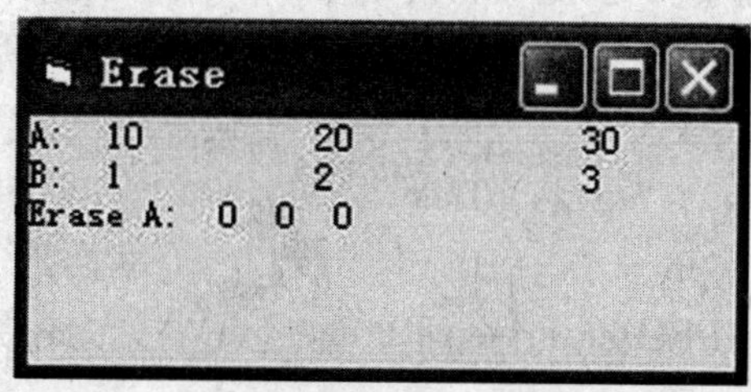

图6－8　运行结果

图6－9　错误提示信息

6.3.3 动态数组应用

【例6－8】找出100以内的所有素数，存放在数组Prime中，并将所找到的素数，按每行5个的形式显示在窗体上。

说明：凡是只能被1和本身整除的数称为素数。除2以外的素数都是奇数，所以只需对100以内的每一个奇数进行判断即可。

由于编写程序时不能确定100以内有多少个素数，所以在定义数组时用动态数组，这样可以减少存储空间的浪费。

程序代码如下：

```
Option Explicit
Option Base 1
Private Sub Command1_Click ( )
    Dim Prime ( ) As Integer, i As Integer
    Dim k As Integer, m As Integer, j As Integer
    ReDim Prime (1)
    Prime (1) = 2
    m = 1
    For i = 3 To 99 Step 2
        For k = 2 To Sqr (i)                 '循环终值也可以是i-1或1/2
            If i Mod k = 0 Then Exit For     '不满足素数条件跳出循环
        Next k
        If k > Sqr (i) Then                  'k > Sqr (i) 满足素数条件
            m = m + 1
            ReDim Preserve Prime (m)         '注意Preserve的重要性
            Prime (m) = i
        End If
    Next i
    For i = 1 To UBound (Prime)
        If Prime (i) < 10 Then
            Picture1. Print Prime (i); " "; '个位数加空格用来控制格式,保持对齐
        Else
            Picture1. Print Prime (i);
        End If
        If i Mod 5 = 0 Then Picture1. Print
    Next i
End Sub

Private Sub Command2_Click ( )
    Picture1. Cls
End Sub

Private Sub Command3_Click ( )
    End
```

```
End Sub
```

程序运行结果如图 6-10。

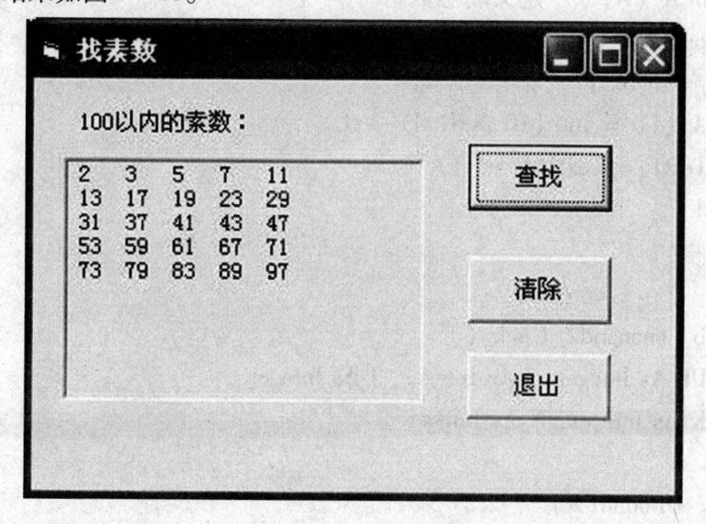

图 6-10 程序运行结果

本程序采用了一个双重循环结构，在内循环中判断 i 是否被 K 整除，如果 i 能被 K 整除则表明 i 不是素数，就用 Exit For 语句强行跳出内循环（出口一）；如果循环能正常结束（出口二），则说明了除了 1 和本身外 i 没有其他因数，则 i 是一个素数。

利用循环正常结束时，循环控制变量的值总是大于（步长为正）循环终值的特性，来判断不同的“出口”问题，是编程的常用方法。

【例 6-9】编写程序，删除一个数列中的重复数。

算法说明：随机生成具有 N 个元素的数列，将其存放在数组 A 中。第一轮用 A（1）依次和位于其后的所有数组元素比较，假设数组元素 A（i）与它相同，则将 A（i）删除。删除的方法是将位于 A（i）元素后面的数组元素依次前移，直到将 A（i）覆盖为止；然后继续用 A（1）和 A（i）、A（i+1）、A（i+2）等比较，若有相同数存在，仍然将其删除，直到比较完所有元素。第二轮用 A（2）依次和位于其后的所有数组元素比较，处理方法与第一轮相同。以此类推，直到处理完所有元素。

程序代码如下：

```
Option Explicit
Option Base 1
Dim A ( ) As Integer
Dim s As Integer
Private Sub Command1_Click ( )
    生成数列
    Dim N As Integer, I As Integer
    Text1 = ""
    Text2 = ""
    N = InputBox("输入 N")
```

```
    s = N              '原数列个数
    ReDim A (N)        '定义动态数组
    Randomize
    For I = 1 To N
        A (I) = Int (10 * Rnd) + 1
        Text1 = Text1 & Str (A (I))
    Next I
End Sub

Private Sub Command2_Click ( )
    Dim Ub As Integer, I As Integer, J As Integer
    Dim K As Integer, N As Integer
    Text2 = ""
    Ub = UBound(A)
    N = 1
    '三重循环，删除重复数
    Do While N < Ub
        I=N+1          '移动的指针
        Do While I <= Ub
            If A (N) = A (I) Then
                有重复数
                For J = I To Ub - 1             '注意终值应 -1，否则会数组越界
                    A (J) = A (J + 1)           '元素前移，删除重复数
                Next J
                Ub = Ub - 1                     '元素减少
                ReDim Preserve A (Ub)           '重定义数组（缩小），注意参数
Preserve
            Else
                '无重复数
                I = I + 1                       '指针后移，指向下一个比较元素
            End If
        Loop
        N = N + 1                               '比较的数据下标（指针）
    Loop
    '输出结果
    Form1. Cls
    Print "新数列的元素个数为:"; Ub; " 共删除" + Str(s - Ub); "个元素"
    For N = 1 To Ub
```

```
        Text2 = Text2 & Str (A (N))
    Next N
End Sub
```

程序运行结果如图6-11。

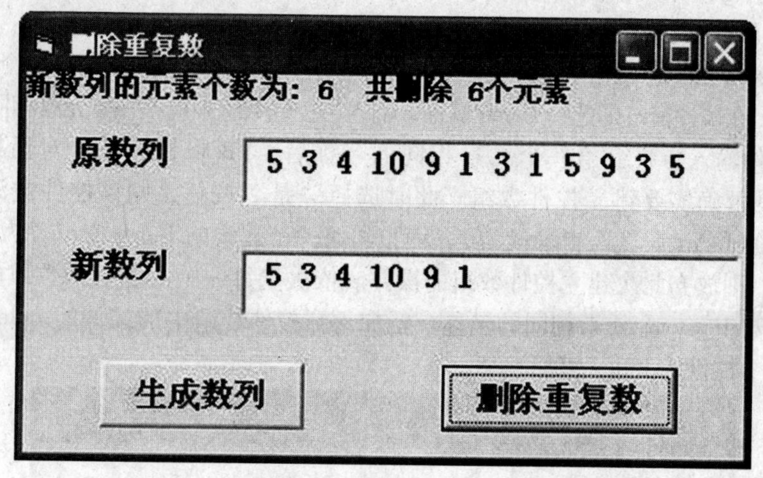

图6-11 程序运行结果

程序中用双重的Do循环处理删除数组中的重复的数。能否用For循环替代Do循环？为什么？请读者考虑。

6.4 控件数组

6.4.1 基本概念

控件数组是由一组具有共同名称和相同类型的控件组成，数组中的每一个控件共享同样的事件过程。例如，若一个控件数组含有4个Option按钮，不论单击哪一个，都会调用同一个Click事件过程。

控件数组的名字由控件的Name属性指定，而数组中的每个元素的下标则由控件的Index属性指定，也就是说，Index属性区分控件数组中的元素。控件数组的第一个元素的下标是0，控件数组可用到的最大索引值为32767。引用控件数组元素的方式同引用普通数组元素一样，均采用如下形式：

控件数组名（下标）

例如，Optionl (0)，表示控件数组Optionl的第0个元素。同一控件数组中的元素可以有相同的属性设置值，也可以有自己的属性设置值。

控件数组中的所有控件会响应与其有关的同一个事件过程。当数组中的一个控件识别了一个事件时，系统控件的Index属性值传递给过程，由它指明是哪个控件识别了事件。下面是Option控件数组的Click事件过程的格式，从中可以看到在控件数组的事件过程中自动加入了Index的参数。

```
Private Sub Optionl_Click (Index As Integer)
```

```
End Sub
```

6.4.2 建立控件数组

在设计时可使用两种方法创建控件数组。

1. 创建同名控件

首先在窗体上摆放一组同类型的控件，并决定哪个控件作为数组中的第一个元素。接着其他的控件，在属性窗口中选择 Name 属性，输入与控件数组中的第一个元素相同的名字。

当对控件输入与数组第一个元素相同的名称后，VB 将显示一个对话框（图 6-12），询问是否确实要建立控件数组。此时选择“是”按钮，则该控件被添加到数组中，该控件的 Index 属性值自动设为 1，而数组第一个元素的 Index 值设置为 0。若选择“否”按钮，则放弃此次建立控件数组的操作。依次把每一个要加入到数组中的控件的名字改为与数组第一个元素相同的名称。新加入到控件数组中的控件的 Index 值是控件数组中上一个控件的 Index 值加 1。

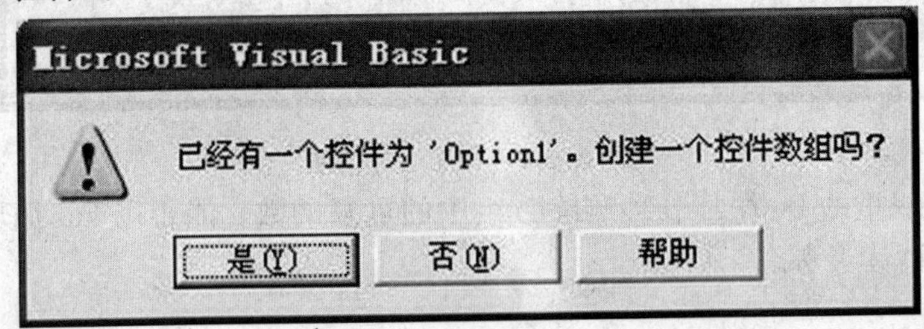

图 6-12　建立控件数组对话框

2. 复制现存控件

（1）在窗体上摆放一个控件，并作为控件数组的第一个元素。

（2）选定这个控件，将其复制到剪贴板，再将剪贴板内容粘贴到窗体上，VB 将显示一个同样的对话框（图 6-12），询问是否确实要建立控件数组。此时选择“是”按钮，则该控件被添加到数组中。指定该控件的索引值为 1，而数组第一个元素的 Index 值设置为 0。

通过多次“粘贴”操作，增加控件数组中的元素。每个新数组元素的 Index 值与其添加到控件数组中的次序相同。

在界面上可以将控件进行分组，这时可将同一类型的控件数组放在一个 Frame 中，此时采用复制操作创建控件数组，在“粘贴”之前必须先用鼠标选中 Frame，否则从窗体上拖拽进 Frame 的控件是无效的。

验证控件数组是否有效的方法是：在窗体上拖动 Frame，跟着 Frame 一起移动的控件有效，否则无效。

3. 运用代码产生控件数组

运用代码产生控件数组，必须在设计状态下，在窗体上创建一个 Index 属性为 0 的控件，程序运行时方可运用 Load 语句进行添加控件数组的操作。Load 语句格式如下：

Load Object（Index）

Object 是指在控件数组中添加的控件名称，Index 是控件在数组中的索引值。

加载新元素到控件数组时，不会自动把 Visible、Index、TabIndex 属性设置值复制到控件数组的新元素，所以要在程序中将 Visible 属性设置成"True"以安排新元素在窗体上的位置。

如果要删除用 Load 语句产生的控件数组元素，可以使用 Unload 语句。Unload 语句格式如下：

Unload Object（Index）

【例 6－10】在程序运行时，通过 Load 语句创建名为 Tl 的控件数组。

首先在窗体上放置一个命令按钮和一个文本框控件，将文本框的 Name 属性改为 T1，将 Index 属性改为 0。再在代码窗口添加下面的程序代码：

```
Option Explicit
Dim n As Integer
Private Sub Command1_Click ( )
    If n < 3 Then
    n = n + 1
    Load T1 (n)
    T1 (n) . Visible = True        '可见
    T1 (n) . Top = T1 (n - 1) . Top + T1 (n - 1) . Height + 100   '纵向定位
    T1 (n) . Left = T1 (n) . Left + n * 1500                      '横向定位
    T1 (n) = n
    End If
End Sub
```

程序运行结果如图 6－13。

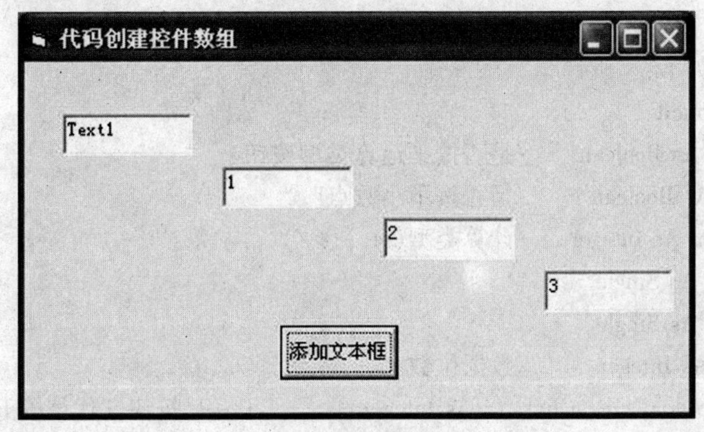

图 6－13 程序运行结果

如果要产生垂直方向或水平方向的控件数组时，只要选择执行代码中的纵向定位或横向定位某一条语句执行即可。

6.4.3 控件数组应用

控件数组主要应用于具有多个同类型控件的应用程序中。运用控件数组，并利用

For－Next 循环结构，就可非常简便地对控件数组的各个元素进行操作。

【例6－11】编写一个能进行连续四则混合运算和百分比转换的简单运算器。

说明：将控件数组 cmdNum 的前 10 个元素的下标与 0～9 这 10 个数建立对应关系，按控件数组中的某个命令按钮时，就用该控件数组元素的下标值去组成数据。

cmdNum：有 10 个元素，0～9 号元素分别表示 0～9 这 10 个数字。共享 cmdNum_Click（i As Integer）事件过程。

cmdCount：有 4 个元素，各元素分别表示“+”、“－”、“×”、“/”运算符，这是运算类型控件数组。

另外界面上还有命令按钮 cmdDot、cmdHPC、cmdEqu、cmdC 和 cmdCE 分别代表“小数点”、“%”、“=”、“C”（清零）和“CE”（退出）。

在界面上摆放一个文本框，将其 Alignment 属性设置为 1－Right Justify。界面参考图 6－14。

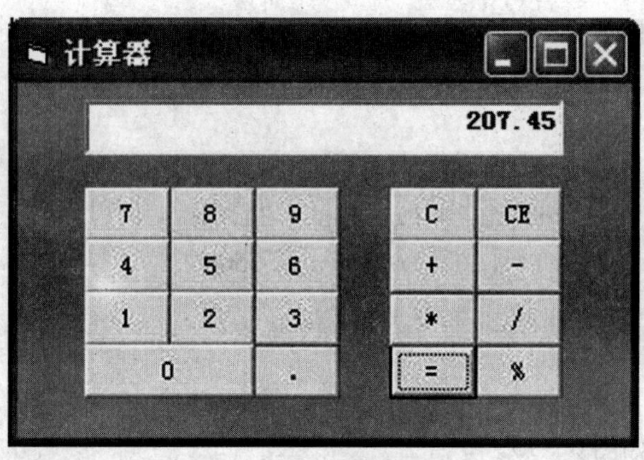

图 6－14 程序运行画面

程序代码如下：

```
Option Explicit
Dim fNext As Boolean        '是否按了运算类型按钮
Dim fDot As Boolean         '是否按了小数点"."
Dim nCount As Integer       '计算类型(+ - */)
Dim num1 As Single
Dim num2 As Single
Dim nFig As Integer         '数据位数
Private Sub cmdNum_Click (i As Integer)      '"0~9"按钮,i代替了Index
    If fNext = False Then
        '产生第一个操作数
        If fDot = True Then
            nFig = nFig + 1
            num1 = num1 + i / 10 ^ nFig
        Else
```

```
            num1 = num1 * 10 + i
        End If
        Text1. Text = num1
    Else
        '产生下一个操作数
        fNext = True
        If fDot = True Then
            nFig = nFig + 1
            num2 = num2 + i / 10 ^ nFig
        Else
            num2 = num2 * 10 + i
        End If
            Text1. Text = num2
    End If
End Sub

Private Sub cmdCount_Click (Index As Integer)
    nFig = 0
    nCount = Index              '记录运算类型
    fNext = True
    fDot = False
End Sub

Private Sub cmdC_Click ()          '"C"按钮,清零
    num1 = 0
    num2 = 0
    nFig = 0
    fNext = False
    fDot = False
    Text1. Text = "0. "
End Sub

Private Sub cmdCE_Click()
    End
End Sub

Private Sub cmdDot_Click ()      '小数". "按钮
    If fDot = True Then
```

```
    MsgBox "现在已是小数状态", , "计算器"
    Else
    fDot = True
    End If
End Sub

Private Sub cmdEqu_Click()
    Select Case nCount
        Case 0
            Text1.Text = num1 + num2
            num1 = num1 + num2
        Case 1
            Text1.Text = num1 - num2
            num1 = num1 - num2
        Case 2
            Text1.Text = num1 * num2
            num1 = num1 * num2
        Case 3
            If num2 = 0 Then
                MsgBox "除数不能为零", , "计算器"
            Else
                Text1.Text = num1 / num2
                num1 = num1 / num2
            End If
        End Select
    num2 = 0
End Sub

Private Sub cmdHPC_Click ()         '"%"按钮
    If fDot = True Or Int(num1) <> num1 Then
        num1 = num1 * 100
    End If
    Text1.Text = Str (num1) & "%"
    num1 = num1 / 100
End Sub

Private Sub Form_Load ()
    frmCunter.Width = 4800         '窗体 Name 为 frmCunter
```

```
    frmCunter. Top = 2000
    frmCunter. Left = 3000
    frmCunter. Height = 4000
    cmdNum (0) . TabIndex = 0
    Text1. Text = "0. "
End Sub
```

6.5 常用算法

6.5.1 排序

在用程序进行数据处理时，经常需要对数据排序，目前有多种对数据排序的方法，下面我们介绍两种常用的排序算法：选择排序和冒泡排序。

1. 选择排序

选择排序的基本思想是：“逐个比较，逆序交换”。

算法说明：设在数组 Sort 中存放 n 个无序的数，要将这 n 个数按升序重新排列。第一轮比较：用 Sort（1）与 Sort（2）进行比较，若 Sort（1）>Sort（2），则交换这两个元素中的值，然后继续用 Sort（1）与 Sort（3）比较，若 Sort（1）>Sort（3），则交换这两个元素中的值；以此类推，直到 Sort（1）与 Sort（n）进行比较处理后，Sort（1）中就存放了 n 个数中的最小的数。

第二轮比较：用 Sort（2）依次与 Sort（3）、Sort（4）……Sort（n）进行比较，处理方法相同，每次比较总是取小的数放到 Sort（2）中，这一轮比较结束后，Sort（2）中存放 n 个数中的第二小的数。

第 n-1 轮比较：用 Sort（n-1）与 Sort（n）比较，取小者放到 Sort（n-1）中，Sort（n）中的数则是 n 个数中最大的数。经过 n-1 轮的比较后，n 个数已按从小到大的次序排列好了。

【例 6-12】用选择排序法对 10 个两位随机整数进行从小到大排序。程序代码如下：

```
Option Explicit
Option Base 1
Private Sub CmdSort_Click ( )
    Dim Sort (10) As Integer, Temp As Integer
    Dim I As Integer, J As Integer
    Randomize
    For I = 1 To 10
        Sort (I) = Int (Rnd * (91)) + 10
        Text1 = Text1 & Str (Sort (I))
    Next I
```

```
    For I = 1 To 9
        For J = I + 1 To 10
            If Sort (I) > Sort (J) Then
                Temp = Sort (I)
                Sort (I) = Sort (J)
                Sort (J) = Temp
            End If
        Next J
    Text2 = Text2 & Str (Sort (I))
    Next I
    Text2 = Text2 & Str (Sort (I))
End Sub
```

程序运行结果如图 6－15。

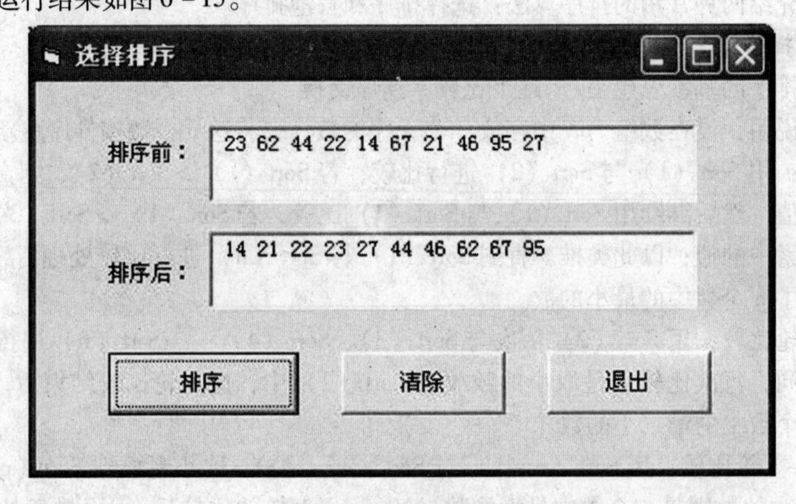

图 6－15 程序运行结果

选择法排序方法比较简单，比较次数与数据原先的次序无关，总的比较次数是：n(n－1)/2 次。

从上面的程序可以看出，由于把交换两个数组元素的操作放在内循环，数据交换的操作比较多。为了对上面的算法稍加改进，以减少交换数据的次数。设置一个指针 Pointer，在每轮比较中，首先将数组元素的下标 i 赋给 Pointer，用 Sort（Pointer）与其后的元素进行比较，在进行数据比较过程中需要交换两个元素的值时，仅仅将另一个数组元素的下标传递给指针 Pointer，使得 Pointer 的值始终指向较小的元素。当这一轮比较结束后（即内循环结束后），若循环控制变量 i 与 Pointer 相同，则说明这一轮比较中不需要进行数据交换，若不相等，就交换 Sort（i）与 Sort（Pointer）的值。

修改后的算法减少了交换数据的次数，提高了运行的效率。这种算法称为“直接排序法”。主要的程序代码如下：

```
For I = 1 To 9
    pointer = I
```

```
        For J = I + 1 To 10
            If Sort (pointer) > Sort (J) Then
                pointer = J
            End If
        Next J
        If I < > pointer Then
            Temp = Sort (I)
            Sort (I) = Sort (pointer)
            Sort (pointer) = Temp
        End If
    Text2 = Text2 & Str (Sort (I))
    Next I
    Text2 = Text2 & Str (Sort (I))          '连接第10个数
```

2. 冒泡排序

冒泡排序的基本思想是："两两比较，逆序交换"。

算法说明：设在数组A中存放n个无序的数，要将这n个数按降序重新排列。

第一轮比较：将A（1）和A（2）比较，若A（1）<A（2）则交换这两个数组元素的值，否则不交换；然后再用A（2）和A（3）比较，处理方法相同；以此类推，直到A（N-1）和A（N）比较后，这时A（N）中就存放了N个数中最小的数。

第二轮比较：将A（1）和A（2）、A（2）和A（3），…，A（N-2）和A（N-1）比较，处理方法和第一轮相同，这一轮比较结束后A（N-1）中就存放了N个数中第二小的数。

第N-1轮比较：将A（1）和A（2）进行比较，处理方法同上，比较结束后，这N个数按次序排列好。

【例6-13】用优化的冒泡排序法对10个100以内的随机整数数进行从小到大排序。程序代码如下：

```
Option Explicit
Private Sub Command1_Click ()
    Dim sort (10) As Integer
    Dim temp As Integer, flag As Boolean
    Dim i As Integer, j As Integer
    Dim pointer As Integer
    Randomize
    Text1 = "": Text2 = ""
    For i = 1 To 10
        sort (i) = Int (Rnd * (100 - 1)) + 1
        Text1 = Text1 & Str (sort (i))
    Next i
```

```
    For i = 1 To 9
        For j = 1 To 10 - i
            If sort (j) < sort (j + 1) Then
                temp = sort (j)
                sort (j) = sort (j + 1)
                sort (j + 1) = temp
                flag = True              '本轮比较发生交换
            End If
        Next j
        If flag = False Then Exit For    '本轮比较未发生交换,数据已排好序跳出循环
        flag = False
    Next i
    For i = 10 To 1 Step -1
        Text2 = Text2 & Str (sort (i))
    Next i
End Sub
```

将上面程序中有关 flag 变量的语句全部去掉，是普通的冒泡排序算法，这种算法的比较次数是固定的，由于数据有可能在前几轮比较后就已经排好序了，但后面的比较还是要进行，因此浪费时间。加入 flag 变量后成为优化的冒泡排序算法，flag 变量的作用是记录某一轮比较中是否发生过交换，若无交换，说明数据已经排好序，就不需要再进行后面的比较了，因此可以减少不必要的循环次数。

程序运行结果如图 6 - 16。

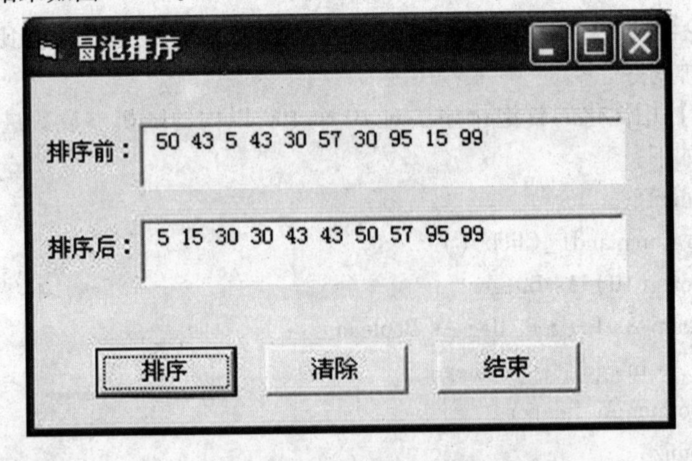

图 6 - 16 程序运行结果

6.5.2 数据查找

在一组数据中查找是否存在指定的数据是常见的数据处理之一。这里介绍两种常用的数据查找算法：顺序查找和二分法查找。

1. 顺序查找

顺序查找就是从数组第一个元素项开始，将要查找的数与每一个数组元素的值进行比较，如果相同，就给出“找到”的信息；如果遍历整个数组都没有找到相同的数据，就给出“找不到”的信息。

【例6－14】设计顺序查找程序。在顺序文件 in. dat 中存储有数据：23，87，98，81，36，89，83，91，88，45，读入数组后进行查找。程序代码如下：

```
Option Explicit
Option Base 1
Dim search As Variant
Private Sub Command1_Click ()
    Dim i As Integer, element As Variant, search ( ) as integer
    Open "in. dat" for input as #1
    Do while not eof (1)
        i = i + 1
        Redim preserve search (i)
        Input #1, Search (i)
    loop
    close #1
    For Each element In search
        Text1 = Text1 & Str (element)
    Next element
End Sub

Private Sub Command2_Click ()
    Dim i As Integer, find As Integer
    Text2 = ""
    find = InputBox("输入要查找的数")
    For i = 1 To UBound (search)
        If search (i) = find Then Exit For
    Next i
    If i < = UBound (search) Then
        Text2 = "要查找的数" & Str(search(i)) & "是 search(" & Str(i) & ")"
    Else
        Text2 = "在数列中没有找到" & Str(find)
    End If
End Sub
```

程序运行结果如图6－17。

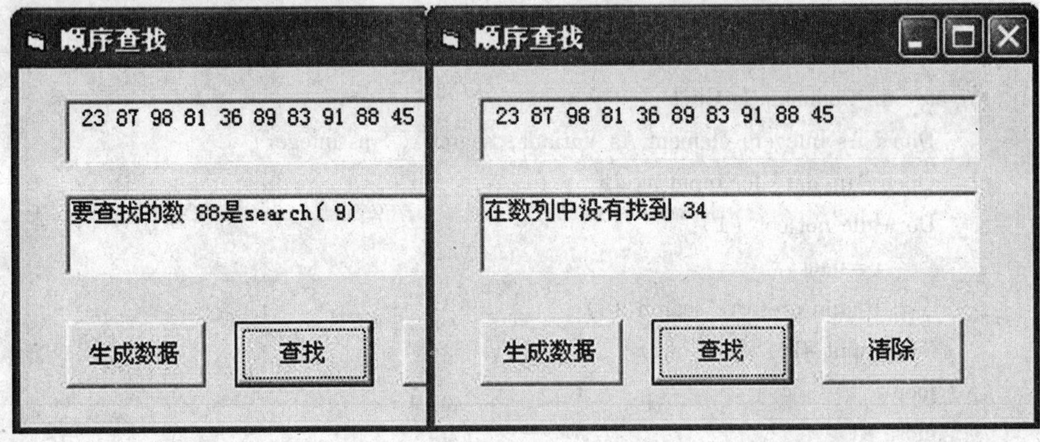

图6-17 程序运行结果

2. 二分法查找

顺序查找的方法虽然简单，当数据量很大时，这样一个一个地比较将会花费很多时间。如果数组已经排好序，就可以采用二分查找来查找某个数。所谓“二分法”查找，就是每次操作都将查找范围一分为二，即将查找区间缩小一半，直到找到或查询了所有区间都没有找到要查找的数据为止。注意使用二分法进行查找的前提是必须先将数据进行排序。

【例6-15】设计二分法查找程序。在23，87，98，81，36，89，83，91，88，45数列中进行查找。

算法说明：若已有n个已按升序排好的正整数存放在Search数组中，设Left代表查找区间的左端，初值为1，Right代表查找区间的右端，初值为数组的上界。Mid代表查找区间的中部位置，其值设置为（Left + Right）/2。要查找的数存放在变量Find中。二分法查找的算法如下：

（1）计算出中间元素的位置Mid，判断要查找的数Find与Search（Mid）是否相等，若相等，则要查找的数已找到，输出相关的数据找到信息，结束程序。

（2）如果Find的值 > Search（Mid）的值，则表明要查找的数Find可能在Search（Mid）和Search（Right）区间中，因此重新设置Left = Mid + 1。

（3）如果Find < Search（Mid），则表明Find可能在Search（Left）和Search（Mid）区间，因此重新设置Right = Mid - 1。

重复上述步骤，每次查找区间减少一半，如此反复，当出现Left > Right时，表明数列中没有所要数据，输出相关的数据没有找到信息，结束程序。

二分查找的程序代码如下：

```
Option Explicit
Option Base 1
Dim search As Variant
Private Sub Command1_Click ( )
    Dim i As Integer, element As Variant
    search = Array (23, 87, 98, 81, 36, 89, 83, 91, 88, 45)
    For Each element In search
        Text1 = Text1 & Str (element)
    Next element
End Sub

Private Sub Command2_Click ( )
    Dim left As Integer, right As Integer, mid As Integer
    Dim find As Integer, flg As Boolean, element As Variant
    search = Array (25, 26, 34, 47, 56, 59, 74, 81, 83, 91)
    Text1 = ""
    Text2 = ""
    For Each element In search
        Text1 = Text1 & Str (element)
    Next element
    find = InputBox ("输入要查找的数")
    left = 1: right = UBound (search)
    flg = False
    Do While left < = right
        mid = Int (left + right) / 2
        If search (mid) = find Then
            flg = True
            Exit Do
        ElseIf find > search (mid) Then
            left = mid + 1
        Else
            right = mid - 1
        End If
    Loop
    If flg Then
        Text2 = "要查找的数" & Str(find) & "是 search(" & Str(mid) & ")"
```

```
    Else
        Text2 = "在数列中没有找到" & Str(find)
    End If
End Sub
```

程序运行结果如图 6 - 18。

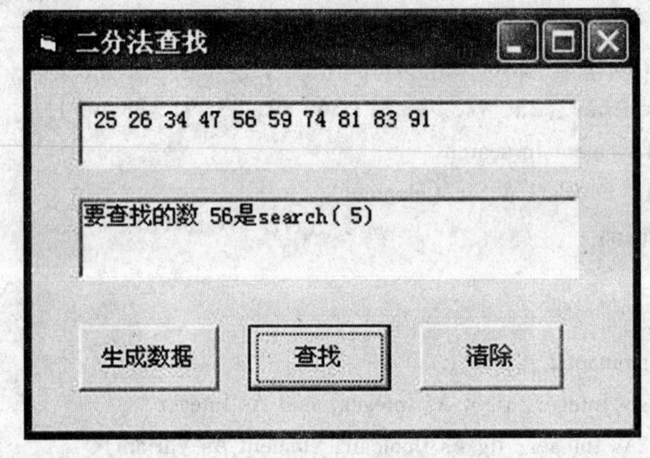

图 6 - 18　程序运行结果

第7章 CHAPTER

过 程

- 从过程的定义说起
- 过程调用与参数的传递
- 嵌套和递归
- 变量的定义域

在设计一个规模较大、复杂程度较高的程序时，往往根据需要按功能将程序分解成若干个相对独立的部分，然后对每个部分分别编写一段程序。这些程序段称为程序的逻辑部件。组合这些逻辑部件可以构造一个完整的程序，这就可以简化程序设计任务。VB 把这种逻辑部件称为过程。

VB 中使用的过程分为子程序过程（Sub Procedure）、函数过程（Function Procedure），和属性过程（Property Sub）三种。其中：Sub 过程名不返回值，而 Function 过程名返回一个值，Property 过程可以返回和设置窗体、标准模块以及类模块的属性值，也可以设置对象的属性。

本章主要讨论 Sub 过程和 Function 过程。

7.1 定义 Sub 过程

在 VB 中有两种 Sub 过程，即事件过程和通用子程序过程。

7.1.1 事件过程

VB 程序是由事件驱动的，前面接触到的过程基本上都是事件过程。事件过程的一般形式如下：

```
Private Sub 对象名_事件名（［参数列表］）
    ［局部变量和常数声明］
    语句块
End Sub
```

对初学者来说，不要在代码窗口自己书写事件过程的头和尾两条语句，而应该在“对象”下拉列表中选择合适的对象，然后在该对象的“事件”下拉列表中选择相应的事件，这时系统会自动产生事件过程的头和尾两条语句。因为有些事件过程系统会自动产生一些参数，这些参数是不能随意修改的，是由事件本身决定的。

7.1.2 通用子程序过程

在程序设计时，常会遇到完成一定功能的程序段在程序中重复出现多次，这些重复的程序段语句代码相同，仅仅是处理的数据不同罢了。若将这些程序段分离出来，设计成一个具有一定功能的独立程序段，这个程序段就称为通用过程。通用过程是一个必须从另一个过程（事件过程或其他通用过程）显式调用的程序段。通用过程有助于将复杂的应用程序分解成多个易于管理的逻辑单元，使得应用程序更简洁，更便于维护。

通用过程分为公有（Public）过程和私有（Private）过程两种。公有过程可以被应用程序中的任一过程调用，而私有过程只能被同一模块中的过程调用。可以将通用过程放入窗体模块、标准模块或类模块中。

1. 通用 Sub 过程的定义

通用过程的结构与事件过程的结构类似。一般形式如下：

```
［Private | Public］［Static］Sub 过程名（［参数列表］）
    ［局部变量和常量声明］
    语句块
    ［Exit Sub］
    语句块
End Sub
```


说明：

（1）Sub 过程以 Sub 语句开头，结束于 End Sub 语句。在 Sub 和 End Sub 之间是描述过程操作的语句块，称为子程序体或过程体。在 Sub 语句之后，是过程的声明段，可以用 Dim 或 Static 语句声明过程的局部变量和常量。

（2）以 Private 为前缀的 Sub 过程是模块级的（私有的）过程，只能被本模块内的事件过程或其他过程调用。以 Public 为前缀的 Sub 过程是应用程序级的（公有的或全局的）过程，在应用程序的任何模块中都可以调用它。若缺省 Private | Public 选项，则系统默认值为 Public。若在一个窗体模块调用另一个窗体模块中的公有过程时，必须以那个窗体名字作为该公有过程名的前缀，即以“某窗体名.公有过程名”的形式调用公有过程。

（3）Static 选项。Static 指定过程中的局部变量为“静态”变量。

（4）过程名。过程名的命名规则与变量名的命名规则相同。在同一个模块中，过程名必须唯一。过程名不能与模块级变量同名，也不能与调用该过程的调用程序中的局部变量同名。

（5）参数列表。参数列表中的参数称为形式参数（简称形参），它可以是变量名或数组名。若有多个参数时，各参数之间用逗号分隔。VB 的过程可以没有参数，但一对圆括号不可以省略。不含参数的过程称为无参过程。

形参的格式如下：

[Optional] [ByVal] [ByRef] 变量名 [()] [As 数据类型]

其中：

①变量名[()]：变量名为合法的 VB 变量名或数组名。若变量名后无括号则表示该形参是变量，否则是数组。

②ByVal：表明其后的形参是按值传递参数或称为“传值”（PassedbyValue）参数；

③ByRef：表明其后的参数是按地址传递（传址）参数或称为“引用”（Passed by Reference）参数，若形式参数前缺省 ByVal 和 ByRef 关键字，则这个参数是一个引用参数。

④Optional：表示参数是可选参数的关键字，缺省 Optional 前缀的参数是必选参数。可选参数必须放在所有的必选参数的后面，而且每个可选参数都必须用 Optional 关键字声明。所谓的可选参数就是在调用过程时，可以没有实在参数与它结合。本书不涉及可选参数。

⑤As 数据类型：该选项用来说明变量类型，若缺省，则该形参是“变体型变量”（Variant）。

如果形参变量的类型被说明为"String”，它只能是不定长的。而在调用该过程时，对应的实在参数（简称实参）可以是定长的字符串型变量或字符串型数组元素。如果形参是字符串数组，则没有这个限制。

（6）End Sub：标志 Sub 过程的结束，当程序执行到 EndSub 语句时，退出该过程，并立即返回执行调用该过程语句的下一条语句。

（7）过程体由合法的 VB 语句组成，过程体中可以含有多个 ExitSub 语句，程序执行到 Exit Sub 语句时提前退出该过程，返回到调用该过程语句的下一条语句。

（8）Sub 过程不能嵌套定义，即在 Sub 过程中不可以再定义 Sub 过程或 Function 过程。但可以嵌套调用。

例如：

```
Private Sub Employee_Salary (ByVal Work_time As Single, Salary As Single)
  Salary = 50 * Work_time
End Sub
```

上面定义了一个名为 Employee 的 Sub 过程，它有两个形式参数，其中 Work_time 是“传值”参数，其类型为整型变量；Salary 是“传址”参数，其类型为单精度型变量。

2. 建立通用 Sub 过程

创建通用过程的方法有两种。第一种方法的操作步骤是：

(1) 打开“代码编辑器”窗口。

(2) 选择“工具”菜单中的“添加过程”命令。

(3) 首先在“添加过程”的对话框（图7－1）中输入过程名（如SubPro），接着在“类型”选项中选定过程类型是“子程序”（Sub）还是“函数”（Function），然后在过程的“范围”选项中选定“公有的”（Public）还是“私有的”（Private），最后单击“确定”按钮，系统就会在“代码编辑器”窗口中创建一个名为SubPro的过程样板。

```
Private Sub SubPro ( )
  ……
End Sub
```

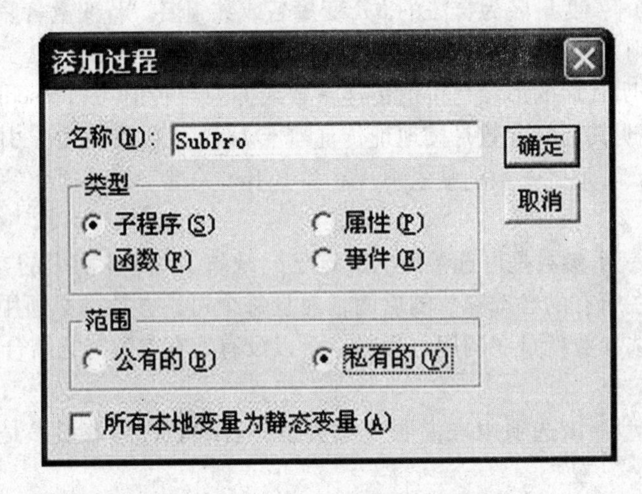

图7－1　“添加过程”的对话框

创建通用过程的第二种方法是：

(1) 在“代码编辑器”窗口中的“对象”列表框中选择“通用”，再在“代码编辑器”窗口的文本编辑区空白行处键入“Private Sub 过程名”或“Public Sub 过程名”。

(2) 按［Enter］键，即可创建一个Sub过程样板。

下面我们定义一个过程，在这个过程中实现的算法是前面学过的。

```
Private Sub Change (x1 As Integer, x2 As Integer)
    Dim Temp As Integer
    Temp = x1
    x1 = x2
    x2 = Temp
End Sub
```

这是一个实现两个变量交换的过程，这个过程可以对的x1、x2的值进行交换，x1、x2的值从主程序传递过来，因此要将他们作为过程的形参，对于过程中使用的其他变量只要在过程中说明即可。变量交换后可以通过参数按地址传递的方式将结果返回给实参，参数传递的概念在后面会详细介绍。

7.2 定义 Function 过程

在前面已经学过了 VB 系统提供的诸多公共函数的用法，如 Exp、Abs、Int、Mid 等。用户也可使用 Function 语句编写自己的函数（Function）过程。

定义 Function 过程的形式如下：

```
[Private | Public] [Static] Function 函数名 ([参数列表]) [As 数据类型]
    [局部变量和常数声明]
    [语句块]
    [函数名 = 表达式]
    [Exit Function]
    [语句块]
    [函数名 = 表达式]
End Function
```

说明：

（1）Function 过程应以 Function 语句开头，以 End Function 语句结束。中间是描述过程操作的语句，称为函数体或过程体。语法格式中的 Private、Public、Static 以及参数列表等含义与定义 Sub 过程相同。

（2）函数名的命名规则与变量名的命名规则相同。在函数体内，可以像使用简单变量一样使用函数名。

（3）As 数据类型。Function 过程要由函数名返回一个值。使用 As 数据类型选项，指定函数的类型。缺省该选项时，函数类型默认为"Variant"类型。

（4）在函数体内通过“函数名 = 表达式”语句给函数名赋值，若在 Function 过程中缺省给函数名赋值的语句，则该 Function 过程返回对应类型的缺省值。例如，数值型函数返回 0，而字符串型函数返回空字符串。

（5）在函数体内可以含有多个 Exit Function 语句，程序执行 Exit Function 语句将退出 Function 过程，返回调用点。

（6）Function 过程与 Sub 过程一样在其内部不得再定义 Sub 过程或 Function 过程。

（7）可以用前面建立子程序过程的两种方法建立函数过程。只要在（图 6 - 1）中“类型”框里选中“函数”选项即可；也可以在代码窗口将光标停到过程外面，自己写代码定义函数过程。

【例 7 - 1】编写一个求 n！的函数过程。

算法说明：求阶乘可通过累乘实现。定义函数过程时，要考虑其通用性，并根据自变量的取值范围与函数值的大小设置适当的数据类型。

```
Private Function Fact (ByVal N As Integer) As Long
    Dim K As Integer
    Fact = 1
    If N = 0 Or N = 1 Then
```

```
        Exit Function
    Else
        For K = 1 To N
            Fact = Fact * K
        Next K
    End If
End Function
```

7.3 过程调用

7.3.1 事件过程的调用

事件过程由一个发生在 VB 中的事件来自动调用或者由同一模块中的其他过程显式调用。

【例 7 – 2】事件过程调用示例。本例的界面请参见图 7 – 2，其中命令按钮的 Name 属性设置为 CmdEnd，Label1 的 Aligement 属性设置为 2 – Center。

程序代码如下：

```
Option Explicit
Private Sub Form_Load ( )
  窗体出现在屏幕中间
  Call Move ( (Screen. Width  -  Width) / 2, (Screen. Height  -  Height) / 2)
End Sub
```



```
Private Sub Form_Activate ( )
  Label1. Caption  =  "欢迎使用" & Chr(13) & Chr (10) & "Visual Basic!"  '分两行显示
End Sub

Private Sub CmdEnd_Click( )
  Dim Ex As Integer, L As Boolean
  Call Form_Unload (Flg)          '调用窗体卸载事件过程
  If Flg  =  1 Then
      MsgBox "不退出,继续运行程序"
  End If
End Sub

Private Sub Form_Unload(Quit As Integer)
  If MsgBox ("Are you sure?", vbYesNo, "退出?")  =  6 Then
  '6 为按“是”按钮返回值
```

```
        End
    Else
        Quit = 1
    End If
End Sub
```

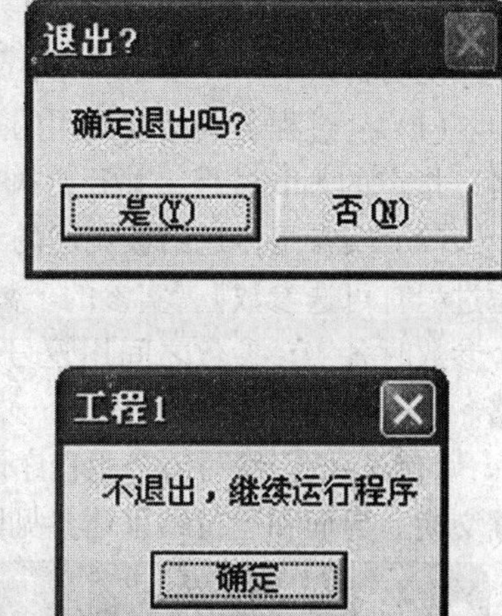

图7-2 程序运行界面

运行程序，首先激活Initialize（初始化）事件配置窗体，然后产生Load（加载）事件，VB将窗体从磁盘装入到内存，调用Sub Form_Load事件过程。执行该事件过程将窗体显示在屏幕正中央；窗体被激活，Activate事件发生，调用Form_Activate事件过程，在窗体中显示“欢迎使用VisualBasic" Initialize、Load、Activate等事件都是在一瞬间就完成了。接着程序等待下一个事件的发生。

单击窗体中的“结束”命令按钮，引发命令按钮控件的Click事件，调用CmdEnd_Click事件过程。在CmdEnd_Click事件过程中用Call Form_Unload（Flg）语句显式调用Form_Unload事件过程，在窗体中弹出一个“退出?”对话框（图7-2）。Unload事件与Load事件相反，它的最常用的情况是询问用户是否确实要关闭窗体，然后根据用户的回答再做出决定。总之，事件过程可以由发生的事件自动激活以响应系统或用户的活动，也可以被其他过程调用而激活。

7.3.2 Sub过程调用

Sub过程和Function过程，必须在事件过程或其他过程中显式调用，否则过程代码就永远不会被执行。在调用程序中，程序执行到调用子过程的语句后，系统就会将控制转移到被调用的子过程。在被调用的子过程中，从第一条Sub或Function语句开始，执行其中的语句代码，当执行到End Sub或End Function语句后，返回到主调程序的断点（Sub与Function过程的返回位置略有不同），并从断点处继续程序的执行。

每当程序调用一个Sub过程或Function过程时，VB就将程序的返回地址（断点）、参数以及局部变量等压入栈内。被调用的过程运行完后，VB 将回收存放变量和参数的栈空间，然后返回断点继续程序的运行。

VB 使用两种方式调用 Sub 过程：一种是把过程名放在 Call 语句中，另一种是把过程名作为一个语句来使用。

1. 用 Call 语句调用 Sub 过程

调用 Sub 过程的形式如下：

Call <过程名>（实参表）

说明：

（1）<过程名>是被调用的过程名字。执行 Call 语句，VB 将控制传递给由“过程名”指定的 Sub 过程，并开始执行这个过程。

（2）实参是传送给被调用的 Sub 过程的变量、常数或表达式。在一般情况下（不考虑过程有可选参数），实参的个数、类型和顺序，应与被调用过程的形参相匹配。有多个参数时各实在参数之间用逗号分隔。如果被调用过程是一个无参过程，则括号可省略。

【例 7－3】编写一个主程序调用两变量交换的子程序过程，实现两个文本框中的数据交换。界面和运行结果请参见图 7－3。

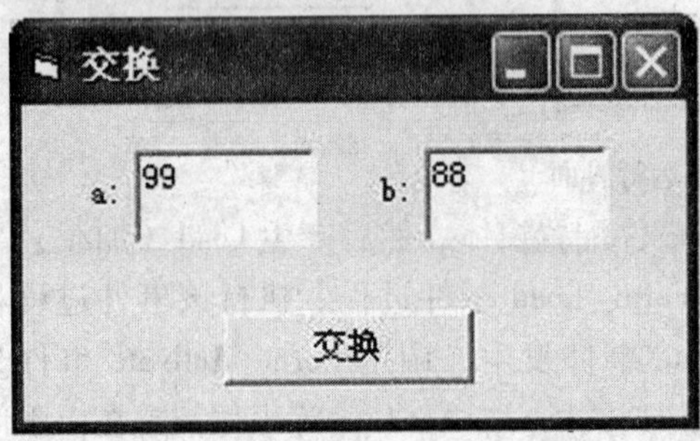

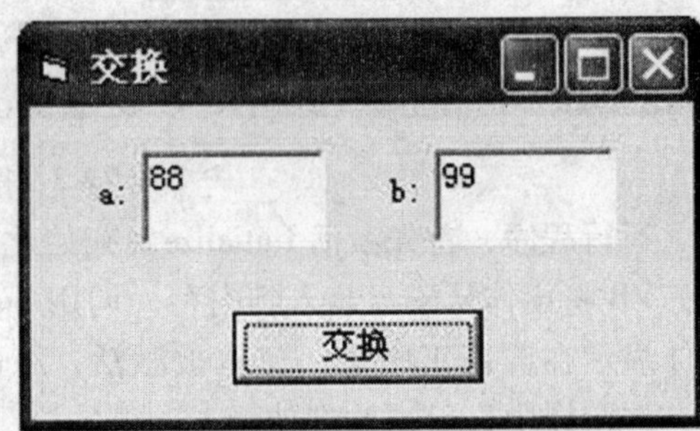

图 7－3 交换前后的效果图

```
Option Explicit
Private Sub Command1_Click ( )
    Dim data1 As Integer, data2 As Integer
    data1 = Text1
    data2 = Text2
    Call Change (data1, data2)          '调用过程
    Text1 = data1
    Text2 = data2
End Sub

Private Sub Change (x1 As Integer, x2 As Integer)
    Dim Temp As Integer
    Temp = x1
    x1 = x2
```

```
    x2 = Temp
End Sub
```

本例中的 Call Change（data1，data2）语句也可以写成 Change data1，data2 的形式，结果完全一样。data1，data2 只能以地址传递方式与形参结合（若以传值的方式与形参结合，将得不到想要的正确结果），参数传递方式在过程调用中会起到关键的作用。本例代码还可以简化，将文本框作为对象进行传递，实现交换，请参见【例7-8】。

【例7-4】编写一个找出任意正整数的因子的程序。界面和运行结果请参见图7-4，注意：要将 Text2 的 MultiLine 属性设为 True 、ScrollBars 属性设为 2 - Vertical。

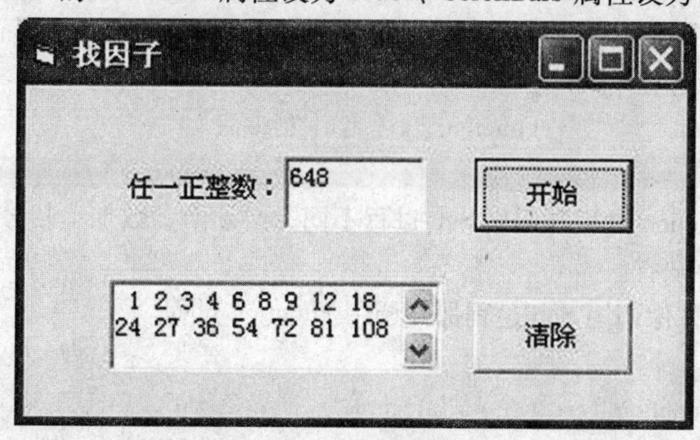

图7-4 程序界面及结果

```
Private Sub Command1_Click ( )
    Dim data As Integer, re As String
    data = Text1
    Factor data, re      '调用过程
    Text2 = re
End Sub

Private Sub Factor (ByVal n As Integer, s As String)
    Dim i As Integer
    For i = 1 To n - 1
        If n Mod i = 0 Then s = s & Str (i)
    Next i
End Sub
```

Sub 过程 Factor 是找出任一个正整数的所有因子的过程，它有两个形式参数：一个是传值的 n，另一个是传址 s。在事件过程 Command1_Click 中，从文本框 Text1 输入数据给变量 data 赋值，通过 Call 语句调用过程，data 的值传给 n，re 则是要从过程中带回结果的实参变量，只能以传址的方式与形参 s 结合。

2. 把过程名作为语句来使用

调用过程的形式如下：

过程名［实参1［，实参2，…］］

与第一种方式相比，它有两点不同：

（1）不需要关键字 Call。

（2）实参数表不需要加括号。

例如，可以将上例中的 Call Factor（data，re）用 Factor data，re 语句代替。执行结果与用 Call 语句完全相同。

7.3.3 调用 Function 过程

调用 Function 过程的方法与调用 VB 内部函数的方法一样，即在表达式中写出它的名称和相应的实在参数。

调用 Function 过程的形式如下：

Function 过程名([实参表])

说明：

（1）调用 Function 过程与调用 Sub 过程不同，必须给参数加上括号，即使调用无参函数，括号也不能缺省。

（2）VB 也允许像调用 Sub 过程那样调用 Function 过程。

例如，设有

```
Private Function Test (A As Integer)
```

定义了一个 Function 过程，也可以用下面两种方式调用这个函数：

```
Call Test (dt)
```

或

```
Test dt
```

用这两种方法调用函数时 VB 放弃了函数名的返回值。因此这种调用只适合函数过程只是做某种操作，无须返回结果的情况。比如，函数的功能只是打印一条横线，那就可以使用这种调用方法。

【例 7-5】利用 Function 过程编写一个求两个正整数的最大公约数的程序。

```
Option Explicit
Private Sub Form_Click ()
    Dim N As Integer, M As Integer, G As Integer
    N = InputBox ("输入 N")
    M = InputBox ("输入 M")
    G = Gcd (N, M)
    Print N; "和"; M; "的最大公约数是:"; G
End Sub

Private Function Gcd (ByVal A As Integer, ByVal B As Integer)
    Dim R As Integer
    R = A Mod B
    Do While R < > 0
```

```
            A = B
            B = R
            R = A Mod B
        Loop
        Gcd = B
    End Function
```

本程序在 Form_Click 事件过程中用赋值语句“G = Gcd (N, M)”调用 Gcd 函数过程，函数返回值存放在变量 G 中。由于在定义函数 Gcd 时，它的两个形参 A 和 B 被指定为“传值”参数，所以尽管 A、B 两个形参在函数 Gcd 中它们的值被改变，但返回调用程序时，它们对应的实参 N 和 M 仍保持原值不变。

运行结果如图 7 - 5。

图 7 - 5 程序结果

7.3.4 调用其他模块中的过程

在应用程序的任何地方都能调用其他模块中的公有（全局）过程。如何调用其他模块中的公有过程，完全取决于该过程是属于窗体模块、类模块还是标准模块。

1. 调用窗体模块中的公有过程

从窗体模块的外部调用窗体中的公有过程，必须用窗体的名字作为被调用的公有过程名的前缀，指明包含该过程的窗体模块。假定在窗体模块 Forml 中含有一个公有 Sub 过程 TestSub，则在窗体 Forml 以外的模块中用下面语句就可以正确地调用该过程：

Call Form1. TestSub([实参表])

即用“<包含该过程的窗体模块名>. <过程名>”作为调用名来调用对应的过程。

2. 调用标准模块中的公有过程

如果标准模块中的公有过程的过程名是唯一的，即在应用程序中不再有同名过程存在，则调用该过程时不必加模块名。如果在两个以上的模块中都含有同名过程，那么调用本模块内的公有过程时，可以不加模块名。假定在标准模块 Module1 和 Module2 中都含有同名过程 SameSub，在 Module1 中用下面语句：

Call SameSub ([实参])

调用的是当前模块 Module1 中的 SameSub 过程，而不会是 Module2 中的 SameSub 过程。如果在其他模块中调用标准模块中的公有过程，则必须指定它是哪一个模块的公有过程。例如，在 Module1 中调用 Module2 中的 SameSub，则可用下面语句实现：

Call Module2. SameSub ([实参表))

3. 类模块中的过程

调用类模块的公有过程时，要求用指向该类某一实例的变量修饰过程。假定在类模块 Class1 中含有公有过程 ClsSub，变量 ExamClass 是类 Class1 的一个实例，可用如下方式调用 ClsSub 过程：

```
Dim ExamClass As New Class1
Call ExamClass. ClsSub([实参])
```

即要首先声明类的实例为对象变量，并以此变量作为过程名前缀修饰词，不可直接用类名作为前缀修饰词。

7.4 参数的传递

在调用一个有参数的过程，首先进行的是“形实结合”，即按传值传递或按地址传递方式，实现调用程序和被调用的过程之间的数据传递。通过参数传递，Sub 过程或 Function 过程就能根据不同的参数执行同种任务。

7.4.1 形参与实参

1. 形参

出现在 Sub 过程和 Function 过程声明部分参数表中的变量、数组称之为形参，过程被调用之前，系统不会为这些形参分配内存单元，其作用是说明自变量的类型和形态以及在过程中所“扮演”的角色。形参往往是那些需要从主程序中接收数据（以便在过程中做某些处理）或以后要将过程中的运算结果返回给主程序使用的变量或数组。形参表中的各变量之间要用逗号分隔，一般情况下形参可以是：

（1）除定长字符串变量之外的合法变量名。

（2）后面跟有空括号的数组名。

2. 实参

实参是在调用 Sub 或 Function 过程时，传送给相应过程去做处理的那些变量 、数组（数组元素）、常数或表达式、对象，它们包含在过程调用的实参表中。在过程调用传递参数时，形参表与实参表中的对应变量名的数量必须相同（本书可选参数不予考虑），因为“形实结合”是按对应“位置”结合，即第一个实参与第一个形参结合，第二个实参与第二个形参结合，以此类推，而不是按“名字”结合。假定定义了下面过程：

```
Private Sub ExamSub（X As Integer，Y As Single）
………
End Sub
Private Sub Form_Click（）
    Dim X As Single，Y As Integer
    Call ExamSub（Y，X）
End Sub
```

运行程序，单击窗体，产生 Click 事件，激活事件过程 Form_Click。当执行到事件过程中的 Call 语句时，调用 ExamSub 过程，首先进行“形实结合”。形参与实参结合的对应关系是，实参表中的第一个实参变量 Y 与形参表中的第一个形参变量 X 结合，实参表中的第二个实参变量 X 与形参表中的第二个形参变量 Y 结合。

在“形实结合”时，形参表中和实参表中的参数的个数要相同，对应位置的参数类型要尽量一致。

假定有如下过程：

```
    Private SubTest（A As Single，Loc As Boolean，Armyl（）As Integer，Chrl As String）
    End Sub
```

在该过程定义的形参表中，第一个参数是单精度型变量，第二个参数是一个布尔型变量，第三个参数是一个整型数组，第四个参数是一个不定长的字符串型变量。

```
    Private Sub Form_Click（）
    Dim X As Single，St As Sting * 5
    Dim A（5）As Integer
        Call Test（X^2，True，A，St）
    End Sub
```

在事件过程 Fonn_Click 中用 Call Test（X^2，True，A，St）语句调用 Test 过程。实参表中第一个实参是一个表达式，与形参表中的第一个单精度型变量 A 结合。第二个实参是布尔型常数"True"，与形参表中的第二个布尔型形参变量 Loc 结合。第三个实参是整型数组 A，与形参表中第三个整型形参数组 Arrayl 结合。最后一个实参是长度为 5 的字符串型变量 St，与形参表中的字符串型形参 Chrl 结合。

程序是通过参数向过程传递有关信息的。在 VB 中参数值的传递有两种方式，即按值传递（Passed by Value）和按地址传递（Passed by Reference）。其中按地址传递也成为称为“引用”。

7.4.2 按值传递参数

当某个形参前有 ByVal 前缀时，表明该参数传递方式按值进行。过程调用时 VB 给按值传递的参数分配一个临时存储单元。将实参变量的值复制到这个临时单元中去。也就是说，按值传递参数时，传递的只是实参变量的副本。当采用按值传递时，过程对参数的任何改变实际上都是对临时存储单元的值改变，仅在过程内部有效，而不会影响实参变量本身。换句话说，一旦过程运行结束，控制返回调用程序时，对应的实参变量保持调用前的值不变，既“形参变化不影响实参的值”。

注意：在 VB 常用的数据类型中，普通变量、数组元素和常数及表达式可以按值传递，而且常数和表达式只有按值传递一种方式。

请看按值传递参数的一个程序示例：

```
    Option Explicit
    Private Sub Command1_Click（）
```

```
        Dim M As Integer, N As Integer
        M = 15: N = 20
        Call Value_Change (M, N)
        Print "M = "; M, "N = "; N
    End Sub

    Private Sub Value_Change (ByVal X As Integer, ByVal Y As Integer)
        X = X + 20
        Y = X + Y
        Print "X = "; X, "Y = "; Y
    End Sub
```

运行程序，单击命令按钮，触发命令按钮的 Click 事件，执行 Cornmandl_Click 事件过程，给整型变量 M 和 N 分别赋值 15 和 20，执行 Call Value_Change（M，N）语句，调用 Value_Change 过程；变量 M 与形参 X 结合将 15 传递给形参 X；N 与形参 Y 结合，将 20 传递给形参 Y。

Value_Change 过程中的赋值语句 X = X + 20，将 X 的值改变为 35。赋值语句 Y = X + Y 将 Y 的值变为 55。输出 X、Y 的值分别为 35、55。因为形参 X 和 Y 都是“传值”参数，所以对 X、Y 的改变，并没有影响存放在内存中的实参变量的值。该过程运行完毕，返回事件过程 Commandl_Click，M 和 N 的值保持不变。输出的结果见图 7 - 6。

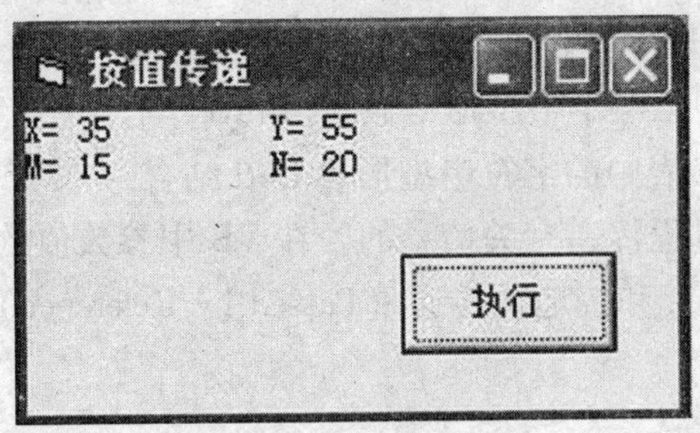

图 7 - 6　参数按值传递

7.4.3 按地址传递参数

在定义过程时，若形参名前面没有关键字“ByVal”，即形参名前面缺省修饰词，或有“ByRef”关键字时，则指定了它是一个按地址传递的参数。按地址传递参数时，过程中的对应形参所接受的是实参（简单变量、数组元素、数组以及对象）的地址，过程可以改变特定内存单元中的值，这些改变在过程运行完成后依然保持。也就是说，形参和实参共用内存的“同一”地址，即共享同一个存储单元，形参值在过程中一旦被改变，相应的实参值也跟着被改变，既“形参变化影响实参”。

例如，把前面按值传递示例程序中的 Value_Change 过程的参数 X 改为按地址传递，见下列程序：

```
    Private Sub Value_Change (X As Integer, ByVal Y As Integer)
```

```
        X = X + 20
        Y = X + Y
        Print "X = "; X, "Y = "; Y
    End Sub
```

而事件过程 Commandl_Click 不做任何改动，这时调用 Value_Change 事件过程，实参 M 与形参 X 结合时，是将 M 的地址传递给 X，即 M 与 X 共用相同的地址单元。

在事件过程 Value_Change 中对形参 X 的访问，实际是对包含 M 的值的内存单元的访问。程序运行后，输出结果如图 7－7。

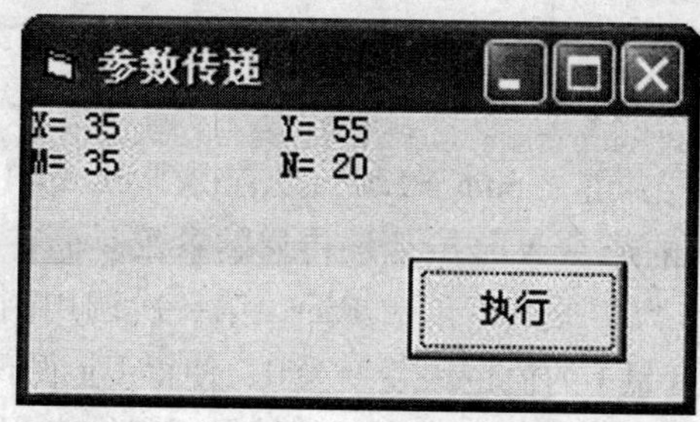

图 7－7 参数按值传递

由此可见，当形参与实参按“传址”方式结合时，实参的值跟随形参的值的变化而变化。一般来说，按地址传递参数要比按值传递参数更节省内存，效率更高。因为系统不必再为形参分配内存，然后再把实参的值拷贝给它。对于字符串型参数，这种传递方式效率尤其显著。

如果调用过程的语句改为 Call Value_Change（(M), N)，结果会是怎样？请读者上机实验，并对所得到的结果作出合理解释。

注意：在 VB 常用的数据类型中，普通变量和数组、数组元素及对象可以按地址传递，而且数组和对象只有按地址传递一种方式。

有时在传址方式中，形参的值改变后对应实参的值也跟着发生变化，有可能对程序的运行产生不必要的干扰。请看下面有错误的程序示例，执行得不到正确结果，如图 7－8。

【例 7－6】编写程序计算 5！＋4！＋3！＋2！＋1！的值。

```
Option Explicit
Private Sub Form_Click ()
    Dim Sum As Long, I As Integer
    For I = 5 To 1 Step -1
    Sum = Sum + Fact (I)
    Next I
    Print "Sum = "; Sum
End Sub
Private Function Fact (N As Integer) As Long
    Fact = 1
```

```
    Do While N > 0
        Fact = Fact * N
        N = N - 1
    Loop
End Function
```

图7-8　错误结果

图7-9　正确结果

运行上述程序，输出结果是：Sum=120，没有得到Sum=153的正确结果。其原因在于Function过程中Fact的形参N是按地址传递的参数。而在事件过程Form_Click的For循环中用循环变量I作为实参调用函数Fact，第一次调用函数Fact后，形式参数N的值被改为0，因而循环变量I的值也跟着变为0，使得For循环仅执行一次，就立即退出循环。所以程序仅仅求了5！的值，打印运行结果后就结束程序运行。

在不改变函数Fact过程体的前提下，要得到预期结果（图7-9），有两种方法：

方法一：在函数Fact的形参N前面加上关键字"ByVal"，使它成为按值传递的参数；

方法二：把变量转换成表达式（因为表达式只能按值传递）。在VB中把变量转换成表达式的最简单的方法，就是把它放在括号内，即用Fact（（I））的形式调用函数Fact，那么传递给形参N的就是实参I的值，而不是它的地址。因此N的值在函数执行过程中，尽管被改变，但不会影响循环变量I的值。

对于按地址传递的形式参数，如果在过程调用时与之结合的实在参数是一个常数或者表达式，那么VB就会用"按值传递"的方法来处理它，即把常数或表达式的值传递给这个形式参数。如果与按地址传递参数结合的实参是变量（数组元素或数组），那么它们的类型必须完全一致。如果给按地址传递参数传递的是类型不一致的常数或表达式时，VB会按要求进行数据类型转换，然后再将转换后的值传递给参数。

如果程序在一个算术表达式中调用一个函数，而调用此函数中用到的实参变量也在表达式中出现了，函数就会修改算术表达式中变量的值，从而导致意想不到的结果。请看下面的例子：

```
Option Explicit
Private Sub Commandl_Click ( )
    Dim P1 As Integer, P2 As Integer, P3 As Integer
    P1 =2 : P2 =3 : P3 = 4
    Print P1 + P2 + P3 * Fun_Add (P1, P2, P3)
End Sub
Private Function Fun_Add (a As Integer, b As Integer, c As Integer)
    b = a+10
```

```
    b = b + 10
    c = c + 10
    Fun_Add = a + b + c
End Function
```

在本例中，本想显示输出值161，却输出结果值571。为什么会产生这样的情况呢？这是因为在计算表达式的过程中，函数Fun_Add的优先级别最高，所以程序先调用Fun_Add函数。由于函数的所有的形参都是传址参数，所以函数返回值39，同时也改变了实参变量P1、P2和P3的值，实际计算的是12+13+14×39的值，而不是计算2+3+4×39的值。

为了避免由于在算术表达式中调用函数导致表达式中变量的值发生不应有的变化，要特别注意调用按地址传递参数的函数对结果的影响。如果参数可以按值传递，最好在函数调用时将实参强行转换成表达式。

下面是一个参数数据类型转换的程序示例：

```
Private Sub Form_Click ()
    Dim S As Single
    S = 125.5
    Call Convert ( (S),"12" + ".5")
End Sub
Private Sub Convert (dt As Integer, Si As Single)
    dt = dt * 2
    Si = Si + 23
    Print "dt = " ;dt, " Si = "; Si
End Sub
```


运行上述程序，执行Call Convert ((S),"12" + ".5")语句调用Convert过程时，VB首先将单精度型实参变量S转换为表达式，然后传递给整型形参dt，再将单精度型表达式值强制转换成整型值，因此dt初值为126。接着计算字符串表达式"12" + ".5"值得到字符串"12.5",再传递给形参Si，然后将其转换成单精度型的值12.5。程序的输出结果如下：

```
dt = 252, Si = 35.5
```

如果将Call语句改为Call Convert ((S),"26as")"，程序执行Calll语句时，将产生“类型不匹配”（Type Mistake）的错误，其原因是VB无法将字符串"26as"转变成为单精度型的值,传送给Si参数。

7.4.4 数组参数

定义过程时，VB允许把数组作为形参。声明数组参数的格式如下：

形参数组名（）[As 数据类型]

形参数组只能是按地址传递的参数。对应实参也必须是数组且数据类型必须和形参数组的数据类型相一致。若形参数组的类型是变长字符串型，则对应的实参数组的类型也必须是变长字符串型；若形参数组的类型是定长字符串型，则对应的实参数组的类型也必须是定长字符串型，但字符串的长度可以不同。调用过程时只要把传递的数组名放在实参表中即可，数组名后面可以不跟圆括号也可以跟圆括号。在过程中不可以用 Dim 语句对形参数组进行重复声明，否则产生“重复声明”的编译错误。但是，在使用动态数组时，可以用 ReDim 语句改变形参数组的维界，重新定义数组的大小。当过程结束返回调用程序时，对应实参数组的维界也将跟着发生变化。

【例 7-7】传递数组参数程序示例。

```
Option Explicit
Option Base 1
Private Sub Form_Click ( )
    Dim Array ( ) As Intger, I As Integer
    ReDim Array (5)
    Print "调用前数组维上界是:";UBound (Array)
    Call Changedim (Array)
    Print "调用后数组维上界是:";UBound (Array)
    Print "数组各元素的值是:";
    For I = 1 To UBound (Array)
        Print Array (1);
    Next I
    Print
End Sub

Private Sub Changedim (A ( ) As Integer)
    Dim I As Integer
    ReDim Preserve A (7)
    For I = 1 To 7
        A (I ) = I
    Next I
End Sub
```

程序运行结果如下：

调用前数组维上界是：5

调用后数组维上界是：7

数组各元素的值是：1 2 3 4 5 6 7

7.4.5 对象参数

在 VB 中也可以把对象作为参数向过程传递。在形参表中，把形参变量的类型声明为"Control",就可以向过程传递控件。若把类型声明为"Form",则可向过程传递窗体。对象的传递只能是按地址传递。

【例7-8】修改【例7-3】，将文本框作为对象参数，实现交换功能。

```
Option Explicit
Private Sub Command1_Click ( )
    Call Change (Text1, Text2) 调用过程
End Sub

Private Sub Change (x1 As TextBox, x2 As TextBox)
    Dim Temp As String
    Temp = x1
    x1 = x2
    x2 = Temp
End Sub
```

可以看出，【例7-8】与【例7-3】的运行结果完全一样见图7-10。【例7-8】将形参x1和x2说明成了对象型参数TextBox，这样x1和x2的变化就可以直接影响实参Text1和Text2了。

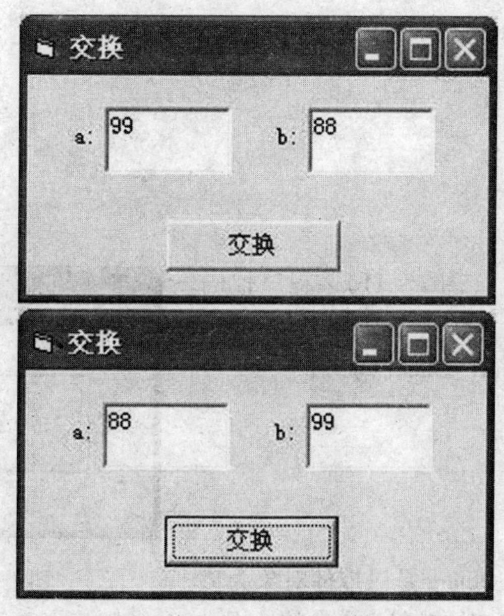

图7-10　交换前后的效果图

【例7-9】对象参数传递程序示例。图7-12分别是示例程序参数传递前后的画面。

窗体1的名称（Name）为frmFirst，窗体2的名称（Name）为frmSecond。窗体1中程序代码如下：

```
Private Sub Command1_Click ( )
    Call objarg (Lab1)                '将窗体FrmFirst中的标签框Lab1作为实参
End Sub

Private Sub Command2_Click ( )
```

```
    Call frmarg (frmSecond)            '将窗体 frmSecond 作为实参
End Sub

Private Sub Form_Load ()
    frmFirst. Left = 2000
    frmFirst. Top = 1500
End Sub
Private Sub objarg (lad As Control)      '形参是控件
    lad. BackColor = &HFF0000
    lad. ForeColor = &HFFFF&
    lad. Font = 14
    lad. FontItalic = True
    lad. Caption = "对象参数的传递"
End Sub
Private Sub frmarg( f As Form )          '形参是窗体
    f. Left = (Screen. Width - f. Width) / 2
    f. Top = (Screen. Height - f. Height) / 2
    frmfirst. Hide
    f. Show
End Sub
```

窗体2的界面参见（图7-11），程序代码如下：


```
Private Sub Command1_Click ()
    Unload Me
    frmFirst. Show
End Sub
```

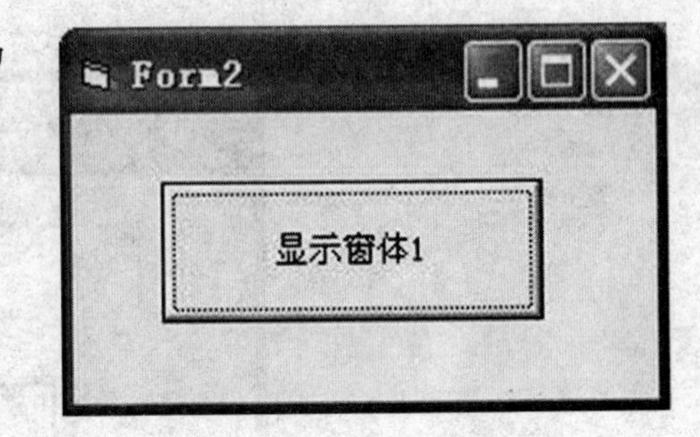

图7-11　窗体2

应用程序中的Sub Objarg是以控件对象为参数，而Sub Frmarg是以窗体对象为参数的通用过程。运行程序，在窗体frmFirst中的标签框Labl内以正体字显示“学习参数传递”（图7-12）。若单击“控件参数传递”按钮，调用执行事件过程Command1_Click，该过程以标签名Labl为实参调用通用过程objarg。执行Sub objarg过程后，在窗体中的标签框Labl内以斜体字显示“对象参数的传递”，其前景色为黄色（图7-12）。若单击“窗体参数传递”按钮，就会激活事件过程Command2_Click，该过程以窗体名frmSecond为实参调用通用过程frmarg。执行Sub frmarg过程后，隐藏窗体frmFirst，显示frmSecond窗体，frmSecond窗体获得焦点成为活动窗体（图7-11），单击Form2上的“显示窗体1”按钮，返回窗体1“对象参数”界面。

对象参数

学习参数传递

控件参数传递　窗体参数传递

对象参数

对象参数的传递

控件参数传递　窗体参数传递

图 7－12　程序运行效果图

各种类型的数据作过程参数的传递规则见表 7－1。

表 7－1　参数传递规则

参数	按地址传递	按值传递
普通变量	√	√
常数/表达式	×	√
数组	√	×
对象	√	×

7.5 嵌套过程与递归过程

7.5.1 嵌套过程

已知在过程中是不可以定义另外的过程的，即过程不能嵌套定义。但是在过程中是可以调用其他过程的，即过程可以嵌套调用。过程的嵌套调用也称为过程嵌套。嵌套调用时产生的断点被依次放进堆栈（压栈），堆栈按照“先进后出”的原则操作，对调用时的断点进行压栈和弹出返回时断点的。这样，首先返回的是最后一次调用的断点，最后返回的是第一次调用的断点。嵌套调用过程的程序执行流程见图 7－13。

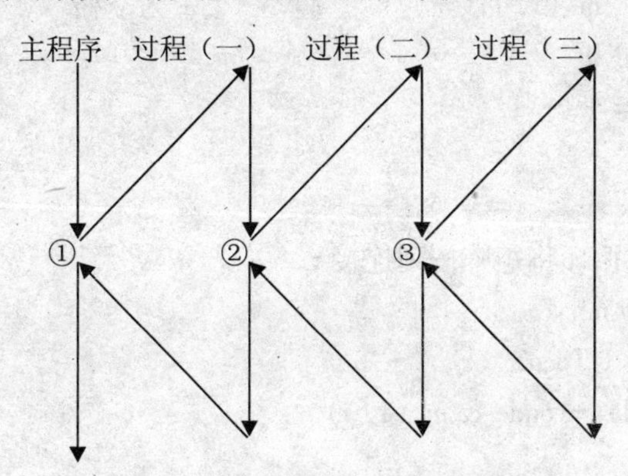

图 7－13　嵌套调用过程程序执行流程示意图

【例7-10】采用矩阵变换对西文进行加密。方法是取大于或等于原文长度的最小平方数 n^2，构成一个 $n \times n$ 的矩阵，将原文中的字符逐个按行写入该矩阵，多余的矩阵元素则写入空格字符，再按列读出此矩阵，既为密文。

程序设计界面见图7-14。界面上两个文本框的 MulitiLine 属性均设为 True，ScrollBars 属性均选择2。

程序代码如下（不含清除和退出按钮）：

```
Option Explicit
Private Sub Command1_Click ()
    Dim text As String
    text = Text1
    Text2 = code (text)          '第一次调用，断点①
End Sub

Private Function code (fir As String) As String
    Dim n1 As Integer, n2 As Integer, m () As String * 1
    Dim i As Integer, j As Integer, k As Integer
    n1 = Len (fir)
    n2 = arr (n1)        '调用计算矩阵元素个数函数过程，第二次调用，断点②
    k = 1
    ReDim m (n2, n2)
    '下面的双重循环将原文按行摆放到矩阵中
    For i = 1 To n2
        For j = 1 To n2
            If k < = n1 Then
                m (i, j) = Mid (fir, k, 1)
            Else
                m (i, j) = " "          '" "中为空格
            End If
            k = k + 1
        Next j
    Next i
    '下面的双重循环将矩阵按列连接
    For j = 1 To n2
        For i = 1 To n2
            code = code & m (i, j)
        Next i
    Next j
End Function          '返回断点①
```

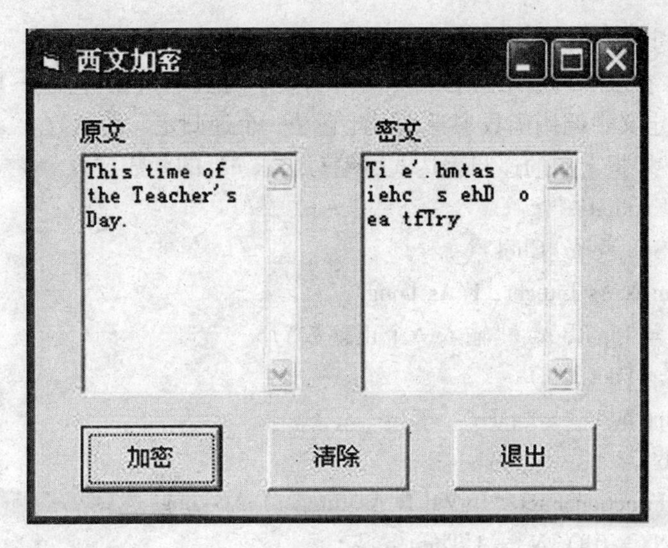

图7-14 程序界面及运行结果

```
'下面的函数过程用来计算矩阵元素个数
Private Function arr (n As Integer) As Integer
    Dim k As Integer
    k = n
    Do
        If Sqr (k) = Int (Sqr (k)) Then
            arr = Sqr (k)
            Exit Do
        Else
            k = k + 1
        End If
    Loop
End Function          '返回断点②
```

上例中使用了过程的嵌套调用的方法，即在过程中调用其他过程。

7.5.2 递归过程

递归过程是在过程中调用（间接调用或直接调用）自身过程来完成某一特定的任务的过程，所以递归过程是一种特殊的嵌套过程。递归是一种十分有用的程序设计技术。由于很多的数学模型和算法本来就是用递归实现的，用递归过程描述它们比用非递归方法简洁易读，可理解性好，算法的正确性证明也比较容易，因此掌握递归程序设计方法很有必要。

例如，数学中求n！可表示为

$$n! = \begin{cases} 1 & \text{当 } n=0 \text{ 或 } n=1 \text{ 时} \\ n*(n-1)! & \text{当 } n>1 \text{ 时} \end{cases}$$

利用上式可定义一个名为 Fact（n）的函数，若使用该函数求 n!，即要求出函数 Fact（n）的值，在求解过程中则必须要调用函数本身去求出 Fact（n－1）的值。也就是说，要在函数定义中调用函数本身，因此它是一个递归定义的函数。

【例 7－11】根据上面的递归表达式可编写出求 n！的函数过程。

```
Option Explicit
Private Sub Form_Click ( )
    Dim N As Integer, F As Long
    N = InputBox ("输入一个正整数")
    F = Fact (N)
    Print N; "! = "; F
End Sub
Private Function Fact (ByVal N As Integer) As Long
    If N = 0 Or N = 1 Then
        Fact = 1
    Else
        Fact = N * Fact (N - 1)
    End If
End Function
```

当输入 12 时程序运行结果如图 7－15。

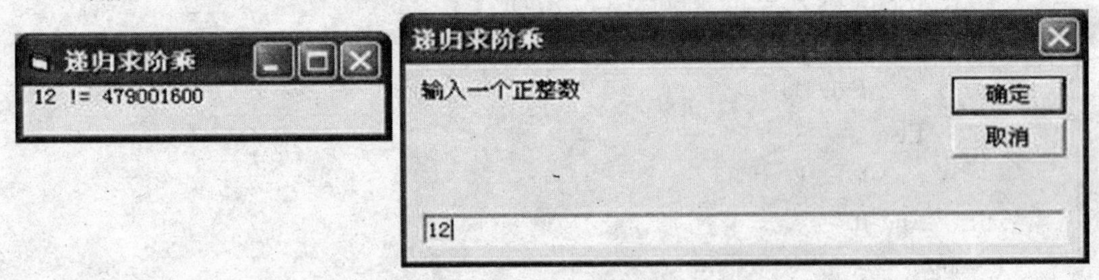

图 7－15　程序运行结果

为了将递归调用的过程说明清楚，我们分析求 3！的程序执行过程。单击窗体执行 Form_Click 事件过程，从键盘输入 3，赋值给变量 N，即求 3！的值。程序以 Fact（N）形式调用函数 Fact。当函数 Fact 开始运行时，首先检测传递过来的参数 N 是否为 1，若为 1 则函数返回值为 1；若不为 1，函数执行赋值语句 Fact = N * Fact（N－1）。函数调用传递的参数 N 是 3，函数计算表达式 3 * Fact（2）值，由于表达式中还有函数调用，于是 VB 第二次调用 Fact 函数，但传递的参数是 2，因为参数值不为 1，函数同样要执行 Fact = N * Fact（N－1）语句，计算表达式 2 * Fact（1）值。当再一次调用此函数时，参数值为 1，达到递归公式的边界条件，不会再继续调用过程，而是得到函数值 Fact 为 1 并结束本次过程调用，返回到调用本次过程的语句继续执行，函数 Fact 得到 2 * Fact（1）的值，即 Fact 为 2，并结束本次过程调用，返回到调用本次过程的语句继续执行……，就这样逐层返回，最后回到最初被调用的函数，函数计算表达式 Fact = 3 * Fact（2），函数得到返回值 6，并结束本次过程调用，返回到主程序中的调用过程的语句继续执行。递归函数 Fact 的调用和返回过程如图 7－16 所示。

从图 7－16 可以看出，递归实际上是将本过程重复执行多次，但每次传递的参数在变化。一个递归问题可以分为“连续调用”和“连续返回”两个阶段。当进入递归调用阶段后，便逐层向下调用递归过程，因此 Fact 函数被调用 3 次，即 Fact（3）、Fact（2）、Fact（1），直到遇到递归过程的边界条件 Fact＝1 为止。然后带着边界（终止）条件所得到的函数值进入返回阶段。按照原来的路径逐层返回，由 Fact（1）的值得出 Fact（2）的值，再由 Fact（2）的值得出 Fact（3）的值，结束调用，回到主程序为止。

编写递归过程要注意：递归过程必须有一个结束递归过程的条件（又称为终止条件或边界条件），此时递归过程为有限递归。例如，上面求 N！的递归函数的边界条件是 Fact＝1。若一个递归过程无边界条件，它则是一个无穷递归过程，应避免此类情况的发生。

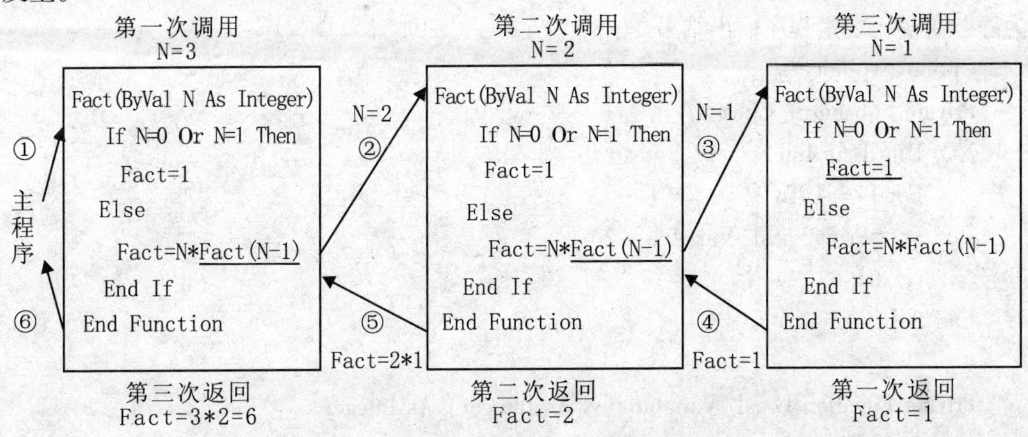

图 7－16 递归调用执行过程示意图

7.6 变量的作用域

掌握变量的作用域概念对于 VB 编程是非常重要的，变量的作用域是用来标明在程序的哪些地方，这些变量名是有意义的（可以使用）。根据定义变量的位置和使用变量定义的说明语句不同，变量可以分为过程级变量（局部变量）、模块级变量（共用变量）和工程级变量（全局变量）。

7.6.1 过程级变量

在过程中声明的变量是过程级的变量，其作用范围仅限于本过程，在其他过程中不可以使用。也就是说，在包含它们的过程中才能访问或改变这些变量的值，而这些变量仅在这个过程之中才有意义。过程级变量又称为局部变量，是仅供本过程使用的变量。

定义过程级的变量可以使用两种说明符：Dim 和 Static，其中 Static 只能在过程中使用。

1. Dim 说明的过程级（局部）变量

Dim 说明的过程级（局部）变量在过程被执行时，系统为其分配临时的内存单元，当过程结束时，变量内存单元随即释放，变量也就不存在了。此类变量的生命期和作用域一样，均在本过程内。

2. Static 说明的过程级（静态）变量

Static 说明的过程级（静态）变量在过程被执行时，系统为其分配固定的内存单元，当过程结束时，变量内存单元仍然保留，但其他过程不能使用该变量。当这个过程再次被执行时，静态变量会按上次结束过程时保留的值继续运算，即从一次调用传递到下一次调用。只有结束整个工程，静态变量的值才会消失。当某一过程被程序多次调用，并希望过程中的变量值具有连续性时，可以在过程中用关键字 Static 定义的静态变量，此类变量的生命期和作用域不一样，作用域在本过程内，而生命期为整个工程。因此，在程序中使用静态变量时要给予特别关注。

【例 7－12】在下面的函数 Local_Variable 中定义了两个局部变量 X 和 Y，其中 X 为静态变量。观察程序输出结果。

```
Option Explicit
Private Sub Form_Click ( )
    Dim I As Integer
    For I = 1 To 2
        Print Local_Variable (2)
    Next I
End Sub

Private Function Local_Variable (N As Integer) As Integer
    Static X As Integer
    Dim Y As Integer
    Y = X * 2          '第一次 X=0，第二次 X=6
    X = N * 3
    Local_Variable = X + Y
End Function
```

运行结果如图 7－17。

图 7－17　程序运行结果

主程序调用此函数两次，N 均为 2，由于第二次调用 X 保留了第一次的结果 6，所以造成两次调用的结果不同。

7.6.2 模块级变量

局部变量仅作用于定义此变量的过程或函数内。若要使一个变量可作用于同一个模块内的多个过程，则应在程序的窗体模块的通用段或标准模块中声明（General Declarations）。

定义模块级变量可以使用两种说明符：Dim 和 Private，其中 Private 只能在窗体模块的通用段或标准模块中使用，不能在过程中使用。

模块级（共用）变量的作用范围是定义它的模块，该模块内的所有过程都可以引用它们，但其他的窗体模块却不能访问这些变量。此类变量的生命期和作用域是一样的，即为本窗体（标准）模块内。

【例 7－13】关于模块级变量的例子。

```
Option Explicit
Dim TSt As String

Private Sub Form_Activate ( )
    Print "TSt 是模块级变量"
    Print "在 Form_Activate 中看 TSt 是："; TSt
    Print
    TSt = "我在 Form_Activate 中变化"
    Call ShowTSt
End Sub
Private Sub Form_Load( )
    TSt = "Form_Load( ) 第一次赋值"
End Sub
Private Sub ShowTSt( )
    Print "在过程 ShowTSt 中："; TSt
End Sub
```


运行结果如图 7－18。

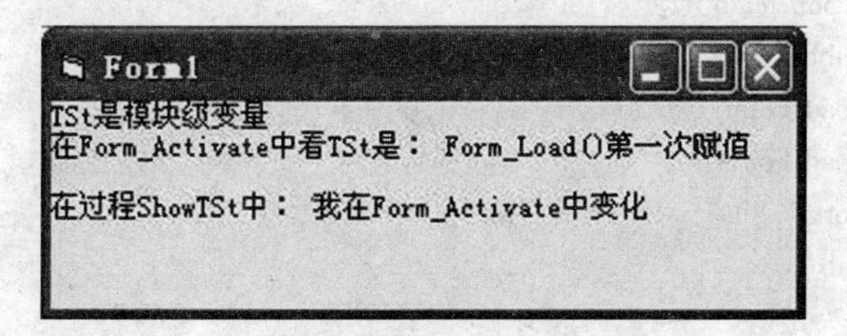

图 7－18　程序运行结果

在本例中，程序在三个过程之外定义了一个变量 TSt，当程序运行时，首先在 Form_Load 事件过程中给 TSt 赋值，接着系统激活 Form_Activate 事件过程，显示变量 TSt 的值，然后对 TSt 进行第二次赋值，并调用子过程 Show TSt，子过程 Show TSt 显示变量 TSt 的值。从上例可知模块级变量 TSt 赋值的作用域是整个窗体模块。

7.6.3 全局变量

除过程级（局部）变量、模块级（共用）变量外，VB还允许使用工程级（全局）变量。

定义工程级（全局）变量只有一种说明符：Public。用Public在窗体模块或标准模块的通用声明段用语句声明的变量，就是全局变量。Public不能用在过程中对变量声名。

全局变量的变量值在整个工程中都是有意义的。换句话说，本工程的程序中的任何一个代码段都可以引用全局变量。说明全局变量的通常做法是添加一个标准模块(Module)，在标准模块的通用声明段集中声明程序中要使用的全局变量，因为有的数据类型不可以在窗体的通用部分将其说明成全局变量，比如：定长字符变量，数组等。全局变量的生命期和作用域是一样的，即为整个工程内。

前面介绍了三种不同作用域的变量，为了更清楚地区别VB中四个变量说明符的不同用法，表7-2对各类变量说明符在代码中出现的位置进行小结。

表7-2 说明符的使用

说明符 / 位置	Dim	Static	Private	Public
通用中	√	×	√	√
过程中	√	√		

【例7-14】关于全局变量的程序示例。工程中包括两个窗体模块和一个标准模块。

标准模块Module1.bas中的代码如下：

```
Option Explicit
Public pubbas As String
Public Sub Main ( )
    pubbas = "pubbas是在Modulel.bas中定义的全局变量"
    Load Form1
    Load Form2
    Form1.Show      '显示窗体1
End Sub
```

窗体模块Form1.frm中的代码如下：

```
Option Explicit
Public pubfrm As String
Private Sub Form_Load ( )
    pubfrm = "pubfrm是在窗体模块1中定义的全局变量"
    Call Main
End Sub
```

```
Private Sub Form_Click( )
    Print "在 Forml 中打印:"
    Print "pubbas 的内容:"; pubbas
    Print "pubfrm 的内容:"; pubfrm
    Print
    Form2. Show            '显示窗体 2
End Sub
```

窗体模块 Form2. frm 中的代码如下:

```
Option Explicit
Private Sub Form_Click ( )
    Print "在 Form2中打印:"
    Print "pubbas 的内容:"; pubbas
    Print "pubfrm 的内容:"; Form1. pubfrm
End Sub
```

对窗体 1 和窗体 2 单击后，可以看到两个窗体上显示的结果如图 7－19。

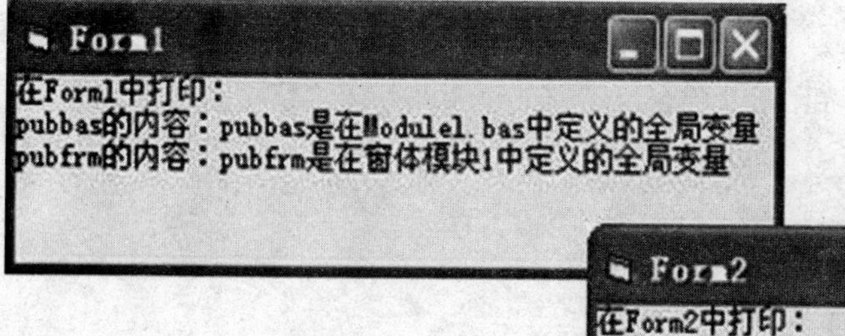

图 7－19　程序运行结果

特别提醒：运行本程序时，为了防止两个窗体相互重叠遮挡住显示的信息，可以在设计状态时，在“窗体布局”窗口调整两个窗体出现的位置，见图 7－20。

图 7－20　调整窗体布局

通过本例可以看出，在标准模块中定义的全局变量，在应用程序任何一个过程中都可以直接用它的变量名来引用它。而在过程中引用其他窗体模块中定义的全局变量时，必须用定义它的窗体模块名作为全局变量的附加前缀，方能正确地引用它。例如，在窗体模块 Form2 中用 Forml. pubfrm 的格式引用在窗体 Forml 中定义的全局变量 pubfrm。

全局变量可以被程序中的所有过程调用。从表面上看，定义全局变量简化了编程，在函数和过程中可以不再定义其他变量，形参也不用再定义，也不用再考虑参数是按值传递还是按地址传递。但遗憾的是，全局变量的值经常变动，更容易给程序造成错误。由于全局变量可以在程序的任何地方被改变，一旦产生错误，将很难断定错误是由哪一个程序段引发的。另外，如果对程序中的全局变量的使用理解不很透彻时就对程序作修改，也可能会对全局变量值造成很大的影响，致使程序得不到正确的结果。因此，一般有个原则，尽量使用作用域小的局部变量，尽量减少用共用变量和全局变量。

前面介绍了各种类型变量的作用域，为了更加直观地表示他们之间的关系，现用图 7－21 进行描述，在图中可以较清楚地看出各种类型变量的有效范围。

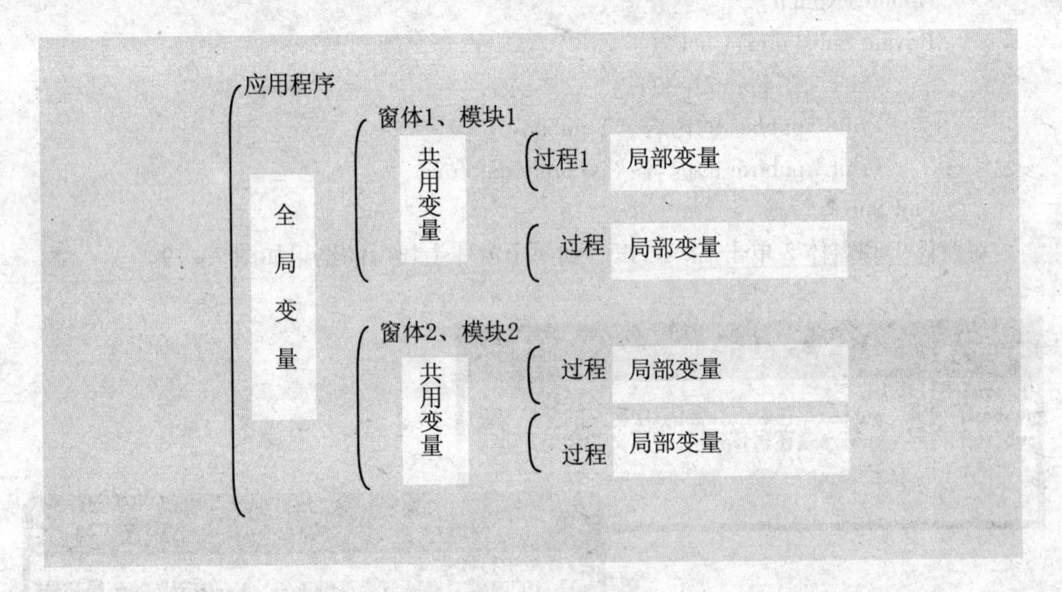

图 7－21　变量作用域

6.6.4 同名变量使用

当变量的作用域不同时，变量的名字可以相同。当模块中的共用（全局）变量与局部变量同名时，在过程中本过程内定义的变量有效，这时共用（全局）变量被隐藏起来，过程结束后，局部变量消失，共用变量有效。也就是说，遇到同名变量时，作用域小的有效。

一般来说，为了避免因变量名相同而造成引用上的混乱，可以对不同模块中说明的同名全局变量用模块名加以限定。例如，一个程序含有两个标准模块 Module1 和 Module2，分别在这两个模块中都定义了一个全局变量 Password。若在窗体模块中访问 Module1 中定义的全局变量 Password，就应以 Module1. Password 的形式来调用它；若在标准模块 Module1 中引用本模块中的 Password 变量，则可用变量名直接引用；而使用标准模块 Module2 中的全局变量 Password 的话，必须用标准模块名 Module2 作为 Password 的前缀。

【例7－15】下面程序中，在窗体模块1中定义了全局变量X、Y和共用变量Z，在子过程Comm_X中定义了与全局变量X同名的局部变量X。同样，在窗体模块2中定义了全局变量X、Y和共用变量Z，在子过程Comm_X中定义了与全局变量X同名的局部变量X。

Form1 中的代码如下：

```
    Option Explicit
    Public X As Integer, Y As Integer          'X, Y 是全局变量
    Dim Z As Integer                           'Z 是共用变量

Private Sub Form_Click ( )
    Call Comm_X
    Print "X,Y 和 Z 是", X, Y, Z
    Form2. Show
End Sub

Private Sub Form_Load ( )
    X = 10
    Y = 20
    Z = 30
End Sub

Private Sub Comm_X ( )
    Dim X As Integer          'X 是局部变量
    X = 123
    Print "X,Y 和 Z 是", X, Y, Z
End Sub
```

Form2 中的代码如下：

```
    Option Explicit
    Public X As Integer, Y As Integer          'X, Y 是全局变量
    Dim Z As Integer                           'Z 是共用变量

Private Sub Form_Activate ( )
    Call Comm_X
    Print "X,Y 和 Z 是 ", X, Y, Z
    Print "form1中的 X 和 Y 是 ", Form1. X, Form1. Y
End Sub
```

```
Private Sub Form_Load ()
    X = 1
    Y = 2
    Z = 3
End Sub

Private Sub Comm_X ()
    Dim X As Integer             'X 是局部变量
    X = 2005
    Print "X,Y 和 Z 是", X, Y, Z
End Sub
```

运行结果如图 7-22。

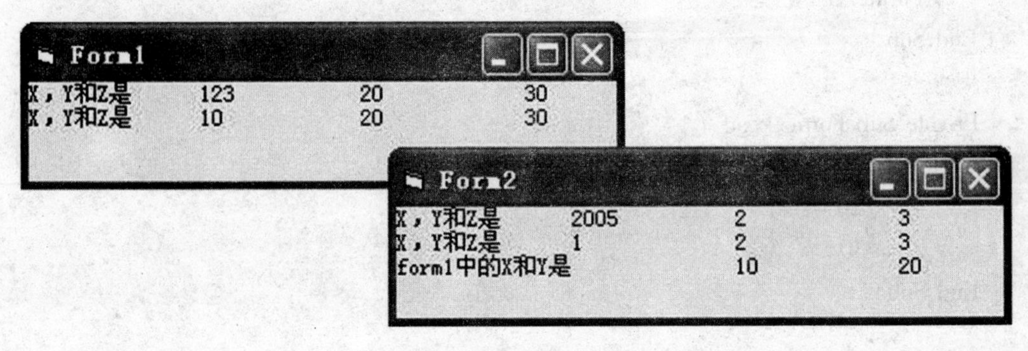

图 7-22　运行结果

从运行结果可以看出，当不同作用域的同名变量发生冲突时，优先访问作用域小（局限性大）的变量。

7.7 综合运用

【例 7-16】下面的程序实现将一个一维数组中元素向右循环移动，移位次数在文本框 Text1 中输入，原数组元素与移动后的数组元素分别放在 Picture1 和 Picture2 中。参考界面见图 7-23。

例如数组各元素的值依次为 1、2、3、4、5、6、7、8、9、10，移动四次后，各元素的值依次为 7、8、9、10、1、2、3、4、5、6。

算法分析：为了实现将一维数组中的元素向右平移，我们建立了能够实现每次向右移动一个元素的过程 RightMove ( )。移动时，首先保留先第 10 个元素值，然后将第 9 个元素的值移动到第 10 个元素中，再将第 8 个元素的值移动到第 9 个元素中，…，直到将第 1 个元素的值移动到第 2 个元素中，最后将所以第 10 个元素值放到第 1 个元素中。主程序只要不断调用过程 RightMove ( )，就能实现向右循环移动。

程序代码如下：

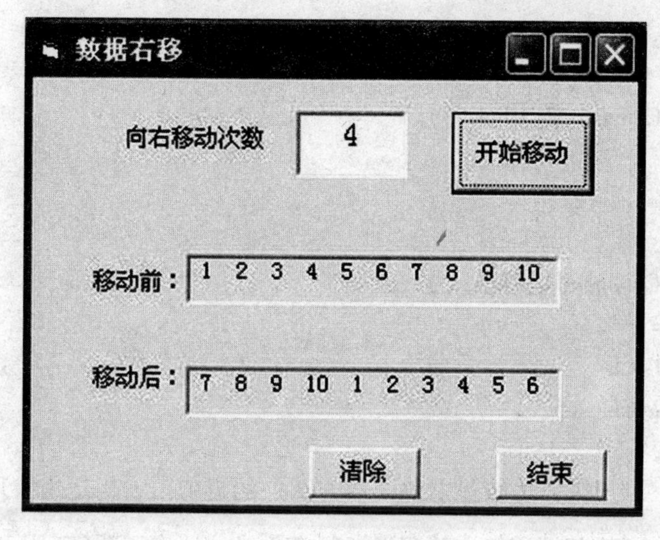

图7-23 界面及结果图

```
Option Explicit
Option Base 1
Private Sub command1_click ()
    Dim A (10) As Integer, i As Integer, m As Integer, k As Integer
    For i = 1 To 10
        A (i) = i                           '生成A () 数组的原始数据
        Picture1. Print A (i);
    Next i
    m = Val (Text1. Text)                   '取循环移动次数
    For i = 1 To m
        Call RightMove (A)                  '调用右移过程m次
    Next i
    For i = 1 To 10
        Picture2. Print A (i);
    Next i
    Print
End Sub
Private Sub RightMove (X () As Integer)
    Dim i As Integer, t As Integer, k As Integer
    i = UBound (X)
    t = X (i)                               '最后一个数据保存在t中
    For k = i To LBound (X) + 1 Step -1     'LBound (X) 取数组下界值
        X (k) = X (k - 1)                   '依次后移
    Next k
    X (1) = t                               't中的数给第一个元数
```

```
End Sub

Private Sub Command2_Click ( )
    End
End Sub

Private Sub Command3_Click ( )
    Text1 = ""
    Picture1. Cls
    Picture2. Cls
End Sub
```

【例7－17】利用级数法编程求解函数 f (x) 的近似值，规定当 n 取某一值时，若 $\left|\frac{x^{2n+1}}{n!}\right| \leqslant 0.00001$，则停止运算，并调用过程 Writedata，将函数值存入文件 Out. dat 中。函数的级数展开式如下：

$$f(x) = x - \frac{x^3}{3\times 1!} + \frac{x^5}{5\times 2!} - \frac{x^7}{7\times 3!} + \cdots + \frac{x^{2n+1}}{(2n+1)\times n!} + \cdots \qquad -26 < x < 26$$

```
Option Explicit
Private Sub Command1_Click ( )
    Dim x As Single, eps As Single
    x = Val (Text1)
    eps = 0.0001
    Text2 = fun (x, eps)
    Call writedata (fun (x, eps))
End Sub

Private Function fun (x As Single, eps As Single) As Double
    Dim n As Integer, t As Double, s As Single, y As Double
    y = x
    t = x
    Do While t > eps
        n = n + 1
        s = ( -1) ^ n
        t = t * x ^ 2 / n
        y = y + t * s / (2 * n + 1)
    Loop
    fun = y
End Function
```

```
Private Sub writedata (f as double)
    Open "Out. dat" for output as #1
        Write #1, f
    Close #1
End sub
```

程序运行结果如图7-24。

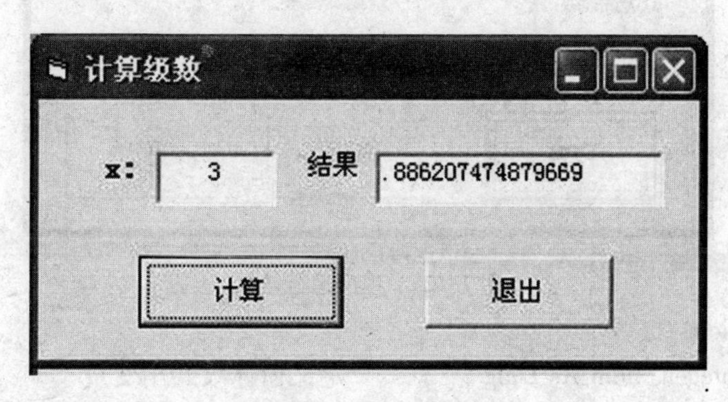

图7-24 程序运行结果

对同一个问题，会存在不同的算法，他们得到的结果是相同的，但算法之间有效率高低之分，因而就有好坏之别。在编写代码的时候，每个人的写法会有不同，比如在本例中，计算级数的过程就有很多种实现方法，如可以写成以下形式：

```
Private Function fun (x As Single, eps As Single) As Double
    Dim n As Integer, t As Double, y As Double
    y = x
    t = x
    Do While Abs (t) > eps
        n = n + 1
        t = -t * x^2 / n
        y = y + t / (2 * n + 1)
    Loop
    fun = Int (y * 1000 + 0.5) / 1000    '结果保留小数点三位，第四位四舍五入
End Function
```

计算结果与前一种完全相同。注意：在进行循环条件判断时一定要加Abs()函数，否则会导致结果不正确。在实现本题过程中还要注意溢出问题，当变量定义或使用不当时会造成溢出错误；本例中对结果的处理方法具有通用性，只要适当变化就能够满足不同的保留小数点位数的要求。

【例7-18】把一个任意十进制正整数转换成N进制数（N≤16）。

程序界面设计请参考图7-25，其中Text1的Alignment属性设为2-Center。

要求：按Text1中的进制将Text2中的十进制数进行转换，结果放在Text3中；Label3用于动态显示进制数。

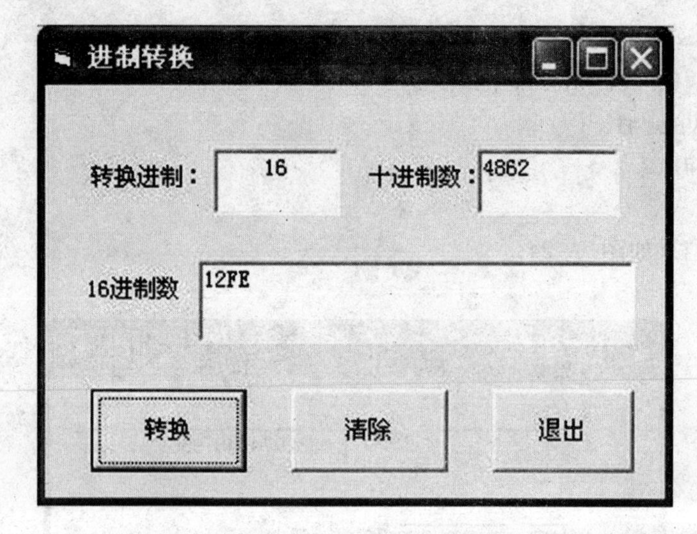

图7－25　程序运行结果

```
Option Explicit
Dim n As Integer, num As Long             '定义窗体级共用变量
Private Sub Text1_Change ()
    '取进制
    n = Val (Text1)
    Label3. Caption = Str (n) + "进制数"    '标签动态显示
End Sub

Private Sub Text2_Change ()
    '取转换数据
    num = Val (Text2)
End Sub

Private Sub Command1_Click ()
    Dim ch As String, i As Integer
    Dim char (15) As String
    Dim bin () As String                  '定义动态数组
        '下面的循环将0－9放进数组char (), 且数组下标与对应元数值相同
    For i = 0 To 9
        char (i) = Cstr (i)
    Next I
  '下面的循环将A－F放进数组char (), 数组下标与元数中表示数值的字母对应
    For i = 0 To 5
        char (10 + i) = Chr (Asc ("A") + i)
    Next i
```

```
    Print
    ReDim bin (1)                              '动态数组使用前必须重定义
    Call trans (bin, char)                     '调用过程
    For i = UBound (bin) To 1 Step -1          '结果反向输出
        ch = ch + bin (i)
    Next i
    Text3 = ch
End Sub

Private Sub trans (vary () As String, st () As String)
    Dim r As Integer
    Dim k As Integer
    k = 0
    Do Until num = 0
        r = num Mod n                '求余数
        k = k + 1                    '结果的位数，并为结果数组下标
        ReDim Preserve vary (k)'重定义结果数组
        vary (k) = st(r)        '以余数值为数组的下标,取出对应字符放到结果数组中
        num = Int (num/n)       'num 缩小 n 倍,不加 Int ()会因结果四舍五入造成错误
    Loop
End Sub

Private Sub Command2_Click ()
    Text1 = ""
    Text2 = ""
    Text3 = ""
    Text1. SetFocus
End Sub

Private Sub Command3_Click ()
    End
End Sub
```

在程序中的事件过程 Command1_Click () 中定义了字符串数组 Char，并在其后的两个 For 循环中将字符 0 ~ 9、A ~ F 分别赋给它的 0 ~ 15 号元素。还定义了一个动态字符串数组 bin，将来用它作为实参与通用过程 trans 的形参数组 vary 结合，返回计算结果。通用过程 trans 是一个利用“除 N 取余”的方法，把一个十进制整数转换为 N 进制数的过程。调用通用过程 trans 后，形参数组 st 与实参数组 char 结合，因此形参数组 st

的0～15号元素值也分别为0～9、A～F。重复求十进制数Num除N（以后num中存放的值是它们的商）的余数r，并用r作为st数组下标，用赋值语句vary（k）＝st（r）把每次求得的余数所对应的N进制数的字符存放到vary数组的相应元素中，直到num的值等于0为止。由于实参数组bin是一个动态数组，因此与之结合的形参数组vary也是一个动态数组。所以在Do循环中每求得一个余数后，都要用“k＝k＋1”和“ReDim Preserve vary（k）”两个语句来增大vary数组的维上界，当然实参数组bin维上界也跟着变化了。返回调用程序后再将数组bin的元素反向并到字符串变量ch中。字符串变量ch的值就表示了所要求的N进制数。

【例7－19】编写一个递归函数，求任意两个整数的最大公约数。程序设计界面如图7－26。

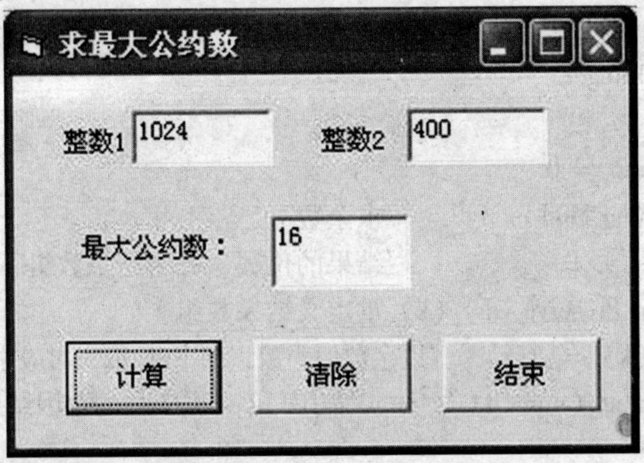

图7－26 程序界面及运行结果

程序中的Function过程Gcd是按照欧几里德算法（也称为辗转除法）设计的一个递归函数，其边界条件（终止条件）是：当R＝0时，函数赋值返回。

```
Option Explicit
Private Sub Form_Activate ( )
    Text1.SetFocus
End Sub

Private Sub Command1_Click ( )
    Dim N As Integer, M As Integer, G As Integer
    N = Text1
    M = Text2
    G = Gcd (N, M)
    Text3 = G
End Sub

Private Function Gcd (ByVal A As Integer, ByVal B As Integer)
    Dim R As Integer
```

```
        R = A Mod B
        If R = 0 Then
            Gcd = B              '当满足边界条件，将结束递归调用
        Else
            A = B
            B = R
            Gcd = Gcd (A, B)        '不满足边界条件，继续递归调用
        End If
    End Function
```

【例7-20】假设文件in. txt中存放3~1000之间的所有的整数，编写程序读取文件中的数据并在其中找出可以表示为两个整数平方和的素数。参考界面如图7-27。

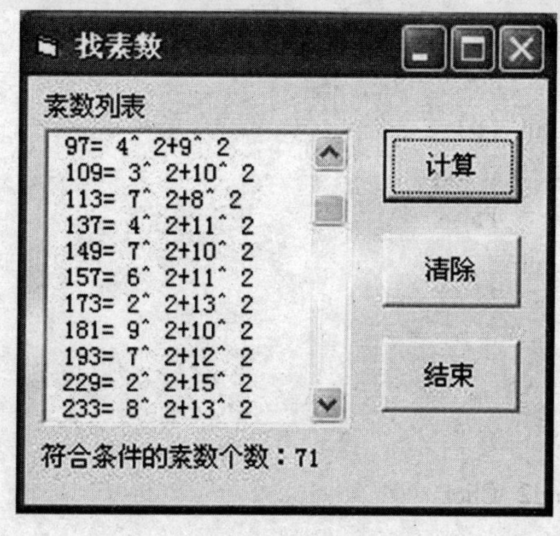

图7-27 程序界面及运行结果

本程序使用过程判断素数并将符合条件的素数放在列表框中。

程序代码如下：

```
Option Explicit
Private Sub Command1_Click ()
    Dim m As Integer, k As Integer
    Dim i As Integer, j As Integer
    Dim s As String
    Open "in. txt" for input as #1
    Do While Not EOF (1)
        Input #1, i
        If prime (i) Then
            For j = 2 To Sqr (i) - 1
                k = i - j^2
```

```
                If Sqr (k) = Int (Sqr (k)) Then
                    s = Str(i) & " = " & Str(j) & "^2" & " + " & Sqr(k) & "^2"
                    List1. AddItem s
                    Exit For
                End If
            Next j
        End If
    Loop
    Close #1
    Label2. Caption = "符合条件的素数个数:" & List1. ListCount
End Sub
Private Function prime (p As Integer) As Boolean
    Dim k As Integer
    prime = True
    For k = 2 To Sqr (p)
        If p Mod k = 0 Then
            prime = False
            Exit For
        End If
    Next k
End Function

Private Sub Command2_Click ()
    List1. Clear
End Sub

Private Sub Command3_Click ()
    End
End Sub
```


【例7－21】快速排序。将产生的10个两位随机整数显示在图片框1中，对10个数进行排序后显示在图片框2中。程序界面请参见图7－28。

排序有很多种方法，前面介绍过选择排序和冒泡排序，这里用的是一种快速排序方法，具体算法是：以数组中的任意一个数为基准，将数组中所有小于他的数移动到他的左边，大于他的数移动到他的右边，然后再对他左右两边的数据分别按此办法进行处理，以此类推，直到每一边剩下一个数据为止。以数组中间的一个数为基准，用递归过程实现快速排序算法的程序代码如下：

```
Option Explicit
```

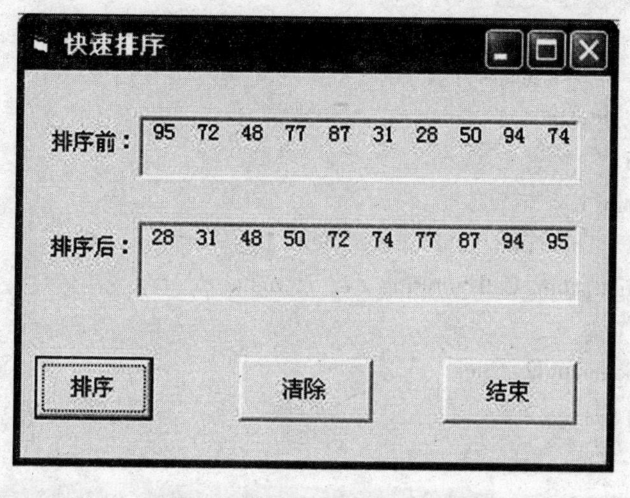

图7-28　程序界面及运行结果

```
Private Sub Command1_Click ()
    Dim a (10) As Integer, s As String, i As Integer
    Randomize
    For i = 1 To 10
        a (i) = Int (90 * Rnd) + 10
        Picture1. Print a (i);
    Next i
    Call SubProg (a, 1, 10)
    For i = 1 To 10
        Picture2. Print a (i);
    Next i
End Sub
Private Sub SubProg (a () As Integer, left As Integer, right As Integer)
    Dim i As Integer, j As Integer, x As Integer, y As Integer, mid As Integer
    i = left
    j = right
    mid = (left + right) / 2
    x = a (mid)
    Do
        If a (i) < x Then
            i = i + 1
        ElseIf x < a (j) Then
            j = j - 1
        ElseIf i < = j Then
            y = a (i)
            a (i) = a (j)
```

```
            a (j) = y
            i = i + 1
            j = j - 1
        End If
    Loop While i < = j
    If left < j Then Call SubProg (a, left, j)
    If i < right Then Call SubProg (a, i, right)
End Sub
Private Sub Command2_Click ( )
    Picture1. Cls
    Picture2. Cls
End Sub
Private Sub Command3_Click ( )
    End
End Sub
```

【例7-22】求文件中数据的平均值，文件 in. txt 中存放某组大鼠的体重（10只，以克为单位）数据：231　227　226　232　233　228　232　229　230　233，编写程序，调用适当的过程和函数，求得这组数据的平均值。

读入按钮事件过程中调用 readdata 子过程，计算按钮事件过程调用 average 函数过程，保存按钮事件过程调用 writedata 子过程，程序界面请参见图7-29。

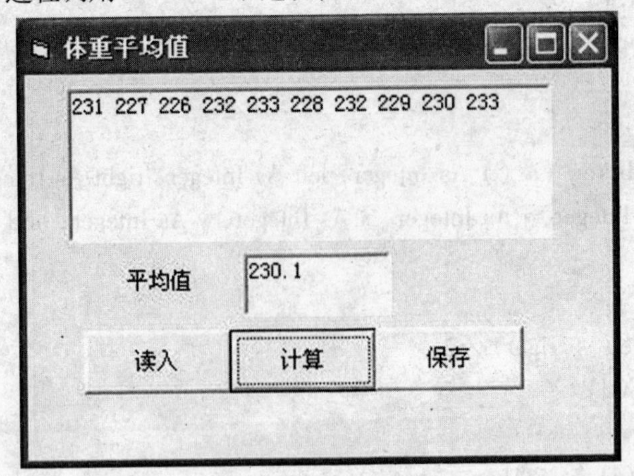

图7-29　程序界面及运行结果

程序代码如下：

```
Option Explicit
Option Base 1
Dim arr ( ) As Integer
Private Sub Command1_Click ( )
```

```
    Call readdata
    Dim i As Integer
    For i = Lbound (arr) To UBound (arr)
      Text1. Text = Text1. Text & arr (i) & " "
    Next i
End Sub
Private Sub Command2_Click ()
    Text2 = average (arr)
End Sub
Private Sub Command3_Click ()
    Call writedata (average (arr))
End Sub
Private Sub readdata ()
    Dim i As Integer
    Open "in. txt" For Input As #1
    Do While Not EOF (1)
      i = i + 1
      ReDim Preserve arr (i)
      Input #1, arr (i)
    Loop
    Close #1
End Sub
Private Sub writedata (av As Double)
    Open "d: \ out. txt" For Output As #1
    Write #1, av
    Close #1
End Sub
Private Function average (arr () As Integer) As Double
    Dim i As Integer
    For i = LBound (arr) To UBound (arr)
      average = average + arr (i)
    Next i
    average = average / (UBound (arr) - LBound (arr) + 1)
End Function
```

界面设计

- 常用窗体控件
- 对话框设计
- 菜单设计
- 工具栏设计
- 多窗体操作

Visual Basic 由两部分组成，分别为界面设计部分和代码设计部分。用户感觉程序操作起来是否友好主要取决于界面设计部分。第 3 章里已经介绍了窗体和几个控件，但对于功能强大、操作友好的实际应用程序来讲是远远不够的。本章将继续学习几个常用的窗体控件，此外还要学习对话框、菜单、工具栏、状态栏和多窗体的操作。

8.1 常用窗体控件

Visual Basic 中可以使用的控件很多，大致可以分为三类：标准控件、ActiveX 控件、可插入对象。

1. 标准控件

标准控件又称内部控件。启动 Visual Basic 后，自动在工具箱中列出的就是标准控件，共 20 个。它们不能从工具箱中被删除。

2. ActiveX 控件

ActiveX 控件是一种 ActiveX 部件，又可划分为四种：ActiveX 控件、ActiveX. EXE、ActiveX. DLL 和 ActiveX 文档。

Active 部件由 VB 和第三方开发商提供，是可以重复使用的编程代码和数据，由用 ActiveX 技术创建的一个或多个对象所组成。ActiveX 部件是扩展名为 .ocx 的独立文件，通常存放在系统根目录下的 SYSTEM 子目录中。例如，UpDown 控件就是一种 ActiveX 控件，它对应的 ActiveX 部件文件为 C：\ WINDOWS \ system32 \ MSCOMCT2. ocx。目前，在 Internet 上大约有 1000 多种 ActiveX 控件可供下载，大大提高了程序的开发效率。

用户在使用 ActiveX 控件之前，需先将它们加载到工具箱中，方法是：

(1) 选择“工程”菜单下的“部件”，弹出的“部件”对话框中包含了全部已登记的 ActiveX 控件。

(2) 选定所需 ActiveX 控件左边的复选框。

(3) 单击“确定”按钮。所选控件就会列于工具箱中，然后就可以像标准控件一样使用了。

对于没有在“部件”对话框中列出的第三方 ActiveX 控件，可以通过该对话框中的“浏览”按钮，找到相对应的扩展名为 .ocx 的文件即可。

对于初学者来说，ActiveX 控件和 ActiveX. dll 以及 ActiveX. exe 部件的明显区别是：ActiveX 控件有可视的界面，当使用“工程”菜单下的“部件”命令加载后在工具箱上有相应的图标显示。而 ActiveX. dll 以及 ActiveX. exe 部件是代码部件，没有界面，当使用“工程”菜单下的“引用”命令设置对对象库的引用后，工具箱上没有图标显示，但可以用“对象浏览器”查看其中的对象、属性、方法和事件。

3. 可插入对象

可插入对象是 Windows 应用程序的对象，例如“Microsoft Excel 工作表”。可插入对象也可以添加到工具箱中，具有与标准控件类似的属性，可以同标准控件一样使用。

8.1.1 分组控件

第3章里学习了单选钮，它使用起来方便快捷，但是单选钮具有如下特点：当其中一个被选中时，其它他所有单选钮将自动处于非选定状态（关闭状态）。因此当我们处理图 8－1 所示的问题时将遇到麻烦。

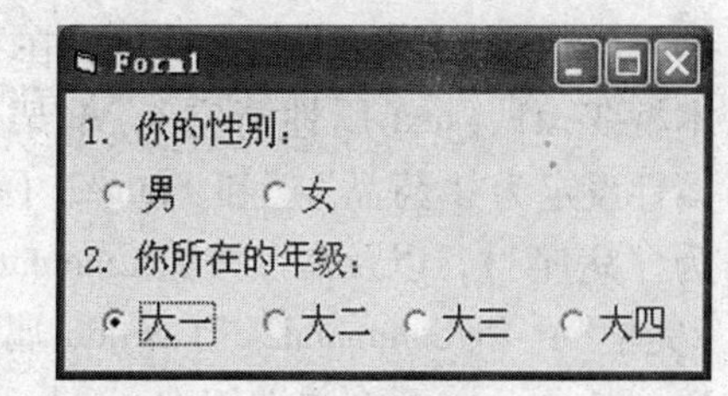

图 8－1　同一窗体上多组选项间会相互干扰

当同一个窗体上存在多组相互独立的单选按钮时，就需要用到分组控件。一个分组控件内的所有单选按钮为一组，对它们的操作不会影响该分组控件以外的单选按钮。同时，每个分组控件就像窗体一样本身就是一个容器，可以在这些分组控件上放置其他控件，例如文本框、单选按钮、命令按钮等，这样不仅可以提供视觉上的分组而且还可以实现总体的显示或隐藏操作。常见的分组控件有框架（Frame）、选项卡（SSTab）、图片框（PictureBox）等。

8.1.1.1 Frame 控件

框架（Frame）是最常用的分组控件，利用框架可以将图 8－1 中的控件处理为图 8－2 所示。

1. 创建方法

要想利用框架对控件进行分组，首先应当创建框架，方法和创建其他控件相同。框架内部的控件有两种创建方法。

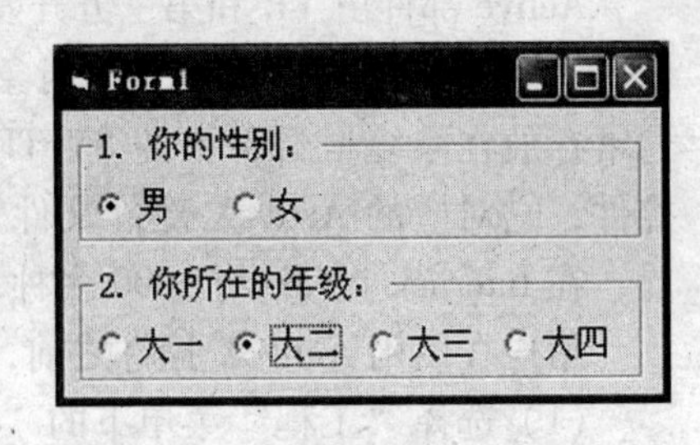

图8-2　用框架对同一窗体上多组选项分组

(1) 单击工具箱中的工具，然后利用出现的"+"指针，在框架中的合适位置拖拽出适当大小的控件（不可以采用直接双击工具箱中工具的方法，这样创建的控件将隶属于窗体）。

(2) 将现已存在的控件剪切至剪贴板，在目标框架内右击鼠标进行粘贴。

2. 重要属性

(1) Caption 属性

该属性用于设置框架上的标题名称（一般为该组控件的作用或类别）。如果 Caption 属性为空，则框架为封闭的矩形框，但是框架中的控件仍然为一个独立的组。

(2) Enabled 属性

当将框架的 Enabled 属性设为 False 时，程序运行时该框架在窗体中的标题正文为灰色，表示框架内的所有对象均被屏蔽，不允许用户对其进行操作。

(3) Visible 属性

当将框架的 Visible 属性设为 False 时，程序运行时该框架以及框架内的所有对象均隐藏，不可见。

3. 事件

框架可以响应 Click 和 DbClick 事件。但是，在应用程序中一般不需要有关框架的事件过程。

【例8-1】如图8-3所示，在 Form1 上添加一个文本框 Text1（text 属性清空），框架 Frame1（将 Caption 属性设定为"药品"）和 Frame2（将 Caption 属性设定为"病症"），以及命令按钮 Command1（Caption 属性为"完毕"）和 Command2（Caption 属性为"退出"）。在 Frame1 上添加两个单选钮 Option1（Caption 属性为"阿莫西林"，Value 属性为 True）和 Option2（Caption 属性为"红霉素"，Value 属性为 False），在 Frame2 上添加两个单选钮 Option3（Caption 属性为"支气管炎"，Value 属性为 True）和 Option4（Caption 属性为"肠道炎"，Value 属性为 False）。

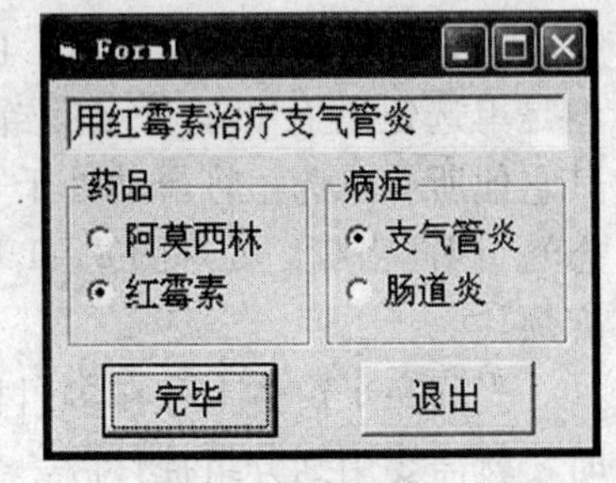

图8-3　框架应用实例

代码窗口中输入如下代码：

```
Private Sub Command1_Click ( )
    Dim medicine As String   '定义一个字符型变量，用来代表用户选择的药品
    Dim disease As String    '定义一个字符型变量，用来代表用户选择的疾病
    If Option1. Value = True Then
```

```
            medicine = "阿莫西林"
        Else
            medicine = "红霉素"
        End If
        If Option3. Value = True Then
            disease = "支气管炎"
        Else
            disease = "肠道炎"
        End If
        Text1. Text = "用" & medicine & "治疗" & disease
    End Sub
    Private Sub Command2_Click ( )
        End
    End Sub
```

按下快捷键F5运行该程序，观察对两个框架内控件的操作是否互不影响。选择后单击“完毕”按钮，即可在文本框中显示用户的选择结果。

8.1.1.2 SSTab **控件**

SSTab是Windows程序中的选项卡控件，如图8-4中每个选项卡都可以作为其他控件的容器。但只能有一个选项卡被激活（处于选定状态），处于非激活状态的选项卡除了选项卡标签外所有内容都被隐藏。

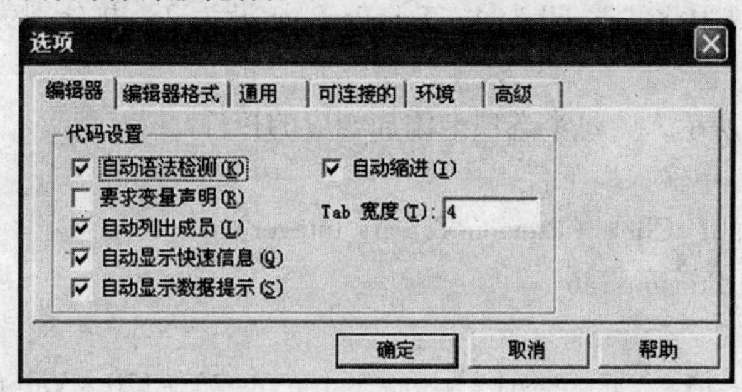

图8-4 SSTab控件应用实例

SSTab控件不是标准控件，使用前需要通过“工程”菜单下的“部件”将“Microsoft Tabbed Dialogue Control6.0控件”添加到工具箱中。

1. 属性

（1）Tabs属性

该属性用于设置SSTab控件上选项卡的总个数（在图8-4中Tabs的值为6）。既可以在设计模式下更改也可以在运行模式下更改从而动态增/删选项卡。

（2）TabsPerRow属性

该属性用于设置SSTab控件上每一行可以显示的选项卡个数。在图8-5中TabsPerRow的值为2。

(3) Rows 属性

在运行模式下，该属性可以返回选项卡的行数。

(4) Tab 属性

Tab 为选项卡的编号，从 0 开始。该属性可以返回目前处于激活状态的选项卡编号，也可以通过修改该属性的值来决定哪个选项卡被激活。

2. Click 和 DblClick 事件

SSTab 响应 Click 和 DbClick 事件，但很少用。通常在每个选项卡中添加相应的命令按钮来执行用户的选择结果，如图 8-4 所示。

DbClick 事件和其他控件用法相同，Click 事件过程的语法为：

```
Private Sub SSTab 控件名_Click (PreviousTab As Integer)
     语句块
End Sub
```

其中 PreviousTab 参数表明本次单击之前处于激活状态的选项卡编号。例如在图 8-4 所示状态下，当单击“通用”选项卡时 Click 事件中的 PreviousTab 参数的值为 0，再单击“高级”选项卡时 Click 事件中的 PreviousTab 参数的值为 2。

【例 8-2】现有一个实验动物出库管理软件，如图 8-5 要求在离开“鼠”、“兔”、“狗”选项卡（Tab 编号分别为 0、1、2）进入任意其他选项卡时，即时计算合计金额。完毕单击“退出”结束程序。

(1) 通过“工程”菜单下的“部件”将“Microsoft Tabbed Dialogue Control6.0 控件”添加到工具箱中，并在窗体上添加一个 SSTab 控件。

(2) 在属性窗口中将 Tabs 设为 4，TabsPerRow 设为 2，并分别为每个选项卡设置 Caption 属性。

(3) 如图 8-5 所示，为每个选项卡添加相应的控件。

(4) 在代码窗口中输入以下代码

```
Private Sub SSTab1_Click (PreviousTab As Integer)
     Select Case PreviousTab
     Case 0, 1, 2
          Text6 = 15 * Val (Text1) + 30 * Val (Text2) + 120 * Val (Text3) + _
                 500 * Val (Text4) + 2500 * Val (Text5)
     End Select
End Sub
Private Sub Command1_Click ( )
     End
End Sub
```

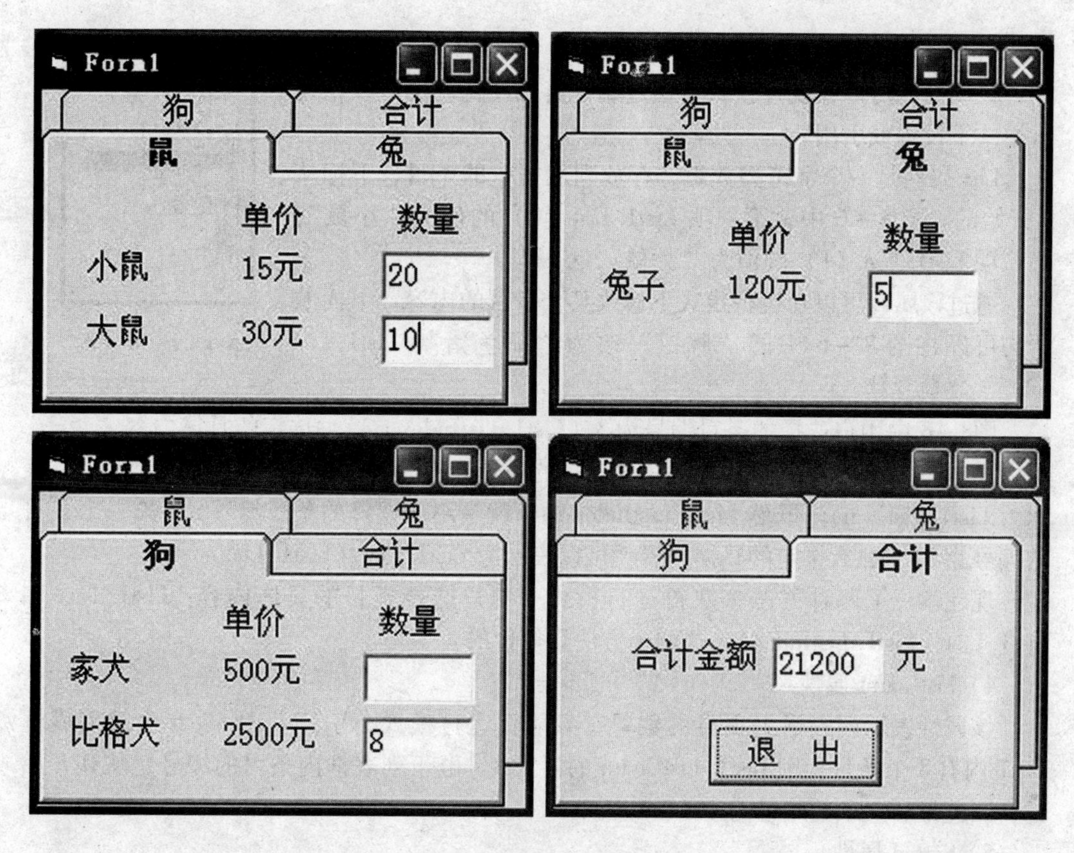

图8-5　实验动物出库管理系统

8.1.2 列表选择控件

列表选择控件的功能是为用户提供一系列的候选项供用户选择。最常用的是列表框和组合框。

8.1.2.1 ListBox 控件

列表框（ListBox）通过提供多个候选项供用户选择，达到与用户交互的目的。用户只能从给定的候选项中选择，不能添加和修改候选项。图8-6就是一个具有8个候选项的列表框（默认名称为List1）。

1. 重要属性

（1）Text 属性

Text 属性值是当前被选定条目的内容，只能在运行模式下设置或引用。图8-6中 List1. Text 的值为“兔子”。通过该属性可以获得用户的选择结果。

（2）ListIndex 属性

该属性只能在运行模式下设置或引用。

ListIndex 的值表示程序运行时被选定条目的序号（第一项序号为0，第二项为1，以此类推……）。如果没有选中任何条目，ListIndex 值为-1。图8-6中 List1. ListIndex 的值为3。通过该属性可以获得用户选择的是第几项。

3）List 属性

图8－6 列表框

该属性既可以在设计模式下通过属性窗口设置，也可以在运行模式下设置或引用。

List 属性是一个字符型数组，存放列表框中的条目，下标从0开始的。图8－6中，第一项 List1. List（0）的值为“小鼠”，第二项 List1. List（1）的值为“大鼠”，……。

通过该属性可以在运行模式下修改某个条目的内容。下面的语句可以将图8－6中的“豚鼠”改为“荷兰猪”：List1. List（2）＝"荷兰猪"

图8－6中用户选择的条目编号为3（List1. ListIndex＝3），选定的具体内容“兔子”可以表示为 List1. List（3）。如果用户选择的条目编号为n，则选定的具体内容就可以表示为 List1. List（n）。既然 List1. ListIndex 的值就是用户选择的条目编号n（第一个条目的编号为0），那么选定的具体内容就可以表示为 List1. List（List1. ListIndex）。

现在学习了两种方法来获得运行模式下用户选择条目的具体内容：List1. Text 和 List1. List（List1. ListIndex），这两个方法是等价的。

4）ListCount 属性

该属性表示列表框中项目的数量，只能在运行模式下引用。图8－6中的列表框 List1 内有8个条目，则 List1. ListCount 的值为8。由于列表框内条目的编号是从0开始的，因此最后一项的编号为 ListCount－1。

5）Sorted 属性

该属性用于设置程序运行时列表框内的条目是否按照字符顺序升序排列显示，只能在设计模式下设置。有两种取值情况：

True——条目按照字符顺序升序排列显示。

False——条目按照添加的先后顺序排列显示。

6）MultiSelect 属性

该属性用于设置在一个列表框中能否同时选择多个条目。有3种取值情况：

0——None 禁止多选（缺省）。

1——Simple 简单多选。鼠标单击或按空格键（可利用上下箭头在各个条目间移动）表示选择或取消选择某个条目。

2——Extended 扩展多选。按住 Ctrl 键，同时用鼠标单击或按空格键表示选择或取消选择一个条目；按住 Shift 键同时单击鼠标，或者按住 Shift 键同时移动光标键，可以选定多个连续项。

7）Selected 属性

前面讲的 List1. Text 和 List1. List（List1. ListIndex）都只能适用于列表框不允许多选的情况，当同时选中多个条目时就需要使用 Selected 属性来获得用户的选择结果。该属性只能在运行模式下引用。

Selected 属性是一个布尔型数组，其元素与列表框中的条目一一对应，元素值表示对应条目是否被选中。图8－6中“兔子”被选定，则 List1. Selected（3）为 True，其余的都是 False。

8）SelCount 属性

如果 MultiSelect 属性设置为 1（Simple）或 2（Extended），则该属性用于返回列表框中被选中条目的个数。通常它与 Selected 一起使用，以获得用户的选择结果。

9）Style 属性

该属性用于设置列表框的风格，只能在设计模式下设置。有 2 种取值情况：

0——Standard，标准型，（缺省）。

1——CheckBox，复选框形式，如图 8-7 所示。

注意：当 Style 设定为 1 时 MultiSelect 属性只能为 0，但是此时允许多选（前面带有复选框，当然可以进行复选了）。

图 8-7　带复选框的列表框

2. 常用方法

（1）AddItem 方法

AddItem 方法用于向列表框中添加新的条目。语法格式为：

对象 . AddItem Item [, Index]

Item：必须是字符串表达式，是新增条目的具体内容。

Index：新增条目在列表框中的位置，如果省略，则添加到最后。若 Index 为 0 则添加为最顶端的第一项。

（2）RemoveItem 方法

RemoveItem 方法用于从列表框中删除条目。语法格式为：

对象 . RemoveItem Index

Index：被删除条目的编号。对于顶端的第一个条目，Index 为 0。

（3）Clear 方法

Clear 方法用于清除列表框中的所有条目。语法格式为：

对象 . Clear

3. 事件

列表框能够响应 Click 和 DblClick 事件，但很少用。一般单击某个命令按钮时才读取用户的选择结果。

【例 8-3】图 8-8 为交换两个列表框中条目的程序。右侧列表框中的条目按照字符顺序升序排列，左侧列表框中的条目按照添加的先后顺序排列。当双击某个条目时，该条目从本列表框中被删除添加到另一个列表框中。

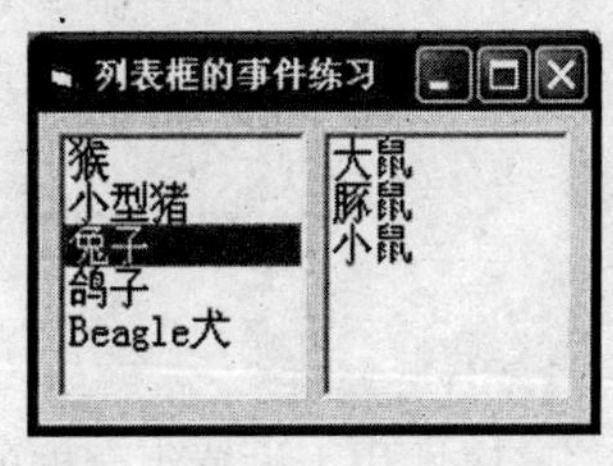

图 8-8　列表框应用练习

（1）在窗体上创建两个列表框，名称分别为 List1 和 List2。

（2）把列表框 List2 的 Sorted 属性设置为 True。

（3）在代码窗口中输入如下代码：

```
Private Sub Form_Load ( )
    List1. FontSize = 14
```

```
        List1. AddItem  "小鼠"
        List1. AddItem  "大鼠"
        List1. AddItem  "豚鼠"
        List1. AddItem  "兔子"
        List2. FontSize = 14
        List2. AddItem  " Beagle 犬"
        List2. AddItem  "小型猪"
        List2. AddItem  "猴"
        List2. AddItem  "鸽子"
End Sub
Private Sub List1_DblClick ( )
        List2. AddItem List1. Text
        List1. RemoveItem List1. ListIndex
End Sub
Private Sub List2_DblClick ( )
        List1. AddItem List2. Text
        List2. RemoveItem List2. ListIndex
End Sub
```

8.1.2.2 ComboBox 控件

ComboBox（组合框）是 VB 的标准控件，它是文本框和列表框的组合。

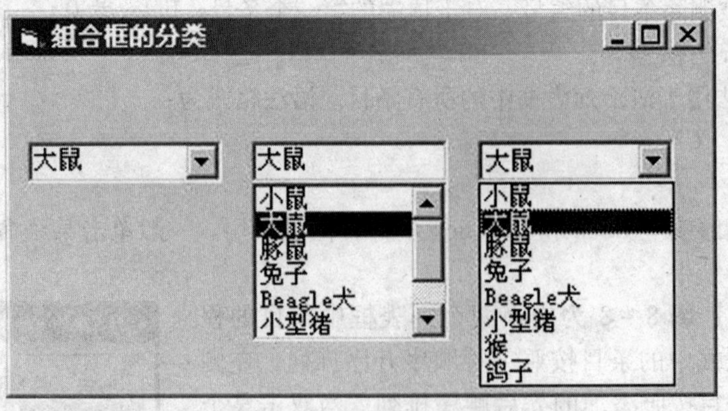

图 8-9 组合框的分类

1. Style 属性

该属性用于设置组合框的格式，有 3 种取值情况：下拉式组合框（0 - Dropdown）、简单组合框（1 - Simple Combo）、下拉式列表框（2 - Dropdown List），如图 8-9 所示。这三种组合框的区别为：

（1）下拉式组合框和下拉式列表框运行时只显示文本框，如图 8-9 左侧图形所示，当用户单击右侧的下三角时才显示列表框，如图 8-9 右侧图形所示。而简单组合框同时显示文本框和列表框，大小固定。

（2）当列表框中没有所需选项时，下拉式组合框和简单组合框允许用户在文本框中输入新的内容，而下拉式列表框不允许。

（3）三种组合框都可以响应 Click 事件，只有简单组合框可以响应 DblClick 事件。

组合框也具有 Text、ListIndex、List、ListCount、Sorted 等属性，含义同 List 控件，但没有 MultiSelect、Selected、Selcount 属性。

【例 8－4】编写一个程序实现必须从给定的实验类型中选择一个实验类型，从给定实验动物列表中选择可用的动物类型（可以多选），当单击“读取”按钮时将用户的选择结果输出到窗体上，如图 8－10 所示。

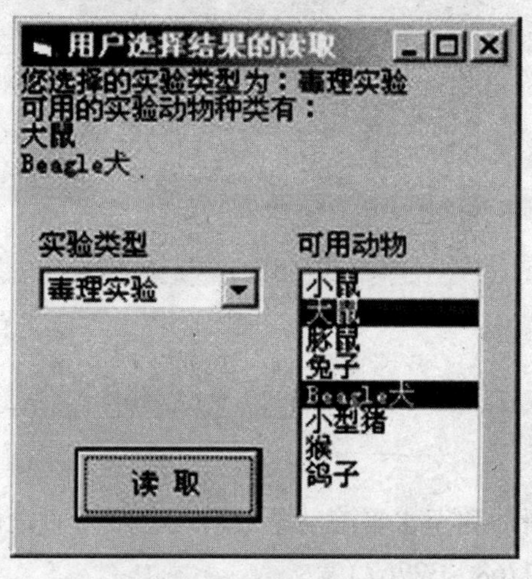

图 8－10　读取选择结果

（1）创建一个组合框 Combo1，将 Style 属性设定为 2（Dropdown List）。

（2）创建一个列表框 List1，将 MultiSelect 属性设定为 2（Extended）。

（3）创建一个命令按钮 Command1，将 Caption 属性设定为“读取”。

（4）在代码窗口中添加如下代码：

```
Private Sub Command1_Click ( )
    Print "您选择的实验类型为:" & Combo1. Text
    Print "选用的实验动物种类有:"
    '逐条检查 List1中的条目
    For i  =  0 To List1. ListCount_1
        '如果该条目被选中了则进行打印显示
        If List1. Selected (i) = True Then
            Print List1. List (i)
        End If
    Next i
End Sub
```

若需将选择结果保存到一个文件中，请读者考虑怎样修改上述程序？

8.1.3 滚动条

滚动条（ScrollBar）分为水平滚动条和垂直滚动条两种，它们都是VB的标准控件。除了方向不同外，水平滚动条和垂直滚动条的结构和操作是一样的。两端各有一个箭头，中间有一个滑块。如图8-11所示。

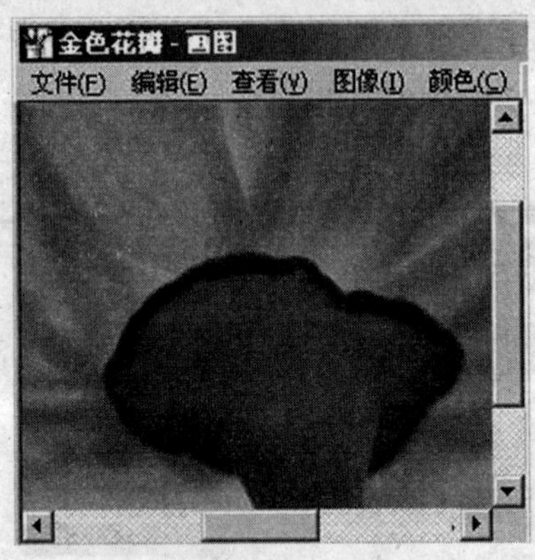

图8-11　滚动条

1. 重要属性

（1）Max

该属性用于设置当滑块移至水平滚动条最右端，或垂直滚动条最下端时滚动条所能表示的极值（范围为-32768~32767）。

（2）Min

该属性用于设置当滑块移至水平滚动条最左端，或垂直滚动条的最上端时滚动条所能表示的极值（范围为-32768~32767）。

说明：Max既可以大于Min，也可以小于Min。

（3）Value

该属性用于设置和返回滑块在滚动条上的位置。一个滚动条就相当于一个数轴，当Min和Max的值确定后，Value属性值就是滑块所在位置对应于该数轴上的值。

注意：不能将Value的值设置在Max和Min范围之外。

（4）LargeChange

该属性用于设置单击滚动条上滑块与箭头间位置时，Value增加或减小的值。

（5）SmallChange

该属性用于设置单击滚动条两端的箭头时，Value增加或减小的值。

2. 事件

（1）Scroll

当拖动滚动条上的滑块时，就会触发Scroll事件。

说明：通过语句改变Value的值、单击滚动条两端的箭头、单击滑块与箭头间位置时都不会触发Scroll事件。

（2）Change

只要滚动条的 Value 值发生改变就会触发 Change 事件。

说明：通过语句改变 Value 的值、单击滚动条两端的箭头、单击滑块与箭头间位置、拖动滚动条上的滑块松开时都会触发 Change 事件。

一般为滚动条编写代码时，这两个事件都要编写。

【例 8-5】编写一个利用滚动条来改变文本框内文字大小的应用程序，如图 8-12 所示。在窗体上添加一个文本框 Text1（Text 属性为"测试字符"，字体大小为 10 号）和一个水平滚动条 HScroll1（Max 为 60，Min 为 10，SmallChange 为 1，LargeChange 为 5）。

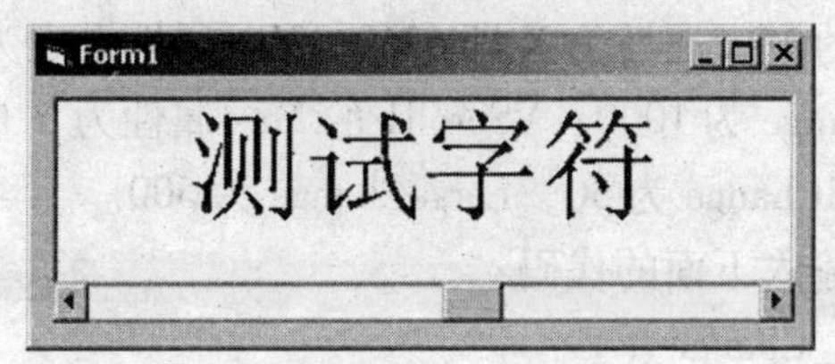

图 8-12　利用滚动条改变字符的字号

在代码窗口中输入下列代码：

```
Private Sub HScroll1_Change ( )
    Text1. FontSize  =  HScroll1. Value
End Sub
```

以上代码用于单击滚动条两端的箭头或滑块与箭头间的空白区域时生效。

```
Private Sub HScroll1_Scroll ( )
    Text1. FontSize = HScroll1. Value
End Sub
```

以上代码用于拖动滚动条上的滑块时生效。

运行上面的程序，拖动滑块、进行 SmallChange、LargeChange 的改变，观察变化的结果。

【例 8-6】利用滚动条浏览大图片，如图 8-13 所示。

图 8-13　利用滚动条浏览大图片

（1）在窗体上添加一个图片框 Picture1，大小比窗体适当小一些，再添加两个滚动条 HScroll1 和 VScroll1，摆放到如图 8-13 所示的位置。

（2）在 Picture1 内再添加一个图片框 Picture2（添加方法同在框架内添加其他控件），AutoSize 属性设为 True，Picture 属性设为 WindowsXP 系统提供的壁纸“金色花瓣.JPG”（或其它稍大些的图片文件）。

（3）移动 Picture2 使得 Picture2 的右下角刚好与 Picture1 的右下角对齐，记下此时 Picture2 的 Left 属性值 X（此例中为 -6360）和 Top 属性值 Y（此例中为 -3840），再次移动 Picture2 使得 Picture2 的左上角刚好与 Picture1 的左上角对齐。

（4）设置 HScroll1 的 Max 属性为 X 即 6360，Min 属性设定为 0（Max > Min），SmallChange 为 100，LargeChange 为 1000；VScroll1 的 Max 属性为 Y 即 -3840，Min 属性设定为 0（Min > Max），SmallChange 为 50，LargeChange 为 500。

（5）在代码窗口中输入下面的代码：

```
Private Sub HScroll1_Change ( )
    Picture2. Left  =  -1  *  HScroll1. Value
End Sub
Private Sub HScroll1_Scroll ( )
    Picture2. Left  =  -1  *  HScroll1. Value
End Sub
Private Sub VScroll1_Change ( )
    Picture2. Top  =  VScroll1. Value
End Sub
Private Sub VScroll1_Scroll ( )
    Picture2. Top  =  VScroll1. Value
End Sub
```


说明：HScroll1 的 Max 值为正，VScroll1 的 Max 值为负是为了说明这两种设置方法都可以，不同的是程序中是否需要乘以 -1。

8.1.4 RichTextBox

同一个文本框中的全部文本必须具有同一种格式，包括字体格式、对齐方式等。有时一篇文章中需要多种文字、段落格式等设置，甚至插入图形就像 Word 一样。这时文本框控件就不能胜任了，需要使用 RichTextBox 控件。

RichTextBox 控件不是标准控件，使用前需要通过“工程”菜单下的“部件”将“Microsoft Rich TextBox Control 6.0”添加到工具箱，新增的就是 RichTextBox 控件。

1. 特有的重要属性

RichTextBox 能够实现多种文字格式的设定，是因为它可以对选中部分的字符进行单独的设定。例如：将选中字符的字号设定为 20 磅的语句为 [对象名.] SelFontSize = 20，将选中字符的颜色设定为红色的语句为 [对象名.] SelColor = vbRed。更多属性参见表 8-1。使用方法参考 TextBox。

表 8－1　RichTextBox 控件常用的格式化属性

分类	属性	值类型	说明
选中文本	SelText SelStart SelLength		同 TextBox 控件
字体字号	SelFontName SelFontSize		同上
字型	SelBold SelItalic SelUnderline SelStrikethru	逻辑型	粗体、斜体、下划线、删除线
上、下偏移	SelCharOffset	整型	>0 上偏移，<0 下偏移，Twip 为单位
颜色	SelColor	整型	
缩排	SelIndent SelRightIndent SelHangingIndent	整型	缩排单位由 ScalMode 决定
对齐方式	SelAlignment	整型	（指段落）0 左、1 右、2 居中

2. 在 RichTextBox 中插入图像

在 RichTextBox 控件中可以插入 *. bmp 的图像文件，语法如下：

对象名 . OLEObjects. add［索引］，［关键字］，文件标识符

其中：对象名 是 RichTextBox 控件的名称。

OLEObjects 是添加到 RichTextBox 控件中的对象的集合。

索引和关键字给被添加元素的编号和标识名（OLEObjects 就像一个班级，编号就是班级里每一个学生的学号，标识名就是每一个学生各不相同的姓名。我们可以利用唯一的学号或姓名来识别每一个学生），可以省略，但是逗号不能省略。

文件标识符是被插入对象的带有完整路径的文件名。

例如：将 Windows XP 自带的图形文件“C：\ Windows \ Greenstone. bmp”插入到当前光标位置，方法为：

```
RichTextBox1. OLEObjects. add , ," C：\ Windows \ Greenstone. bmp "
```

3. RichTextBox 的文件操作

用 LoadFile 方法可以方便地将磁盘文件显示在 RichTextBox 中，用 SaveFile 方法可以将 RichTextBox 中的内容保存至磁盘文件中。

（1）LoadFile 方法

LoadFile 方法能够将 RTF 文件（ *. rtf）或文本文件（ *. txt）装入 RichTextBox 控件并显示，语法格式为：

对象名 . LoadFile 文件标识符［，文件类型］

其中：对象名为某个 RichTextBox 控件的名称。

文件标识符为欲加载文件的文件名（包含完整路径），可以是变量。

文本类型取值为 0 或 rtfRTF 为 RTF 文件（缺省）；取值 1 或 rtfTEXT 为文本文件。

把“D：\ mytest \ abc. txt”文件加载到 RichTextBox1 控件中并显示的语句为：

```
RichTextBox1. LoadFile "d：\ mytest \ abc. txt", rtfTEXT
```

（2）SaveFile 方法

SaveFile 方法将 RichTextBox 控件中的内容保存为 Rtf 文件或文本文件，语法格式为：

对象名 . SaveFile 文件标识符［，文件类型］

把 RichTextBox1 控件中的内容保存至“D：\ mytest \ abc. txt”的语句为：

```
RichTextBox1. SaveFile "d：\ mytest \ abc. txt", rtfTEXT
```

【例8－7】在窗体中添加一个RichTextBox控件，将其Text属性清空，字体设为宋体、四号；再添加三个命令按钮，Caption属性分别为“字体格式”、“上标”、“段落居中”。如图8－14所示。

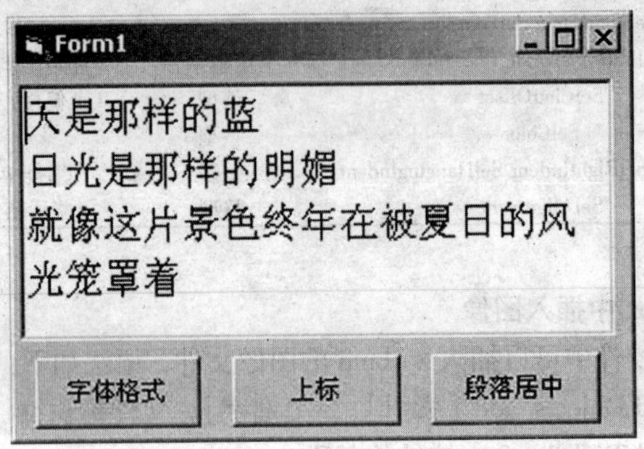

图8－14 RichTextBox属性练习

在代码窗口中输入以下代码：

```
Private Sub Command1_Click ( )
    RichTextBox1. SelFontSize = 20
    RichTextBox1. SelUnderline = True
    RichTextBox1. SelColor = vbRed
    RichTextBox1. SelFontName = "隶书"
End Sub
Private Sub Command2_Click ( )
    RichTextBox1. SelFontSize = RichTextBox1. SelFontSize \ 2   '字号缩小一半
    RichTextBox1. SelCharOffset = 150                            '字符提升150Twip
End Sub
Private Sub Command3_Click ( )
    RichTextBox1. SelAlignment = 2                               '段落居中对齐
End Sub
Private Sub Form_Load ( )
    RichTextBox1. Text = "天是那样的蓝" & vbCrLf & "日光是那样的明媚" _
    & vbCrLf & "就像这片景色终年在被夏日的风光笼罩着"
End Sub
```

8.1.5 时间日期控件

Visual Basic提供了几种时间日期控件，用来进行秒表计时、日期选择等功能。常见的有Timer控件、DateTimePicker控件等。

8.1.5.1 Timer控件

Timer控件是VB提供的标准控件，它可以实现指定代码的周期性自动运行。该控件在运行时不可见。

1. 重要属性

（1）Interval 属性

该属性用于设置和返回 Timer 事件周期性自动运行的时间间隔。单位是毫秒（千分之一秒），取值范围为 0 ~65535。若 Interval 设为 1000，则 Timer 事件每秒钟触发一次；若 Interval 设为 0，则不触发 Timer 事件。

（2）Enabled 属性

该属性用于设置 Timer 控件是否生效。当 Enabled = False 时，Timer 事件不执行。

2. 事件

Timer 控件只支持一种事件过程，那就是 Timer 事件。该事件过程每隔 Interval 指定的时间间隔自动执行一次，前提是 Interval >0 和 Enabled = True 两个条件同时为真。

注意：VB 中有几个易混淆的概念：Timer 控件、Timer 事件、Timer 函数和 Time 函数。Timer 控件是 VB 中模拟秒表计时器的一种工具，每隔一定的时间间隔运行一次 Timer 事件过程中的程序语句；Timer 函数返回从午夜（0:00:00）开始到现在经过的秒数；Time 函数返回当前系统的时间（格式为“00:00:00”）。

【例 8 - 8】设计程序自动缩放字体。要求程序运行后单击“开始”按钮，Text1 中的字体开始周期性地自动放大；当字号大于 100 时，开始周期性地缩小；当字号小于 10 时，开始周期性地放大。单击“停止”按钮，保持当前字号不变。如图 8 - 15 所示。

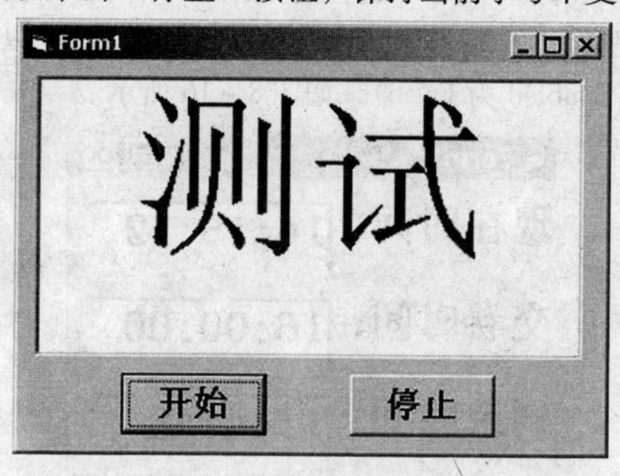

图 8 - 15 用计时器放大字体

（1）在窗体上添加一个文本框 Text1（Text 属性为“测试”，字号为 110 磅，大小刚好能容纳这两个字符）。

（2）创建两个命令按钮 Command1 和 Command2（Caption 属性分别为“开始”和“停止”）。

（3）添加一个计时器控件 Timer1（Enabled 为 False，Interval 为 1000）。

（4）在代码窗口中输入以下语句：

```
Dim suofang As Integer              '该变量控制应该放大(记为 1) 还是缩小(记为 -1)
Private Sub Form_Load ( )
    Text1. FontSize =20             '程序开始时，字号设为 20 磅
    suofang = 1                     '程序开始时，处于放大状态
```

```
End Sub
Private Sub Command1_Click ()
    Timer1. Enabled = True        '开始缩放
End Sub
Private Sub Command2_Click ()
    Timer1. Enabled = False       '停止缩放
End Sub
Private Sub Timer1_Timer ()
    If Text1. FontSize < 10 Then               '小于10磅时开始放大
        suofang = 1
    ElseIf Text1. FontSize > 100 Then          '大于100磅时开始缩小
        suofang = -1
    End If
    Text1. FontSize = Text1. FontSize + 10 * suofang
End Sub
```

【例8-9】设计考试倒计时程序，在窗体上添加三个标签Label1、Label2、Label3（Caption属性分别为“现在时间”、“交卷时间”、“剩余时间”，字体均为宋体四号），三个文本框Text1、Text2、Text3（Text属性均为空，字体为宋体四号），一个命令按钮Command1（Caption属性为“开始考试”，字体为宋体四号），以及一个计时器Timer1（Interval设置为1000，Enabled为False），如图8-16所示。

图8-16 考试倒计时

代码窗口中输入如下代码：

```
Dim total As Single          '离交卷时间还有多少秒
Dim hour As Integer          '离交卷还有几个整小时
Dim minute As Integer        '离交卷时间除hour小时外还余几分钟
Dim second As Integer        '离交卷时间除hour小时minute分钟外还余几秒钟
Private Sub Command1_Click ()
    Timer1. Enabled = True        '开始计时
End Sub
```

```
Private Sub Timer1_Timer ( )
    Text1. Text  =  Time                              '系统的当前时间
    total = DateDiff ( "s" ,Time, Text2. Text)        '距交卷总共还有多长时间(秒为单位)
    hour  =  total \ 3600                             '离交卷还有几个整小时
    minute  =  (total Mod 3600) \ 60                  '离交卷除整小时外还有几分钟
    second  =  total Mod 60                           '离交卷除整分钟外还有几秒钟
    Text3 = hour & " :" & minute & " :" & second      '以"00:00:00"形式显示剩余时间
    If total  < =  0 Then                             '判断是否到达交卷时间
        Timer1. Enabled  =  False                     '不再计时
        MsgBox "考试结束,请交卷!"                        '提示用户交卷
    End If
End Sub
```

按下 F5 键，在 Text2 中输入考试结束的时间，格式为“00:00:00”（中间为英文的冒号），注意应当比当前的系统时间大。单击“开始考试”，观察运行结果。

8.1.5.2 DateTimePicker **控件**

DateTimePicker 控件可以提供如图 8 – 17 所示的下拉式日历供用户选择日期，并按照指定的格式将选择结果显示出来。

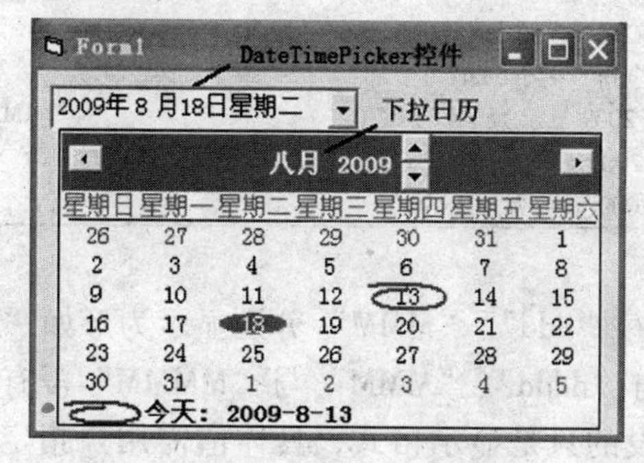

图 8 – 17　DateTimePicker 控件

DateTimePicker 控件不是标准控件，使用前需要通过“工程”菜单下的“部件”将“Microsoft Windows Common Controls – 2 6.0”添加到工具箱中，新增的 就是 DateTimePicker 控件。

1. 重要属性

(1) Format

该属性用于设置 DateTimePicker 控件中日期和时间的显示格式。有四种取值情况：

0 – dtpLongDate 长日期格式显示。形如 2009年 8 月18日星期二

1 – dtpShortDate 短日期格式显示。形如 2009- 7 -18

2 – dtpTime 时间格式显示。形如 0 :00:00

3 - dtpCustom 使用格式字符串来指定一种自定义格式进行显示。

(2) CustomFormat

该属性用于设置 DateTimePicker 控件中用户自定义的显示格式。前提是 Format 属性值必须为 dtpCustom。语法格式为:

对象名 . CustomFormat = 格式表达式

例如，语句 DTPicker1. CustomFormat = "yyy/MM/dd" 可以使控件 DTPicker1 显示为 2009/08/18 。语句 DTPicker1. CustomFormat = " yyy - MM - dd dddd" 可以使控件 DTPicker1 显示为 2009-08-18 星期二 。

格式表达式中，可以使用的字符串及其含义如表 8 - 2 所示。

表 8 - 2 格式表达式中可以使用的字符串及其含义

字符串	含义	字符串	含义
d	1 或 2 位的日，例 2、21	h	1 或 2 位的小时（12 小时制）
dd	2 位的日，例 02、21	hh	2 位的小时（12 小时制）
ddd	星期英文缩写，例 Mon	H	1 或 2 位的小时（24 小时制）
dddd	星期英文全拼，例 Monday	HH	2 位的小时（24 小时制）
M	1 或 2 位月，例 1、10	m	1 或 2 位的分钟
MM	2 位的月，例 01、10	mm	2 位的分钟
MMM	月份英文缩写，例 Jan	s	1 或 2 位的秒
MMMM	月份英文全拼，例 January	ss	2 位的秒
y	1 位的年份（2009 显示为 "9"）	tt	AM/PM 的 2 个字母缩写（"AM" 记为 "AM"）
yy	2 位的年份（2009 显示为 "09"）		
yyy	完整的年份（2009 显示为 "2009"）	t	AM/PM 的 1 个字母缩写（"AM" 记为 "A"）

说明:

• 中文版 VB 系统中，"ddd"、"MMM" 分别显示为形如 "星期一"、"一月" 的中文格式，因此 "ddd" 与 "dddd"、"MMM" 与 "MMMM" 没有区别。

• 小时、分钟、秒设的只是显示格式，具体值需用户指定，不会自动显示系统时间。

• 可以在格式字符串中添加主体文本（表中列出的格式字符串以外的说明文本）。例如，语句 DTPicker1. CustomFormat = "'today is:'yyy 年 M 月 d 日 dddd" 会使控件显示为 today is:2009年 8 月18日星期二 。由于主体文本内 "today is:" 中的 "t" 代表 "上、下午"，"d" 代表 "日"，"y" 代表 "年"，"s" 代表 "秒"，因此为避免歧义，必须用单引号括起来。至于 "年"、"月"、"日"，由于无歧义，因此括不括起来均可。如果写为 " today is: yyy 年 M 月 d 日 dddd"，则显示为 上o18a9 i0:2009年 8 月18日星期二 。

(3) Value

该属性用于返回或设置控件当前选中的日期。

(4) Day、Month、Year

这些属性分别用于返回和设置控件显示日期中的日、月份、年份。当修改某个属性时其它几个属性的值不会跟着变化，例如语句 DTPicker1. Month = 5 可以将图 8 - 17 中的日期更改为 2009 年 5 月 18 日。

(5) DayOfWeek

该属性用于返回或设置当前显示日期为一个星期中的第几天。范围为 1 ~ 7（星期日为 1，星期六为 7）。例如 DTPicker1 中显示的日期为 2009 年 8 月 14 日星期五，语句 DTPicker1. DayOfWeek = 3 可以将显示日期修改为 2009 年 8 月 11 日星期二。

2. Change 事件

只要 DateTimePicker 控件中显示的日期发生改变就会触发 Change 事件。通过 Value、Year、Month、Day、DayOfWeek 等属性就可以获得用户指定的日期。

8.2 对话框设计

VB 中的对话框分为预定义对话框、通用对话框和自定义对话框三种。预定义对话框为 VB 系统提供的格式固定的对话框，例如 InputBox 输入框、MsgBox 消息框等；通用对话框是 VB 提供的集打开、另存为、颜色、字体、打印机、帮助于一体的 Windows 应用程序标准格式对话框；自定义对话框是 VB 的一个窗体，用户可以按照自己的意愿来设计其格式和功能。

8.2.1 通用对话框

Visual Basic 提供了集打开、另存为、颜色、字体、打印机、帮助六种基于 Windows 标准对话框于一体的通用对话框。CommonDialog 控件不是标准控件，使用前需要通过“工程”菜单下的“部件”将“Microsoft Common Dialog Control6. 0”添加到工具箱中，新增的就是 CommonDialog 控件。

该控件和 Timer 控件一样，运行时不可见。只有为 Action 属性设置相应的值或者调用其 Show 方法才可以显示相应的对话框。

1. 针对这六种对话框的通用属性和方法

(1) Action 属性和 Show 方法

在运行模式可以设置的 Action 属性值和 Show 方法见表 8 - 3。

表 8 - 3　CommonDialog 控件的 Action 属性和 Show 方法

通用对话框的显示类型	Action 属性值	Show 方法
“打开（Open）”文件对话框	1	ShowOpen
“另存为（Save As）”文件对话框	2	ShowSave
“颜色（Color）”对话框	3	ShowColor
“字体（Font）”对话框	4	ShowFont
“打印（Print）”对话框	5	ShowPrinter
“帮助（Help）”对话框	6	ShowHelp

说明：通用对话框只是为用户提供直观的操作界面，返回用户的操作结果，而不能进行真正的打开、保存、打印等操作，这些功能需要相应的程序来实现。

并且，下面的两条语句是等价的：

CommonDialog1. ShowOpen

CommonDialog1. Action = 1

（2）CancelError 属性

该属性用于设置当单击“取消”按钮时是否产生错误信息。

当 CancelError = False 时单击“取消”不出现错误提示；若 CancelError = True 单击“取消”按钮时系统提示错误号为 32755 的错误，可以通过这个错误号来判断是否用户取消了操作。

2. “打开（Open）”对话框

“打开”对话框提供了可以遍历每个驱动器、文件夹和文件的功能，如图 8 - 18 所示，并可以返回用户的选择结果。

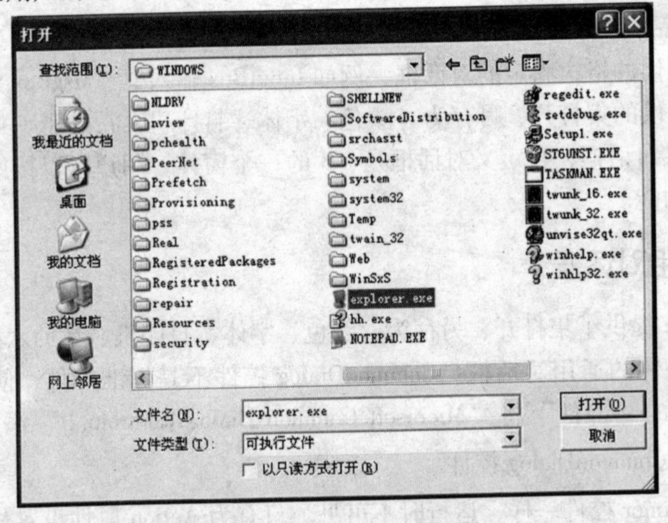

图 8 - 18 “打开”对话框

“打开”对话框的重要属性：

（1）FileName 属性

该属性用于返回或设置“打开”对话框中选定的文件名（包含完整路径）。图 8 - 18 中 FileName 属性的值为“c:\windows\explorer. exe”。

（2）FileTitle 属性

该属性用于返回“打开”对话框中选定的文件名（不包含路径），图 8 - 18 中 FileTitle 属性的值为“explorer. exe”。

（3）Filter 属性

该属性用于设置“打开”对话框中“文件类型”处提供的文件类型过滤器。每个过滤器由两部分组成，前面部分是显示给用户看的信息，后面部分是系统显示的文件类型，两部分用“|”分隔。例如只允许用户看到可执行文件，可以使用下面的语句定制过滤器，运行结果如图 8 - 18 所示。

CommonDialog1. Filter = "可执行文件 | *. exe"

如果一个过滤器允许同时显示多种文件类型,可以将后面的多个文件类型用英文的分号隔开。例如：CommonDialog1. Filter = "图片文件 | *. jpg; *. bmp; *. gif; *. ico"。

Filter 属性可以包含多个过滤器，每个过滤器之间也要用“|”隔开。例如在“文件类型”处提供“文本文件”、“可执行文件”、“所有文件”3 种文件类型过滤器，可以使用下面的语句：

CommonDialog1. Filter = "文本文件 | *. txt | 可执行文件 | *. exe | 所有文件 | *. *"

(4) FilterIndex 属性

该属性用于设置当提供了多个过滤器时，默认地哪个过滤器生效，系统默认值为 0（第一个过滤器)。

注意：FilterIndex = 0 和 1 都是第一个，第二个过滤器值为 2，第三个为 3，……。

(5) InitDir 属性

该属性用于设置“打开”对话框的初始目录。

3. “另存为（Save as)”对话框

“另存为”对话框和“打开”对话框相似，提供了可以遍历每个驱动器、文件夹和文件的功能，用户可以在“文件名”处输入新的文件名，如图 8－19 所示，并可以返回用户的操作结果。用法参见“打开”对话框。

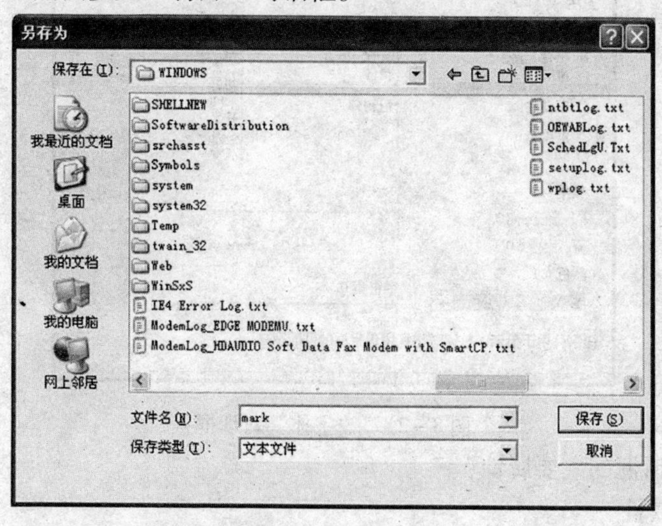

图 8－19 “另存为”对话框

4. “颜色”对话框

“颜色”对话框提供了让用户通过鼠标点击就可以选择相应颜色的功能，如图 8－20 所示，并返回用户的选择结果。

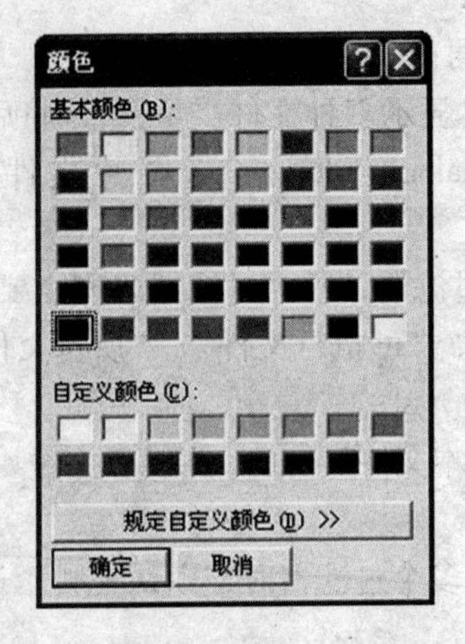

图8-20　“颜色”对话框

Color属性是“颜色”对话框的一个重要属性，通过该属性可以设置和返回对话框中选定的颜色。

5. “字体”对话框

“字体”对话框提供了选择字体、字号、效果和颜色等功能，如图8-21所示，并返回用户的选择结果。

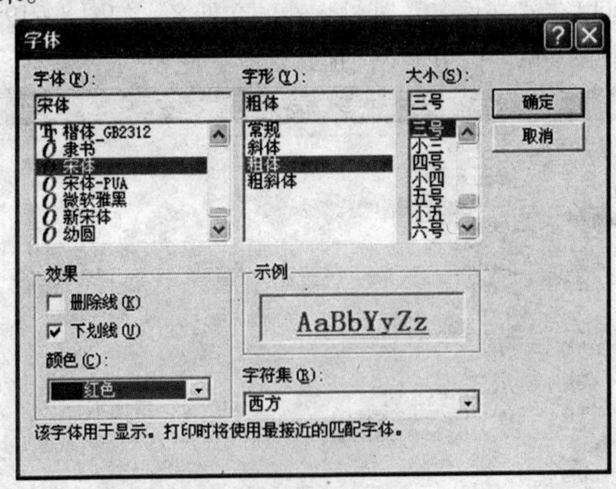

图8-21　“字体”对话框

“字体”对话框的主要属性：

（1）Flags属性

在打开“字体”对话框之前必须设置该属性，否则系统会报告“没有安装字体。请从控制面板打开‘字体’文件夹以便安装字体”的出错信息。Flags属性可以设置的常数组合如表8-4所示，其中常数cdlCFEffects不能单独使用，需要和其他常数一起进行“Or”运算使用。

表8-4 “字体”对话框中Flags属性的取值

常数	值（16进制）	值（10进制）	含义
cdlCFScreenFonts	&H1	1	显示屏幕字体
cdlCFPrinterFonts	&H2	2	显示打印机字体
cdlCFBoth	&H3	3	同时显示屏幕字体和打印机字体
cdlCFEffects	&H100	256	显示“字体”对话框中的效果框架

（2）字体格式属性

通过 FontName、FontSize、FontBold、FontItalic、FontUnderline、Strikethru 属性可以设置和返回字体的格式。

说明：默认情况下，打开“字体”对话框时除 FontName 外所有属性都有初始值。为了避免赋给字体一个空的字体名，建议在打开“字体”对话框前，为 FontName 属性设置一个初始值。例如：

```
CommonDialog1. Flags = cdlCFBoth or cdlCFEffects
CommonDialog1. FontName = "宋体"
CommonDialog1. ShowFont
```

（3）Color 属性

用于设置字体的颜色。

6. “打印”对话框

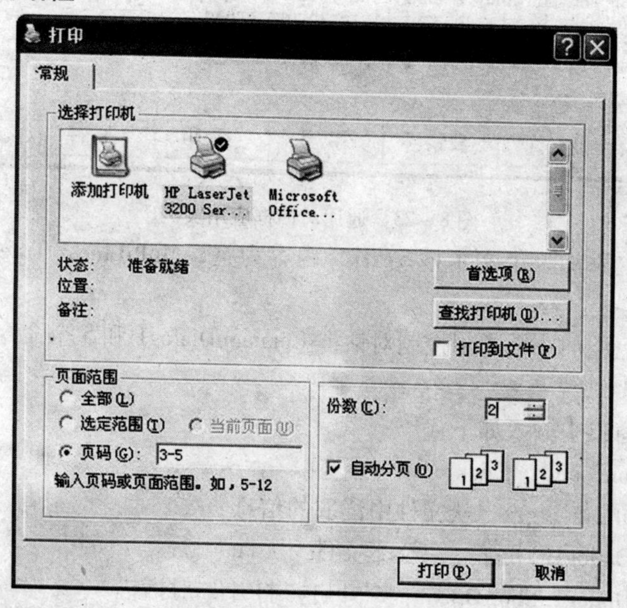

图8-22 “打印”对话框

通过“打印”对话框，用户可以选择打印机、打印范围和份数，如图8-22所示。重要属性有：

（1）Max 属性、Min 属性

该属性在“打印”对话框打开之前设置，用于限定用户可以指定的页面范围，一般 Min = 1、Max = 文章总页数。若不指定，打印对话框中的“页码（G）”将不可用。

（2）FromPage 属性、ToPage 属性

该属性用于设置和返回打印的起始页码和终止页码。图 8 – 22 中 FromPage = 3、ToPage = 5。

（3）Copies 属性

该属性用于返回用户指定的打印份数。

【例 8 – 10】设计如图 8 – 23 所示的应用程序。单击“打开”可以通过“打开”文件对话框选择一个文本文件，并将文件内容显示在文本框 Text1 中。单击“背景色”可以通过“颜色”对话框选择一个颜色，并将该颜色应用于文本框背景。单击“字体”可以通过“字体”对话框设置字体格式，并将结果应用于文本框中。单击“打印”可以通过“打印”对话框指定打印机和打印份数，并将文本框内容通过打印机输出。单击“保存”可以通过“另存为”对话框将修改后的文本框内容保存到文件“d:\EnglishTest. txt”中。

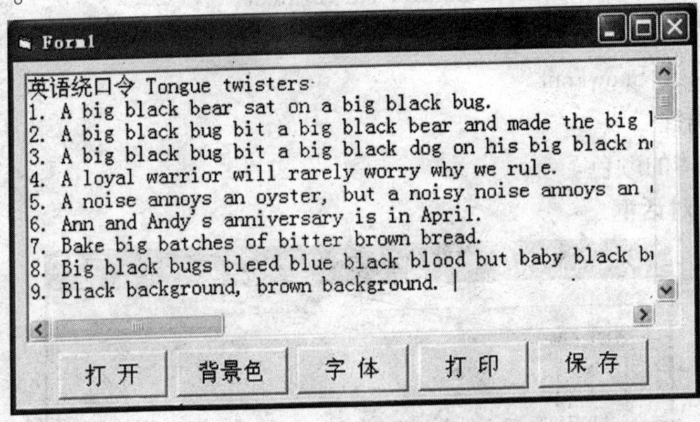

图 8 – 23 通用对话框应用实例

（1）在窗体上添加一个文本框 Text1，内容为空，MultiLine = True，ScrollBars = 3（Both）。

（2）在窗体上添加一个通用控制对话框 CommonDialog1 和 5 个命令按钮，如图设置其 Caption 属性。

（3）在代码窗口中输入如下代码：

```
Private Sub Command1_Click ()
    Dim InputData $        '从文件中读取的信息
    CommonDialog1. Filter = "文本文件 | *.txt"
    CommonDialog1. ShowOpen        '开启“打开”对话框
    Open CommonDialog1. FileName For Input As #1        '打开指定文件准备读取
        Do Until EOF (1)        '直到读取到文件末尾为止
            Line Input #1, InputData        '从 1 号文件读取一行，存入变量
            Text1. Text = Text1. Text & InputData & vbCrLf
        Loop
```

```
    Close #1        '关闭用户指定的文件
End Sub
Private Sub Command2_Click ( )
    CommonDialog1. ShowColor
    Text1. BackColor = CommonDialog1. Color
End Sub
Private Sub Command3_Click ( )
    CommonDialog1. Flags = cdlCFBoth Or cdlCFEffects
    CommonDialog1. FontName = "宋体"        '避免出现字体名称为空的错误
    CommonDialog1. ShowFont
    Text1. FontName = CommonDialog1. FontName
    Text1. FontBold = CommonDialog1. FontBold
    Text1. FontItalic = CommonDialog1. FontItalic
    Text1. FontSize = CommonDialog1. FontSize
    Text1. FontUnderline = CommonDialog1. FontUnderline
    Text1. FontStrikethru = CommonDialog1. FontStrikethru
    Text1. ForeColor = CommonDialog1. Color
End Sub
Private Sub Command4_Click ( )
    CommonDialog1. ShowPrinter
    For i = 1 To CommonDialog1. Copies
        Printer. Print Text1. Text
    Next i
    Printer. EndDoc
End Sub
Private Sub command5_click ( )
    CommonDialog1. Filter = "文本文件|*. txt"
    CommonDialog1. ShowSave        '开启"另存为"对话框
    Open CommonDialog1. FileName For Output As #1        '打开指定文件准备写入
        Print #1, Text1. Text        '将 Text1 中的内容写入 1 号文件
    Close #1        '关闭用户指定的文件
End Sub
```


8.2.2 自定义对话框

自定义对话框是用户创建的可以为应用程序接收信息的 VB 窗体。通过在窗体上添加适当的控件并设置相应的属性值，来定义窗体的外观和功能。

VB 提供了几种常用自定义对话框的模版，通过“工程”菜单下的“添加窗体”打开“添加窗体”对话框，如图 8－24 所示，其中常用模版有：

"关于"对话框——设计软件版本、版权信息等说明信息的对话框模版。

展示对话框——设计软件初始欢迎界面、公司Logo信息的对话框模版。

日积月累——设计软件使用技巧提示信息的对话框模版。

登录对话框——设计身份验证界面的对话框模版。

选项对话框——设计多个选项卡界面的对话框模版。

对话框——设计任意界面、功能灵活的对话框模版。

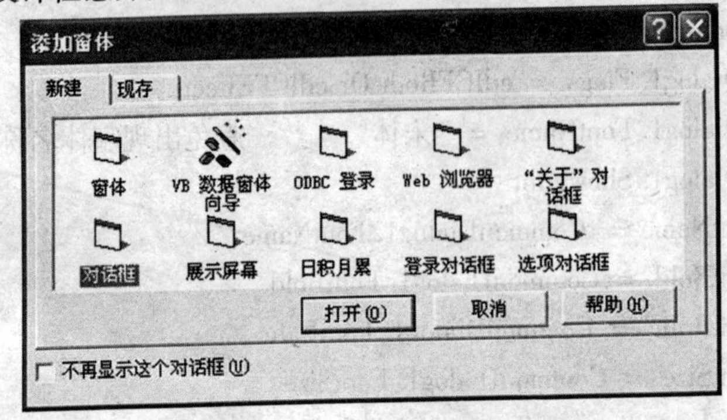

图8-24 "添加窗体"对话框

对话框窗体与一般窗体在外观上的区别是：对话框没有窗体控制图标及最大化和最小化按钮，窗体大小不可调整。对话框窗体属性设置如表8-5所示。

表8-5 对话框窗体属性设置

属性	值	说明
BorderStyle	3-Fixed Dialog	固定边框，大小不可调整，无最大和最小化按钮
Icon	空	没有窗体控制图标

一般来说，对话框必须至少包含一个退出该对话框的命令按钮，通常建立两个命令按钮"确定"和"取消"。其中，"确定"按钮用于执行动作并关闭对话框退出，而且Default属性为True；"取消"按钮用于单纯地关闭对话框退出，而且Cancel属性为True。

自定义对话框的显示和关闭操作参见后面的多窗体操作。

8.3 菜单设计

利用Visual Basic提供的菜单编辑器可以很方便地创建功能强大的菜单。菜单按照外观和位置可以分为下拉式菜单（如图8-25所示）和弹出式菜单两种。

所有菜单都是通过菜单编辑器（如图8-26所示）来创建的，在对象窗口为活跃窗口的情况下调用菜单编辑器的方法有：

(1) 执行"工具"菜单里的"菜单编辑器"命令。

(2) 单击工具栏中的"菜单编辑器"按钮。

（3）在对象窗口空白处右击，弹出的快捷菜单中选择“菜单编辑器”命令。

（4）通过快捷菜单“Ctrl + E”。

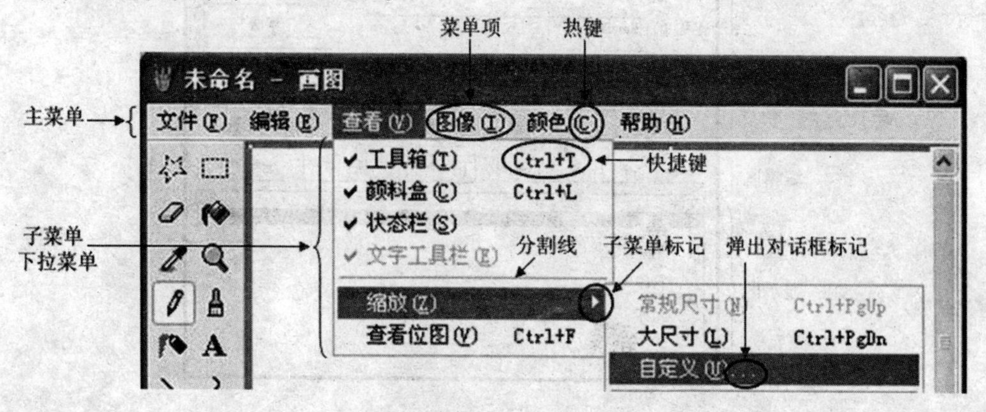

图8－25　下拉式菜单

8.3.1 下拉式菜单设计

下拉菜单位于窗体的顶部，每个菜单项包括分割线在内其实就是一个和命令按钮类似的控件，拥有自己的名称（Name）、标题（Caption）等属性，支持相应的事件和方法。

1. 创建菜单项

（1）打开菜单编辑器，在“标题”处输入菜单项的标题文本（Caption）；在“名称”处输入菜单项的名称（Name），即可创建第一个菜单项。

（2）单击“下一个”或“插入”按钮，重复上一步操作，添加新菜单项。

（3）在显示区选中某菜单项，单击编辑区中的上下箭头可以调整菜单项在菜单中上下的排列位置；单击右箭头可以将之降级为下一级子菜单（前面增加一个“…”标志）；单击左箭头进行升级。

（4）对于分割线需要在“名称”处输入唯一的名称，标题属性为英文减号（－）。

说明：控制区中的“复选”指菜单项在显示时前面增加一个“√”符号；“有效”就是 Enabled 属性；“可见”就是 Visible 属性。

2. 创建热键和快捷键

为菜单项增加热键的方法和命令按钮相同，在标题文本中需要出现下划线的字符前增加一个英文连字符“&”即可。主菜单中热键的调用方法是 Alt + 热键字符，下拉菜单中的热键调用时不需要 Alt 键。

快捷键无需通过主菜单打开下拉菜单，就可以直接调用某个下拉菜单项。设置方法是在显示区中选中相应的子菜单项，在控制区中的“快捷键”组合框中选择一个唯一的键盘组合即可。

说明：具有子菜单的菜单项（图8－25中的“查看”、“缩放”等）可以有热键但是不能设置快捷键。

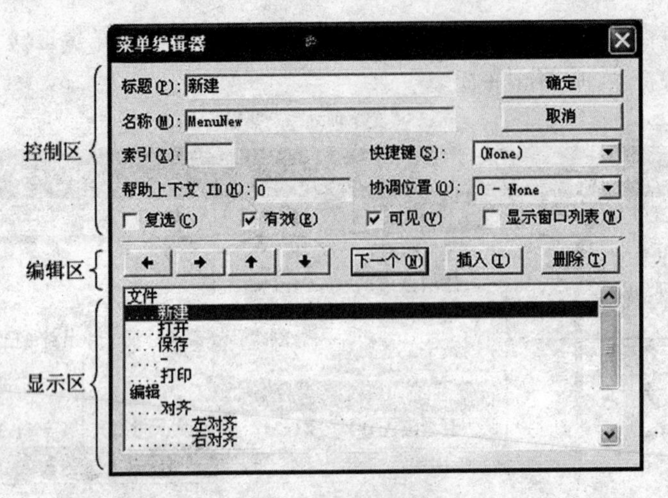

图 8-26 菜单编辑器

8.3.2 弹出式菜单设计

下拉式菜单和弹出式菜单都是在菜单编辑器中设计的；区别在于下拉式菜单位于窗口顶部、内容固定，而弹出式菜单出现在鼠标右击的位置、内容可以根据用户意图的不同（例如在表格中右击、在段落上右击、在图片上右击等）而变化，因此弹出式菜单又称为“智能菜单”。

1. 设计弹出式菜单的内容

和下拉式菜单一样，在菜单编辑器中设计一个带有子菜单的主菜单项（例如 MenuEdit、MenuAlignment 等），将该主菜单项的 Visible 属性设为 False（并不是只有 Visible = False 的菜单才可以弹出，将其设为 False 是因为大多数弹出式菜单的内容都是特殊定制的，只有被弹出时才显示）。

2. 显示弹出式菜单

通过 PopupMenu 方法可以将主菜单项（例如 MenuEdit）的子菜单以弹出的形式显示出来，但是主菜单项本身不显示。语法格式为：

PopupMenu 菜单名，[标志参数]，[X]，[Y]

其中：菜单名是必需的，指具有子菜单的菜单项名称；

标志参数用于指明菜单的具体弹出位置和响应的鼠标操作，具体见表 8-6。

X、Y 用于指明弹出式菜单出现的坐标，默认是鼠标所在坐标。

表 8-6 弹出式菜单的标志参数

分类	常数	值	说明
位置	vbPopupMenuLeftAlign	0	X 坐标为弹出菜单的左边界（默认）
	vbPopupMenuCenterAlign	4	X 坐标为弹出菜单的中心
	vbPopupMenuRightAlign	8	X 坐标为弹出菜单的右边界
操作	vbPopupMenuLeftButton	0	弹出菜单中的菜单项只响应鼠标左键操作（默认）
	vbPopupMenuRightButton	2	弹出菜单中的菜单项同时响应鼠标的左右键

例如当鼠标右击窗体时，将图 8-26 中的“编辑”菜单弹出，鼠标位置在弹出菜单

的中部，并且弹出菜单项同时响应鼠标的左右键操作。代码为：

```
Private Sub Form_MouseDown (Button As Integer, Shift As Integer, X As Single, Y As
Single)
    If Button = 2 Then      如果按下鼠标右键（左键为1，右键为2，中键为4）
        PopupMenu MenuEdit, vbPopupMenuCenterAlign + vbPopupMenuRightButton
    End If
End Sub
```

8.3.3 为菜单项编写代码

无论是下拉式菜单还是弹出式菜单，在菜单编辑器中设计完毕后只要 Visible 属性为 True，无需运行程序即可在对象窗口中展开。

对菜单项编程和对命令按钮编程的方法相似，在设计模式下单击展开的某个菜单项就可以进入代码窗口中对应的 Click 事件过程。

说明：菜单项只支持 Click 事件；不能对有子菜单的菜单项编程。

8.4 工具栏设计

工具栏为用户提供了对应用程序中最常用命令的快速访问，已经成为 Windows 应用程序的标准功能。

工具栏控件不是标准控件，使用前需要通过“工程”菜单下的“部件”将“Microsoft Windows Common Controls 6.0”添加到工具箱中，同时添加的九个控件都是 Windows 风格应用程序常用的标准控件，其中的（ToolBar）和（ImageList）就是设计工具栏所需要的两个控件。

工具栏中的所有按钮（Button）对象就是一个控件数组，它们对应同一个 ButtonClick 事件，通过 Select Case 结构根据各个对象关键字（Key）或索引（Index）的不同来识别不同的按钮。ImageList 是一个图像库，它不能单独使用，专门为其他控件（例如 ToolBar）提供图像的引用。

1. 向 ImageList 控件中添加图像

在窗体上添加一个 ImageList 控件（默认名称为 ImageList1），右击该控件选择“属性”，打开“属性页”窗口，如图 8-27 所示。在“图像”选项卡下：

“插入图片”按钮可以添加扩展名为 . bmp、. ico、. gif、. jpg 的新图像。

“删除图片”按钮可以删除选中的图像。

“索引”为每个图像的唯一编号，第一个图像编号为 1。

“关键字”为每个图像的唯一标识名。

“图像数”为已添加图像的个数。

ImageList 和某个工具栏建立关联后就不能再进行编辑处理了，因此一定要事先添加足够的图像。图中所示的所有图像均由 VB 系统提供，路径为 VB 安装目录（…）下的“…\ Microsoft Visual Studio \ COMMON \ Graphics \ Bitmaps \ TlBr_W95 \ ”。

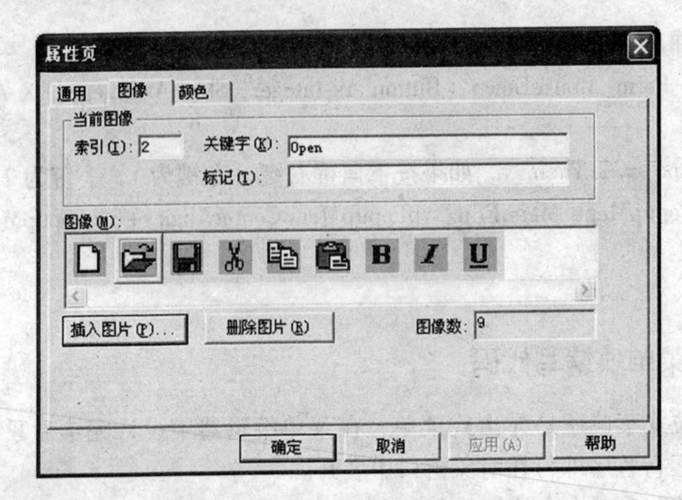

图8－27　ImageList属性页

2. 在ToolBar控件中添加按钮

在窗体上添加一个ToolBar控件（默认名称为ToolBar1），右击该控件选择“属性”，打开“属性页”窗口，如图8－28所示。用户在这里完成ToolBar控件的设置操作。

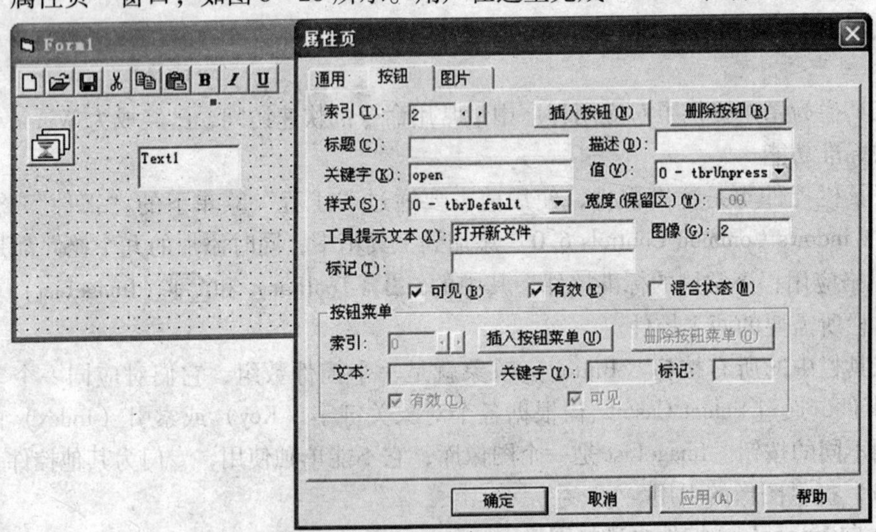

图8－28　新建工具栏和对应的属性页窗口

(1) 进入属性页的“通用”选项卡，在“图像列表”组合框中选择合适的图像列表框（本例为ImageList1），指明本工具栏中的图像的来源。

(2) 进入“按钮”选项卡，在这里添加/删除按钮对象。其中：

“插入按钮”用于增加新的按钮对象。

“删除按钮”用于删除目前编辑的按钮对象。

“索引”是每个按钮对象的唯一编号，在ButtonClick事件中可用于区分各按钮。

“标题”就是按钮对象的Caption属性，一般保留空值。

“关键字”是每个按钮对象的唯一标识，在ButtonClick事件中可用于区分各按钮。

“值”组合框用于设置按钮被按下的状态。tbrPressed表示被按下，tbrUnPressed表示没有被按下。仅当样式为1和2是才有效。

"样式"组合框用于设置按钮的外观样式，有六种选择，含义见表8-7。实际样例如图8-29所示。

表8-7　工具栏中按钮的六种样式

值	常数	按钮类型	说　明
0	tbrDefault	标准按钮	单击后恢复原态，如"新建"按钮
1	tbrCheck	开关按钮	单击保持按下状态，再击恢复原态，如"加粗"按钮
2	tbrButtonGroup	编组按钮	一组按钮中只能有一个生效，如"左对齐"按钮
3	tbrSepatator	分隔按钮	产生具有8个像素宽度的分隔符
4	tbrPlaceholder	占位按钮	产生宽度可调的分隔符，以便放置"字号"组合框等控件
5	tbrDropdown	菜单按钮	产生下拉菜单按钮对象，如VB标准工具栏中的"添加新窗体"按钮

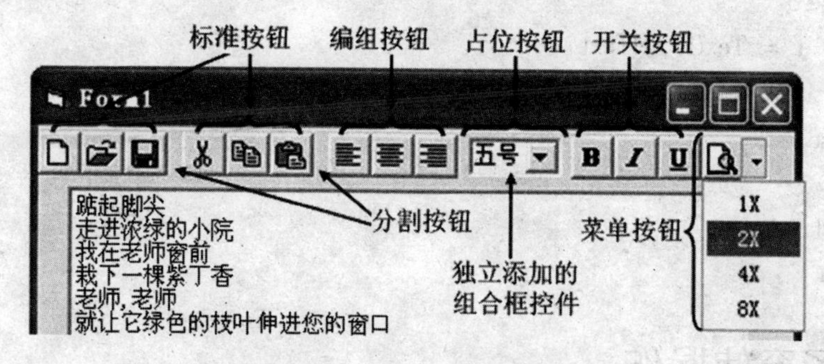

图8-29　工具栏按钮的六种样式

"宽度（保留区）"只有在样式为"占位按钮"时才生效。此时只是生成了一个宽度较大的分隔符，需要向这个空间内放置其他控件（例如图8-29中的字号组合框），添加其他控件的方法和向框架（Frame）中添加新控件相同，这样其他控件才可以随工具栏的显示/隐藏而同步显示/隐藏。

"工具提示文本"和命令按钮的ToolTipText相似，当用户将鼠标指针停留在某个按钮上时出现的功能提示文字。

"图像"非常重要，指引用的图像在相应图像列表框中的关键字或索引。

"插入按钮菜单"指当样式为"菜单按钮"时，为该按钮添加菜单项。

3. 为ToolBar控件中的按钮编写代码

一个工具栏中所有的按钮对象（不包括在占位按钮处添加的其他控件）对应同一个ButtonClick事件，为了区分不同的按钮可以采用Select Case结构，通过每个按钮关键字和索引的不同来编写对应的代码。例如图8-29中的工具栏可以采用如下的程序结构：

方法一：通过关键字来区分

```
Private Sub Toolbar1_ButtonClick (ByVal Button As MSComctlLib. Button)
    Select Case Button. Key
    Case …
        …
    Case "cut"
        t = Text1. SelText
```

```
        Text1.SelText = ""
    Case …
        …
    End Select
End Sub
```

方法二:通过索引来区分（第一个按钮的索引为1，占位按钮也有索引）

```
Private Sub Toolbar1_ButtonClick（ByVal Button As MSComctlLib.Button）
    Select Case Button.Index
    Case…
        …
    Case 5
        t = Text1.SelText
        Text1.SelText = ""
    Case…
        …
    End Select
End Sub
```

8.5 多窗体操作

前面介绍的VB工程都只包含一个窗体，实际应用程序中一般都由多个窗体构成(身份验证窗体、数据输入窗体、结果显示窗体等)，这就用到了多窗体的操作。

1. 添加多个窗体

既可以向工程中添加新窗体，也可以添加现有窗体（例如标准的身份验证窗体），从而加快程序的开发速度。打开“添加窗体”对话框的方法有：

(1) 通过“工程”菜单下的“添加窗体”打开。

(2) 单击标准工具栏中“添加窗体”按钮旁的三角，通过下拉菜单中的“添加窗体”打开。

(3) 右击“工程资源管理器”窗口，弹出式菜单中选择“添加”/“添加窗体”打开。

在打开的“添加窗体”对话框中，选择“新建”选项卡可以添加新窗体，选择“现存”选项卡可以添加现有的窗体。

说明：“现有窗体”隶属于某个现有工程，添加现有窗体时需要注意：

(1)“现有窗体”添加后是被多个工程共享的，窗体被编辑后会影响到其他工程。

(2) 欲添加的“现有窗体”名称和本工程中已有窗体的名称不能同名，否则添加时会出现错误。

2. 设置启动窗体

有多个窗体时，工程运行时首先加载的窗体叫做启动窗体，默认情况下为第一个添加的窗体。如果想从其它窗体启动，需要通过“工程”菜单下的“工程名称 + 属性”菜单项或者在工程资源管理器窗口中右击工程名称在弹出式菜单中选择“工程名称 + 属性”菜单项打开“工程属性”窗口。在“通用”选项卡下的“启动对象”组合框中指定启动窗体。

说明：VB 工程可以从某个窗体启动，也可以从标准模块中名称为 Sub Main（ ）的过程启动。当在窗体启动前需要预加载某些内容或者需要用户做出某些决策时就可以通过 Sub Main（ ）过程启动。

3. 窗体的操作

对工程中的窗体有 4 种基本操作：

（1）Load 窗体名

Load 语句用于将指定窗体载入内存。虽然并不显示，但是加载完毕后窗体中的控件和各种属性可以被引用。

（2）窗体名 . Show [模式]

Show 方法用于将指定窗体显示出来。如果该窗体还没有被加载，就先自动执行 Load 操作。其中，“模式”用于决定窗体的状态，有两种取值情况：

0 - vbModeless 无模式型（默认），不用关闭新打开的窗体就可以对其它窗体操作

1 - vbModal 模式型，关闭新打开的窗体前不可以对其它窗体操作

（3）窗体名 . Hide

Hide 方法用于将指定窗体隐藏，但是并不从内存中卸载。

（4）UnLoad 窗体名

UnLoad 语句用于从内存中卸载指定的窗体。如果该窗体还没有被隐藏，就先自动执行 Hide 操作。

4. 窗体间数据的存取

从一个窗体中获取另一个窗体中操作的结果，主要有三种方法：

（1）通过控件的属性值获取

例如，将窗体 Form1 中文本框 Text1 的内容赋值给当前窗体（Form2）中的变量 s，代码为：s = Form1. Text1. Text。

其中，被引用窗体的名称（本例中的 Form1）是必需的。

（2）通过在窗体代码内声明的公共变量获取

例如，将窗体 Form1 中声明的公共变量 a 的值赋给当前窗体（Form2）中的变量 b，代码为：b = Form1. a。

其中，被引用窗体的名称（本例中的 Form1）是必需的。

（3）通过模块中的公共变量获取

例如，将窗体 Form1 中文本框 Text1 的内容赋值给当前窗体（Form2）中的变量 s。可以在模块（例如 Module1）内定义一个公共变量 a，当离开 Form1 时将 Text1 的内容赋给公共变量 a，在当前窗体中通过访问公共变量 a 来获得文本框中的内容。

【例 8 - 11】编写一个包含三个窗体和一个模块的简易成绩管理系统，如图 8 - 30 所示。要求窗体间通过全局变量进行数据的传递。

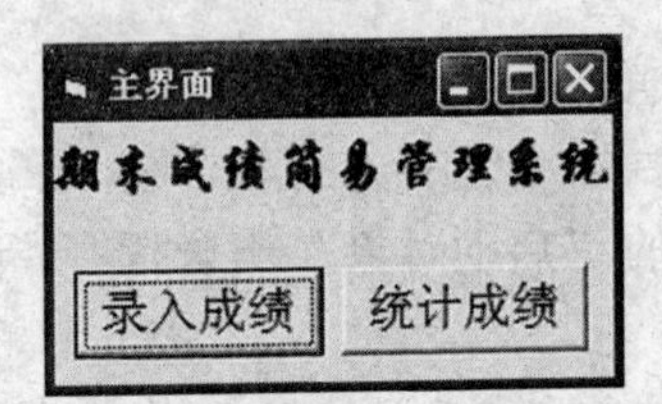

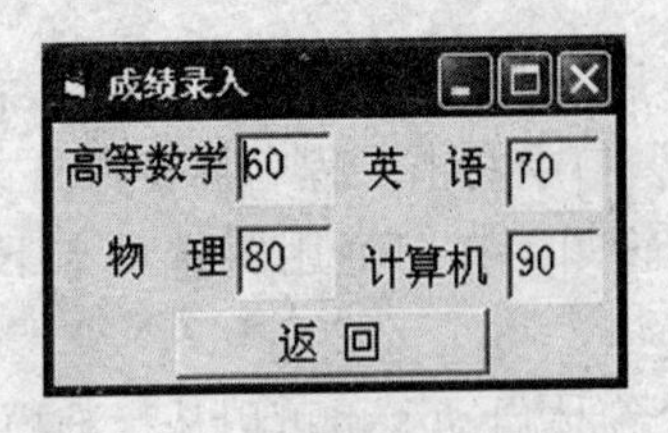

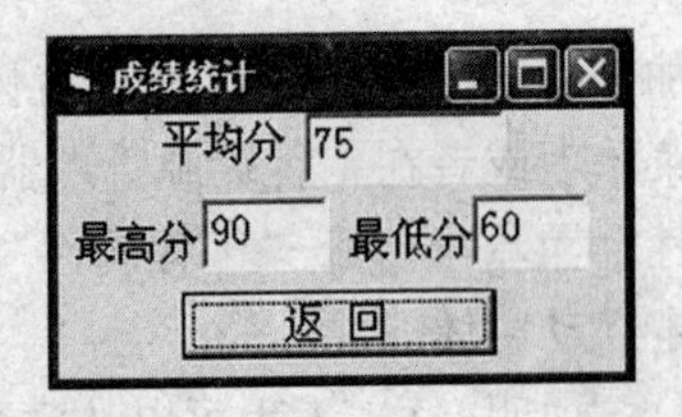

图8-30 简易成绩管理系统

(1) 新建一个包含三个窗体和一个模块（Module1）的标准EXE工程，按照图中所示进行三个窗体的界面设计。

(2) 在模块（Module1）中定义4个全局变量用于存放4门课的成绩，代码如下：

```
Public Math!
Public English!
Public Physics!
Public Computer!
```

(3) 在主界面窗体的代码窗口中输入下面代码：

```
Private Sub Command1_Click ( )
    FrmInput. Show
    Me. Hide
End Sub
Private Sub Command2_Click ( )
    FrmStat. Show
    Me. Hide
End Sub
```


(4) 在成绩录入窗体的代码窗口中输入下面代码：

```
Private Sub Command1_Click ( )
    Math = Val (Text1)
    English = Val (Text2)
    Physics = Val (Text3)
    Computer = Val (Text4)
    FrmMain. Show
    Me. Hide
End Sub
```

(5) 在成绩统计窗体的代码窗口中输入下面代码：

```
Private Sub Form_Load ( )
    Dim Sum!, Max!, Min!
    Sum = Math + English + Physics + Computer
    txtAver = Sum / 4                    '写入平均分文本框
    Max = IIf (Math > English, Math, English)
    Max = IIf (Max > Physics, Max, Physics)
```

```
        txtMax = IIf (Max > Computer, Max, Computer)  '写入最高分文本框
        Min = IIf (Math < English, Math, English)
        Min = IIf (Min < Physics, Min, Physics)
        txtMin = IIf (Min < Computer, Min, Computer)  '写入最低分文本框
    End Sub
    Private Sub Command1_Click ()
        FrmMain.Show
        Me.Hide
    End Sub
```

按下 F5 运行程序，观察运行结果。

第 9 章 CHAPTER

图形与动画

内容提要

- 计算机绘图基本知识
- 图形的属性
- 绘制图形
- 制作动画

9.1 计算机绘图基础知识

9.1.1 认识坐标系统

坐标系统是绘制各种图形的基础，在 VB 中，屏幕坐标用于对象的定位，每个对象都有自己的坐标系统。也就是说，VB 的坐标是针对窗体或窗体上的控件而设计的，因此称为对象坐标系统。

VB 的坐标系统可分为：默认坐标系统和用户自定义坐标系统。

在默认坐标系中，对象的左上角坐标为（0，0），当沿着水平轴右移和沿着垂直向下移动时，坐标值增加。对象的 Top 和 Left 属性指定了该对象左上角距原点在垂直方向和水平方向的距离，如图 9－1。

注：只能在窗体或图片框上绘制图形，窗体的容器是系统对象 Screen（屏幕），即窗体的 Left 和 Top 属性值是相对于屏幕的。而窗体又是其它控件的容器，所以，窗体中的控件坐标原点在窗体的左上角上，即窗体中各控件的 Left 和 Top 属性值都是相对于窗体的。图片框的情形与窗体相同。

VB 使用的度量单位共有 8 种。系统默认的度量单位是缇（Twip，1 厘米 =576 缇），用户可以根据需要，选择系统提供的其它标准度量单位。度量单位的设置是由窗体或图片框的 ScaleMode 属性定义的。其属性值及对应的度量单位及用法见表 9－1。

表 9－1　VB 的度量单位

属性值	字符常量	说　明
0	VbUser	用户自定义类型。若用户使用 ScaleWidth、ScaleHeight、ScaleTop、ScaleLeft 设置坐标系统，VB 会自动设置 ScaleMode 为 0
1	VbTwips	默认值，以 Twip 为单位。1 英寸 =144 Twip
2	VbPoints	以磅（Point）为单位，1 英寸 =72 磅
3	VbPixels	像素（Pixel），即显示器分辨率的最小单位。
4	VbCharacters	字符，1 个字符宽度 =120 Twip，1 个字符高度 =240 Twip
5	VbInches	英寸
6	VbMillimeters	毫米
7	VbCentimeters	厘米

说明：

（1）上表中，除了 0 和 3 外，其余规格均可用于打印机，所使用的单位长度就是打印机上输出的长度。

（2）ScaleMode 属性可以在设计阶段在属性窗口设置，也可以通过程序代码设置。例如：

```
Form1. ScaleMode =5           '窗体坐标系统以英寸为单位
Picture1. ScaleMode =7        '图片框坐标系统以厘米为单位
```

9.1.2 内部刻度与外部刻度

（1）内部刻度：是指一个对象（如图片框）自身的坐标系统的刻度，用来指定容器对象中可用区域的大小或指定在容器中放置对象的位置。例如，一个放置在屏幕中的窗体的内部刻度指除去窗体的标题栏和边框后的大小。

（2）外部刻度：指存放该对象的容器或屏幕的坐标系统。

说明：

除了使用默认的坐标系统，VB 允许用户定义自己的坐标系统，包括原点位置、轴线方向和轴线“刻度”（注：自定义刻度指内部刻度）。

1. 用 ScaleLeft、ScaleTop、ScaleHeight 和 ScaleWidth 属性设置坐标系统

自定义坐标系统通过以下 4 个属性设定：

ScaleLeft 和 ScaleTop：用于设置和返回窗体或图片框左上角的坐标值。

ScaleHeight 和 ScaleWidth：设置和返回窗体、图片框内部宽度和高度等分份数。这里的宽度和高度是指除去了边界和标题行后的净宽度和净高度（内部刻度），即用户自定义坐标的单位。

注意：不论窗体或图片框的实际尺寸有多大，都可以等分成若干份，等分的份数越多，说明宽度（高度）单位越小，反之越大。因此用户可以根据绘制图形数据的大小、范围来等分窗体或图片框，使绘图数据位于由用户定义的坐标范围内。

【例9-1】设置窗体左上角的坐标为（100，150），右下角的坐标为（300，220），则可以用如下代码：

```
Form1. ScaleTop = 150
Form1. ScaleLeft = 100
Form1. ScaleWidth = 200
Fvorm1. ScaleHeight = 70
```

坐标原点在（0，0）处。该窗体的位置如图9-1：

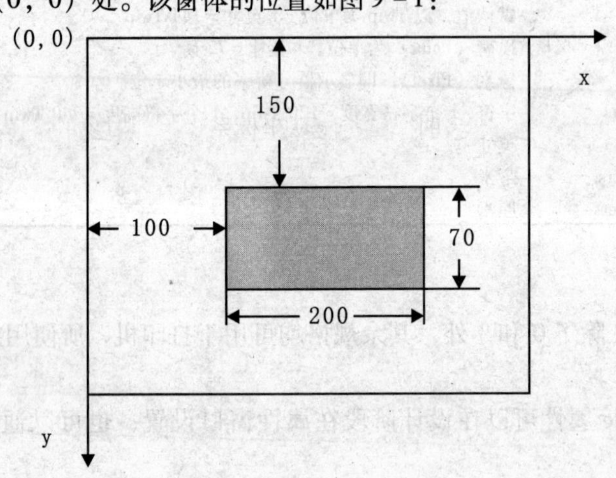

图9-1　用户自定义坐标系统示例

上面4个属性的值也可以是负数。

【例9-2】下面的代码可将窗体坐标原点定义在左下角，向上向右时坐标值增加，与数学中所用的坐标一致，右上角的坐标为（120，100），更符合绘制各种曲线图的习惯。


```
Form1. ScaleLeft = 20
Form1. ScaleTop = 0
Form1. ScaleWidth = 100
Form1. ScaleHeight = -100
```

其坐标系如图9-2：

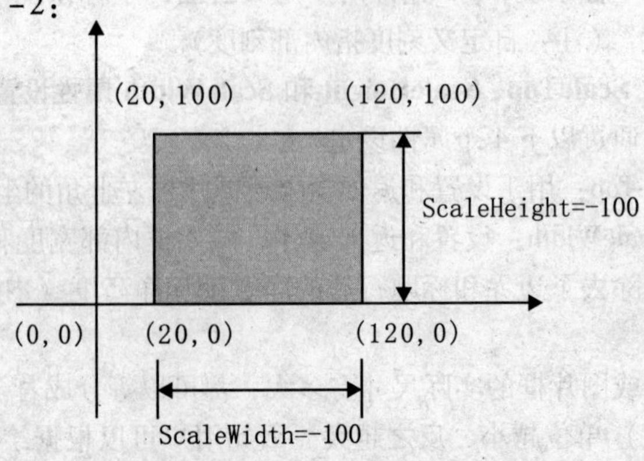

图9-2　ScaleHeight 属性为负值

9.1.3 坐标方法

使用 Scale 方法也可以设置用户的坐标系统，使用此方法可以直接定义对象左上角坐标和右下角坐标值，一旦这两个对角坐标确定了，则另外两个角的坐标值也就唯一确定了。

其语法格式为：

[<object>.] scale（x1，y1）－（x2，y2）

说明：

• 对象名指窗体或图片框名称，默认为窗体。

•（x1，y1）设置 <object> 的左上角坐标，（x2，y2）设置 <object> 的右下角坐标。

• 当 Scale 后面不带任何参数时，使用默认坐标系统，即对象的左上角为原点（0，0）。

•（x1，y1）和（x2，y2）和 4 个属性的对应关系如下：

ScaleLeft = x1

ScaleTop = y1

ScaleWidth = x2 - x1

ScaleHeight = y2 - y1

【例 9-3】下面的代码可将坐标原点设置在图片框 Picture1 的中心，其坐标位置如图 9-3 所示。

```
Private Sub Form_Load ( )
    Picture1. ScaleLeft  =  -15
    Picture1. ScaleTop  =  -25
    Picture1. ScaleWidth  =  30
    Picture1. ScaleHeight  =  50
End Sub
```

或用 Scale 方法为：

```
Private Sub Form_Load ( )
    Picture1. Scale ( -15, -25) - (15, 25)
End Sub
```

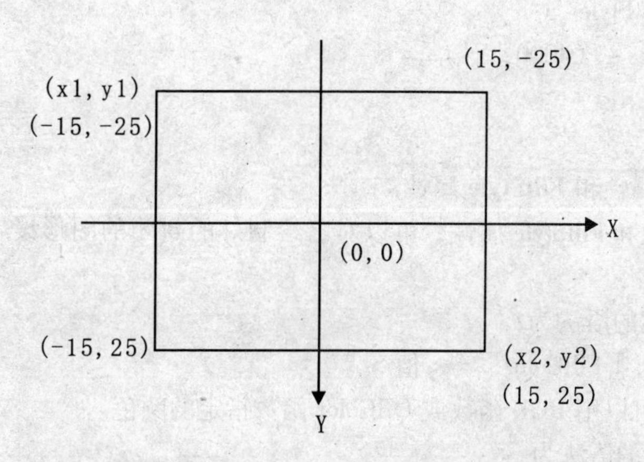

图 9-3　坐标点（x1，y1）和（x2，y2）示意图

9.2 设置所要绘制图形的属性

9.2.1 属性

1. DrawWidth 属性

用来指定用图形方法（PSet、Line 和 Circle 方法）输出时线条的宽度。

DrawWidth 属性的语法为：

[<对象名>.] DrawWidth = [<值>]

其中，对象名是窗体或图片框的名称，缺省时为窗体。<值>以像素为单位，取值范围 1 ~32767，缺省值为 1。

2. DrawStyle 属性

DrawStyle 属性用于指定图形方法创建的线条样式，它有 7 种值，用来产生不同间隔的实、虚线。默认值为 0（实线）。

DrawStyle =5 时无边线（透明）。

DrawStyle 属性的语法格式为：

[<对象名>.] DrawStyle = [<值>]

注意：当 DrawWidth =1 时，DrawStyle 的设置值全部起作用；当 DrawWidth >1 时，DrawStyle 的设置为 1 ~4 时，DrawStyle 属性不起作用，此时绘出的都是实线

【例 9 -4】下列程序演示了 DrawStyle 属性所支持的各种设置值。

```
Private Sub Form_Load ( )
    Show
    For i = 0 To 6
        Y1 = 300 + 500 * i
        CurrentX = 2000        设置起点 x 的坐标
        CurrentY = Y1          设置起点 y 的坐标
        DrawStyle = i
        Line - (4000, Y1)
    Next i
End Sub
```


3. FillColor 属性和 FillStyle 属性

FillColor 属性和 FillStyle 属性，可以对已绘制好的封闭的图形设置填充色和填充图案。

FillColor 属性的语法为：

[<对象名>.] FillColor [= <值>]

其中<值>可以用 RGB 函数或 QBColor 函数指定的颜色。

FillStyle 属性的语法为：

[<对象名>.] FillStyle [= <值>]

其中<值>由0~7共8种选择。

4. AutoRedraw 属性

该属性用于确定在窗体或图片框中用绘图方法绘制的图形，在覆盖它的对象移走后是否重新显示，它的值是布尔值（True 或 False）。

例如，若设图片框的 AutoRedraw 属性设置为 True，当最小化的窗体还原为标准化窗体时，图片框中的图形会自动重新显示。或者覆盖此图片框的其它窗口被移走后，图形也重新显示。如果 AutoRedraw 属性设置为 False 时，则图片框中的图形不会自动重新显示。

说明：对于以图标、位图、元图文件形式加载的图形，与 AutoRedraw 属性无关，因为 VB 能保存并重绘这些图形。只有在程序中用绘图方法绘制的图形及放置的文本才需要用 AutoRedraw 属性。此外，如果将 AutoRedraw 属性设置成 False，而又需要能自动重绘图形的话，可将绘图方法放在 Paint 事件中。

9.2.2 Paint 事件

Paint 事件是在当窗体或图片框被其它窗体覆盖又移开后被触发，或者在窗体加载、最小化、还原、最大化时被触发的事件。因此该事件可用于重绘图片框或窗体中用 Circle、Line 等方法绘制的图形，使用时只需要将这些绘图方法放在此事件过程中即可。

注意：使用 Paint 事件时，可以不依赖 AutoRedraw 属性的值，因此，该方法常用于在 AutoRedraw 属性设置为 False 时，恢复图片框或窗体上被破坏的图形或文本。

9.2.3 设置绘图的颜色和文字属性

关于颜色的两个属性 BackColor 和 ForeColor。在设计时指定颜色属性比较简单，只要在“属性”窗口中单击相应的属性就可以直接利用调色板进行颜色的选择。而在程序运行中要设置颜色可以使用颜色值、VB 预先定义好的颜色常量或颜色函数来指定颜色。

1. 直接使用颜色值

使用颜色值表示颜色是一种最准确的方法，VB 中通常用十六进制表示颜色值。其表示方法为：&HBBGGRR 。其中 &H 表示该数为十六进制，BB 代表蓝色分量的十六进制值（00~FF），GG 代表绿色分量的十六进制值（00~FF），RR 代表红色分量的十六进制值（00~FF），将这三个原色按以上格式构成一个十六进制数，即可代表相应的颜色。例如：

&HFF0000 表示蓝色　　&H0000FF 表示红色

代码中使用 backcolor = &HFF0000 设置窗体背景色为蓝色。

2. 颜色常量

VB 预先定义好的颜色常量可以使用"对象浏览器"列出，当使用这些内部常数时，无需了解这些常数是如何产生的，也无须声明。例如，无论什么时候想指定红色作为颜色参数或颜色属性的设置值，都可以使用常数 vbRed：

BackColor = vbRed

常用的颜色常量有：

颜色常量	颜色值	颜色
VbBlack	&H0	黑色
VbRed	&HFF	红色
VbGreen	&HFF00&	绿色
VbYellow	&HFFFF&	黄色
VbBlue	&HFF0000	蓝色
VbMagenta	&HFF00FF	紫红
VbCyan	&HFFFF00	青色
VbWhite	&HFFFFFF	白色

3. 颜色函数

使用颜色常量可以在运行时改变颜色属性的值，但颜色有限，VB 还提供了两个专门处理颜色的函数 RGB 和 QBColor 函数，使颜色更加丰富。

(1) RGB 函数。

在这两个颜色函数中，RGB 是最常用的一个。语法为

RGB (red, green, Blue)

其中，red、green、Blue 分别表示颜色的红色成分、绿色成分、蓝色成分。取值的范围都是从 0 ~ 255。

RGB 函数采用红、绿、蓝三基色原理，返回一个 Long 整数，用来表示一个 RGB 颜色值。

【例 9 - 5】演示颜色的渐变过程。

要产生渐变过程效果，可以多次调用 RGB () 函数，每次对 RGB () 函数的参数稍作变化。下面的程序用线段填充矩形区，通过改变直线的起终点坐标和 RGB () 函数中三基色的成分产生渐变效果，如图 9 - 4 所示。

图 9 - 4　渐变过程效果

```
Private Sub Form_Click ()
    Dim j As Integer, x As Single, y As Single
    y = Form1.ScaleHeight
    x = Form1.ScaleWidth
    sp = 255 / y
    For j = 0 To y
```

```
        Line (0, j) - (x, j), RGB (j * sp, j * sp, j * sp)
    Next j
End Sub
```

(2) QBColor 函数

该函数返回一个用来表示所对应颜色值的 RGB 颜色码。语法为：QBColor (color)

其中，color 参数是一个介于 0 到 15 的整型值，代表 16 种基本颜色（颜色对应如表 9-2）。

表 9-2 颜色与颜色对应表

颜色码	颜色	颜色码	颜色	颜色码	颜色	颜色码	颜色
0	黑	4	红	8	灰	12	亮红
1	蓝	5	品红	9	亮蓝	13	亮品红
2	绿	6	黄	10	亮绿	14	亮黄
3	青	7	白	11	亮青	15	亮白

9.3 绘制图形

在 VB 中，主要通过两种办法进行图像绘制：一种是利用 ActiveX 控件，如用图形框、图像框显示图片；另外一种是通过 VB 语言本身的函数和方法，在屏幕上绘制点、线和图形。

9.3.1 绘制直线

1. Line 方法

Line 方法用于画直线或矩形，其语法格式如下：

[对象.] Line [[Step] (x1, y1)] - (x2, y2) [, 颜色] [, B [F]]

参数（x1, y1）为线段的起点坐标或矩形的左上角坐标，（x2, y2）为线段的终点坐标或矩形的右下角坐标；关键字 Step 表示采用当前作图位置的相对值；关键字 B 表示画空心矩形，关键字 F 表示用画矩形的颜色来填充矩形。

【例 9-6】在图形框控件中用 Line 方法绘制一条（0, 0）到（1000, 1000）的直线。

```
Private Sub Command1_Click ()
    Picture1. Line (0, 0) - (1000, 1000)
End Sub
```

效果如图 9-5 所示：

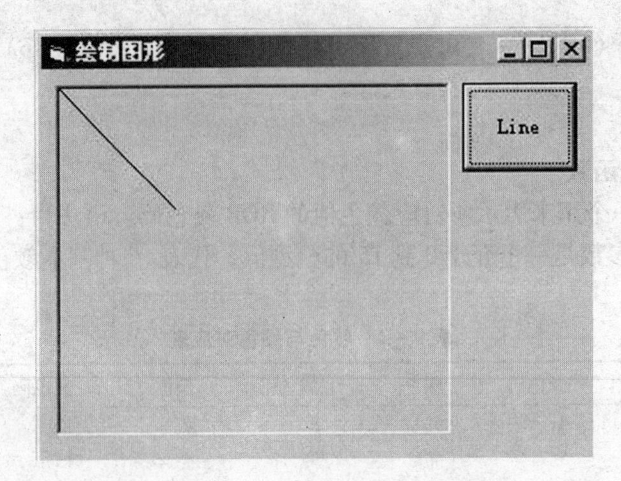

图9-5　Line方法绘制直线

2. Line 对象

线段对象Line也可用于在VB中画直线。其常用属性：

x1，y1，x2，y2　　用于设定一条直线的两个端点坐标。

BorderWidth　　设定线条的粗细。

使用时，可在设计阶段将该对象添加到工程中，用鼠标拖动直线两端的两个黑点，直接改变直线的位置和长短。运行阶段可用对端点坐标属性的赋值来改变其位置和长短。

【例9-7】用Line对象在屏幕上画一条粗线。

操作方法：选中工具箱中的Line对象，在窗体中画出直线，代码如下：

```
Private Sub Form_Load ( )
    Line1. Visible = False
End Sub
Private Sub Command2_Click ( )
    Line1. Visible = True
    Line1. X1 = 0
    Line1. Y1 = 0
    Line1. X2 = 1000
    Line1. Y2 = 1000
    Line1. BorderWidth = 4
End Sub
```

运行结果如图9-6所示。

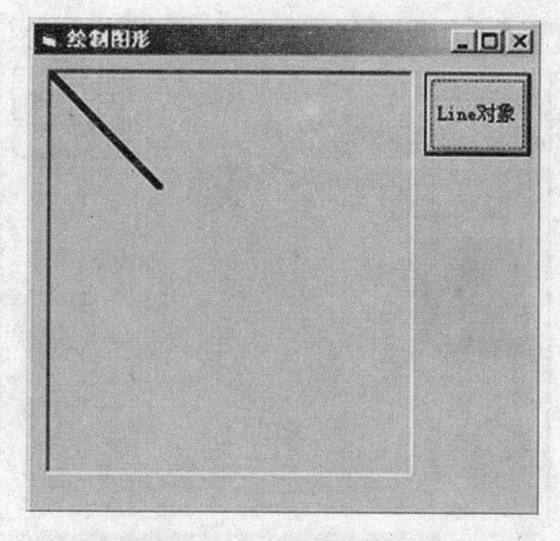

图9－6　Line对象绘制直线

9.3.2 绘制矩形、填充矩形

1. Line方法绘制和填充矩形

Line方法的关键字B表示画矩形，矩形对角顶点分别为（x1，y1）、（x2，y2）；关键字F表示用画矩形的颜色来填充矩形。也可以设置对象的FillStyle属性对矩形进行图案填充，此时不要使用F参数。有关FillStyle属性的常数及对应属性值说明如下：

Fillstyle 常数	属性值	说明
vbFSSolid	0	实心
vbFSTransparent	1（默认值）	透明
vbHorizontalLine	2	水平直线
vbVerticalLine	3	垂直直线
vbUpwardDiagonal	4	上斜对角线
vbDownwardDiagonal	5	下斜对角线
vbCross	6	十字线
vbDiagonalCross	7	交叉对角线

FillColor属性指定填充矩形的颜色。边线的宽度由DrawWidth属性指定，边线的样式由DrawStyle属性指定，与绘制直线时相同。

【例9－8】在图形框控件中用Line方法绘制一个未填充的（100，100）到（1000，1000）的空心矩形，再绘制一个（100，1100）到（1000，2000）的填充矩形。

```
Private Sub Command3_Click（）
    Picture1.Line（100，100） －（1000，1000），，B
    Picture1.Line（100，1100） －（1000，2000），，BF
End Sub
```

效果如图9－7所示：

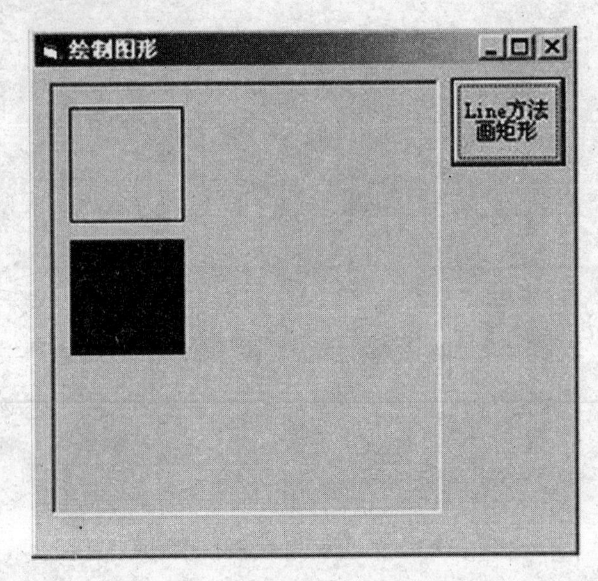

图9-7 Line方法绘制、填充矩形

2. Shape 对象

Shape 对象可以用做绘图的图形对象，也可用做图形或其他输出内容的外边框。其常用属性包括：

Shape　　　　用于设定外形的形状，其值为0 ~ 5分别代表六种形状。

BorderWidth　外形边框宽度。

FillColor　　指定颜色填充的填充色。

FillStyle　　指定图案填充填充格式，有0~7共八种格式。

【例9-9】用 Shape 对象绘制一个矩形。

选中工具条中的 Shape 对象，将该对象放置到工程中。代码如下：

```
Private Sub Form_Load ( )
    Shape1. Visible = False
End Sub
Private Sub Command4_Click ( )
    Shape1. Shape = 0
    Shape1. Left = 100
    Shape1. Top = 100
    Shape1. Width = 900
    Shape1. Height = 1100
    Shape1. FillStyle = 4
    Shape1. Visible = True
End Sub
```

运行结果如图9-8所示。

图 9－8　Shape 对象绘制矩形

9.3.3 绘制圆、椭圆、圆弧

Circle 方法用来画圆、椭圆、圆弧等。它的语法格式如下：

［对象］. Circle ［Step］(x, y),radius ［,［color］［,［start］［,end］［,aspet］］

前面介绍的属性 DrawWidth，DrawStyle，FillColor，FillStyle 等在 Circle 方法中也同样适用。

1. 圆

使用 Circle 方法绘制圆时，只需要指明圆心和半径参数，语法如下：

objectname. Circle ［Step］（x, y），radius ［，color］

参数（x, y）指定圆心的位置。radius 参数用于指定圆的半径。

可选 Step 关键字指定它后面圆心的坐标值（x, y）是相对于当前位置（CurrentX, CurrentY）。省略 Step 关键字，（x, y）为相对与坐标原点的绝对坐标值。color 参数用于指定绘制圆的颜色，省略时用对象的 ForeColor 属性设置的颜色画圆。

【例 9－10】绘制一系列同心圆，颜色由随机函数产生。

```
Private Sub Form_click ()
    Dim r!, r1!, i!
    If ScaleWidth > ScaleHeight Then
        r = ScaleHeight / 2
    Else
        r = ScaleWidth / 2
    End If
    For r1 = 0 To r                '绘制同心圆，半径 r1 逐渐增加。
    Circle (ScaleWidth / 2, ScaleHeight / 2), r1, RGB(255 * Rnd, 255 * Rnd, 255 * 
Rnd)
```

'以窗体中心为圆心，采用随机颜色绘制半径为 R1 的圆

Next

End Sub

运行结果如图 9 -9 所示。

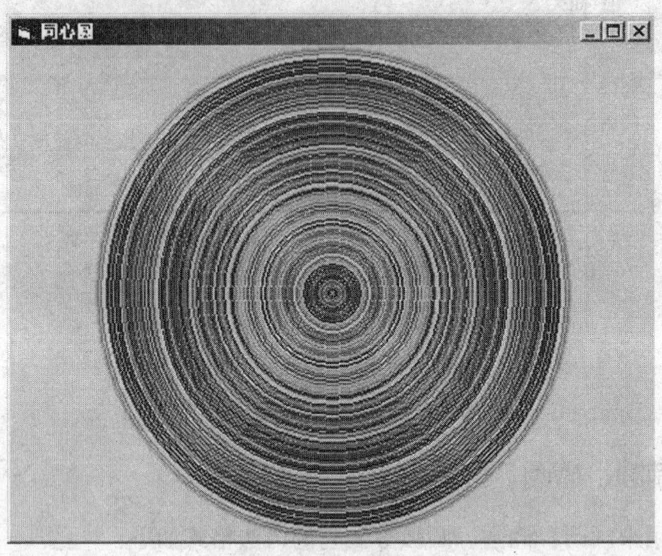

图 9 -9 绘制圆

2. 椭圆

椭圆的绘制仍使用 Circle 方法，与画圆相比多一个纵横比参数 aspect。其格式如下：

objectname. Circle [Step] (x, y), radius [, color],,, aspect

其中，aspect 参数为椭圆纵轴与横轴的比值，比值等于 1 时绘制的即是圆。

注意：aspect 参数前的三个逗号“,,,”不能省略，其余参数与画圆时一样。

【例 9 -11】绘制椭圆。

```
Private Sub Form_Load ( )
    Show
    Scale ( -20, 15) - (20, -15)    '自定义坐标
    Circle (0, 0), 6, , , , 2    '绘制未填充的椭圆
    FillStyle = 5
    Circle (0, 0), 6, RGB (255, 0, 0), , , 0.5    '用红色绘制填充的椭圆
End Sub
```

运行结果如图 9 -10 所示。

3. 圆弧

使用 Circle 方法也可以绘制弧和扇形。其格式如下：

objectname. Circle [Step] (x, y), radius [, color], start, end [, aspect]

参数 start 为弧的起始角，end 为终止角，单位均是弧度，范围从 0 ~ 2π。画弧时，start，end 都用正值；若画扇形，则 start，end 都取负值。注意，这里的负值仅表示画扇形，不表示数学上不同的象限。

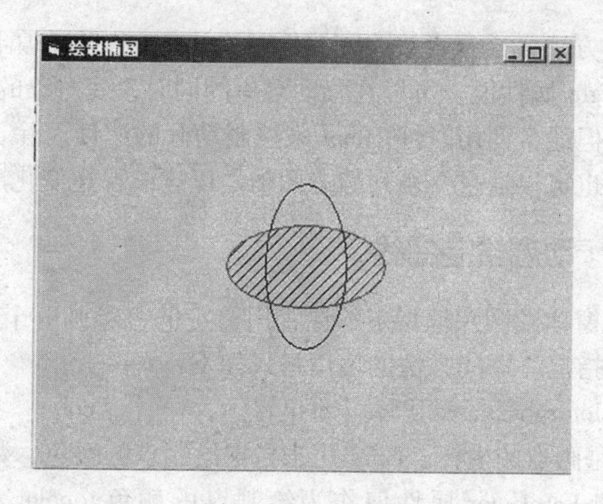

图9-10　绘制圆

【例9-12】画圆弧和扇形

```
Const pi = 3.1415926
Private Sub Form_click ()
    ForeColor = vbBlue
    FillStyle = 4
    DrawWidth = 3
    Circle (2000, 500), 1000, , -pi, -1.5 * pi          '画扇形
    Circle (3000, 1500), 1000, , pi, 1.5 * pi           '画弧
End Sub
```

运行结果如图9-11所示。

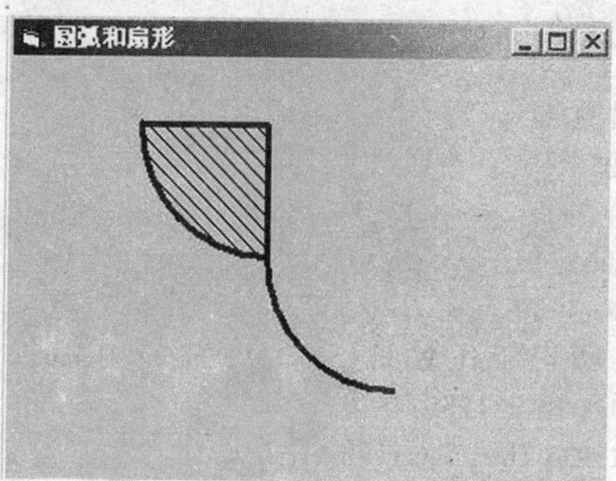

图9-11　圆弧和扇形

9.4 制作动画

9.4.1 移动控件对象实现动画

持续地改变一个对象的位置，或者改变对象的形状尺寸，可以产生动画效果。在

VB 中可以通过 Move 方法，或者直接改变控件对象的 Top 及 Left 属性来移动该对象。改变控件的 Width、Height 属性值，可以在移动对象的同时改变对象的大小。

可以使用循环，但通常使用时钟 Timer 来控制动画的速度。除了改变图形的大小和位置产生动画效果，也可以通过一系列静态图辅之以连续快速变化产生动画效果。

9.4.2 利用 Pset 动态绘制曲线

PSet 方法可以在窗体或图片框指定的位置用给定的色彩画一个“点”，其大小由对象的 DrawWidth 属性指定。PSet 方法的使用格式如下：

[formname] | pictureboxname. PSet [Step] (x, y) [, color]

其中，(x, y) 是画点的坐标。color 用来指定绘制点的颜色，数据类型为 Long。默认时，系统用对象的 ForeColor 属性值作为绘制点的颜色。color 参数还可用 QBColor ()，RGB () 函数指定。Step 关键字是下一个画点位置相对于当前位置的偏移量的标记，使用 step 关键字时，坐标 (x, y) 是相对于当前位置的偏移量。

利用循环，或使用 Timer 控件在 Timer 事件过程中不断改变 x，y 坐标连续绘制若干个点，可以动画方式绘制出一条动态的函数曲线。

【例 9-13】绘制一条三角函数 y = cos (x) 的曲线，并用一个小球沿此曲线动态前进。

```
Dim x!, y!
Private Sub Form_Load ()
Scale (-15, 15) - (-2, 2)                      '重新设置坐标系
    DrawWidth = 3                              '设置点的大小
    x = -3.1415926
End Sub
Private Sub Timer1_Timer ()
    x = x + 0.05
    y = Cos (x)
    x0 = x + Line2. X1
    y0 = y + Line1. Y1
    Shape1. Move x0 + Shapl1. Width/2, y0 + Shape1. Height / 2
    PSet (x0, y0), RGB (255, 0, 0)
    If x > 3.1415926 Then Timer1. Interval = 0
End Sub
```


运行结果如图 9-12 所示。注意：窗体上的坐标轴是 Line 控件 Line1 和 Line2，小球是 Shape 控件 Shape1，其属性设置大致如下：

FillColor	白色
Shape	3 - Circle
Height	135
Width	135

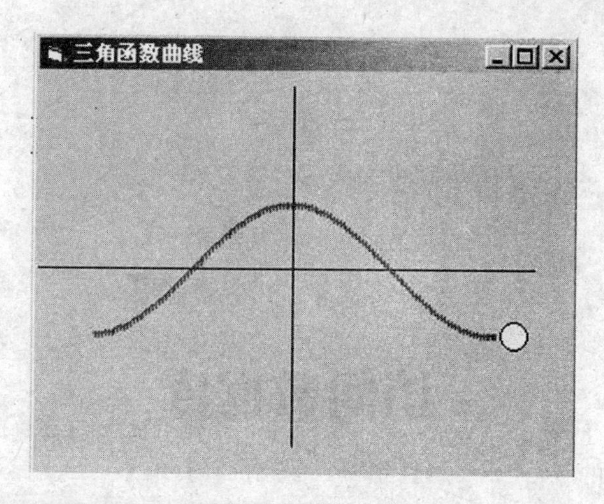

图9-12　余弦曲线

当然，利用Line等图形方法连续不断绘制图形，也能产生很漂亮的动画效果。

【例9-14】下列程序，将在图形框中动态绘制若干个三维锥体。

```
Private Sub Picture1_Click ()
    Dim x!, y!
    Picture1.DrawWidth = 1
    Picture1.BackColor = RGB (255, 250, 0)
    Picture1.Cls
    Do
        x = Rnd * Picture1.ScaleWidth
        y = Rnd * Picture1.ScaleHeight - 500
        For i = 0 To Rnd * 900
            Picture1.Line (x,y+2.5*i) - (x+i/2,y+2*i), RGB (200,200,
200)
            Picture1.Line (x,y+2.5*i) - (x-i/2,y+2*i), RGB (60,60, 60)
        Next i
        DoEvents
    Loop
End Sub
```

第10章 CHAPTER

访问数据库

- 数据库基本知识
- 可视化数据管理器、数据控件
- 结构化查询语言
- 数据库应用

随着信息科学的不断发展。数据库技术在信息系统中占据着越来越重要的地位，人们经常需要收集、加工、处理大量的信息。几十年来，随着计算机软件和硬件技术的不断提高，数据管理技术也从原来的文件系统阶段发展到现在的数据库阶段。

利用 VB 提供的 Microsoft Jet 数据库引擎或数据库访问对象（DAO），可以开发具有各种功能的应用程序。

10.1 数据库概述

数据库是存储结构化信息的系统，通过一定方法组织和存储数据，以便迅速有效地读取数据。数据库是计算机编程中应用最广泛和最多样的领域。了解如何设计与开发数据库系统之前，首先要了解数据库访问技术，再根据相关知识编写程序代码。

10.1.1 数据库概念

所谓数据库（Database）就是指按一定组织方式存储在一起的、相互有关的若干数据的集合。简单地说，数据库就是数据信息的仓储。本章介绍的数据库知识都是针对关系数据库的。

所谓关系数据库就是将数据表示为表的集合，通过建立简单的表之间的关系来定义结构的一种数据库。它可以由一个表或多个表对象组成。表（Table）是一种数据库对象，它由具有相同属性的记录（Record）组成，而记录由一组相关的字段（Field）组成，字段用来存储与表属性相关的值。

所谓数据库管理系统（Database Management System），就是一种操纵和管理数据库的软件，简称 DBMS，例如 FoxPro、Microsoft Access 或 Microsoft SQL Server 等。它们在操作系统的基础上，对数据库进行统一的管理和控制。其功能包括数据库定义、数据库管理、数据库建立和维护、与操作系统通信等。DBMS 通常由数据字典、数据描述语言及其编译程序、数据操纵（查询）语言及其编译（或解释）程序、数据库管理例行程序等部分组成。

数据库应用程序是指以数据库为基础，用 Visual Basic 或其他开发工具开发的、实现某种具体功能的程序。数据库应用程序利用数据库管理系统提供的各种手段来访问数据库及其中的数据。

Visual Basic 所编写的数据库应用程序，负责的是与用户的交互。用该程序可以选择数据库中的数据项，并把所选择的数据项按用户的要求显示出来。数据库系统本身被称为后台系统，通常是关系表的集合。

这时就涉及到一个问题，应用程序如何与后台的数据库建立连接呢？首先，数据库要能支持用户的访问，其次用户的 Visual Basic 程序可以访问这些数据库。

10.1.2 可视化数据管理器

对 Visual Basic 而言，其标准内置为 Microsoft Access 数据库，可以提供不逊色于专业数据库软件的支持，可以进行完整的数据库维护、操作及事务处理。在 Visual Basic 中，将非 Access 数据库称为外来数据库。对于 Foxpro、dBASE、Paradox 等外来数据库，虽然借助 Visual Basic 的 Data Manager 能够对这些数据库进行 NEW、OPEN、DESIGN、DELETE 等操作，但在应用程序的运行状态中并不能从底层真正实现这些功能。

在 Visual Basic 中提供了一个非常方便的数据库操作工具，即可视化数据管理器（Visual Data Manager），使用可视化数据管理器可以方便地建立数据库．添加表，对表进行修改、添加、删除、查询等操作。

在 Visual Basic 集成开发环境中单击“外接程序”菜单下的“可视化数据管理器”命令，即可以启动可视化数据管理器“VisData”窗口。可视化数据管理器启动后的窗口如图 10－1 所示。

一个数据库的建立主要包括新建数据库、添加表及录入数据。利用 Visual Basic 的可视化数据管理器可以很容易地建立一个新的数据库。下面图 10－2 是一张学籍表，读者可以按照 Visual Basic 的可视化数据管理器的导航提示，操作顺序是：建立数据库→建立数据表→设计数据表字段→建立索引或其他约束→输入表内容→修改或继续输入表内容，逐步实现数据库的建立。

在本书中选用了 Microsoft Access 数据库系统，由于该数据库使用简单方便，读者也可以直接通过 Access 系统建立数据库、表、索引和输入数据。

VisData
文件(F) 实用程序(U) 窗口(W) 帮助(H)
打开数据库(O)...
新建(N)... → Microsoft Access(M)... → Version 2.0 MDB(2)...
Version 7.0 MDB(7)...
Dbase(D)
FoxPro(F)
Paradox(P)
ODBC(O)...
Text Files(T)...
关闭(C)
导入/导出(I)...
工作空间(W)...
错误(E)...
压缩 MDB (M)...
修复 MDB (R)...
退出(X)
待命 用户: admin

图 10-1 可视化数据管理器窗口

学籍表: 表

学号	姓名	性别	出生日期	班号	联系电话	入校日期	家庭住址
	王力	男	1982-4-5	卫统99	020-87532167	1999-9-1	上海市北京路236号
554433221100	柳燕春	女	1983-12-22	卫统99	010-56453433	1999-9-1	南京玄武区百子亭128号
123456789000	周亿平	男	1983-9-12	药学99	012-76767546	1999-9-1	广州市宝岗大道325号
200001011208	张新	男	1983-2-23	药学00	012-87654321	2000-9-1	长沙市五一路三条巷99号
200003021205	宋江波	男	1982-5-7	预防医学00	0341-87865645	2000-9-1	深圳市旺华街656号
200003021206	党力鹃	女	1983-11-21	预防医学00	0731-7654312	2000-9-1	长沙市蔡锷路45号
200004030446	方吉庆	男	1981-8-5	中药学00	0769-45398876	2000-9-1	广东省东莞市光汉街55号
200105060226	张冠花	女	1982-12-30	中药学01	024-71717788	2001-9-1	广东省东莞市流花街123号
200207061138	项羽	男	1985-8-12	市场营销02	027-87878781	2002-8-30	北京市东长安街768号
200207061139	邹平平	女	1983-12-31	市场营销02	024-12651277	2002-8-30	沈阳市五四大街78号

记录: 10 共有记录数: 10

图 10-2 学籍表

10.1.3 Data 控件

Visual Basic 中的 Data 控件是一种在数据库和窗体之间建立联系的数据控件，Data 控件是 Visual Basic 早期版本提供的用于访问数据库数据的数据控件。

Data 控件可以使用三种类型的记录集（表类型、动态集类型和快照类型）对象中的任何一种来访问数据库中的数据。利用 Data 控件可以对数据库中的数据进行操作，却不能显示数据库中的数据，显示数据助工作需要由数据感知控件来完成。数据感知控件的作用主要是将文件和数据库中的数据动态地反映在窗体中。例如，TextBox 控件、ComboBox 控件和 ListBox 控件就是一些常用的数据感知控件。

可以使用 Data 控件来执行大部分数据访问操作，而根本不用编写代码。与 Data 控件相连结的数据感知控件自动显示来自当前记录的一个或多个字段的数据，或者在某些情况下，显示来自当前记录旁边的一个记录集合中的一个或者多个字段中的数据。Data 控件在当前记录上执行所有操作。数据感知控件、数据控件和数据库之间的关系如图 10-3 所示。

图 10-3 数据感知控件、数据控件和数据库之间的关系

数据控件是 Visual Basic 的内部控件，在工具箱中的名称为 Data。下面通过一个例

子简要介绍 Data 数据控件的常用属性、事件和方法。

由于 Data 控件是 Visual Basic 早期版本所用的控件，所以只能使用 Office 97 以前的 Access 系统，读者可以在计算机中调用 VB6.0 系统中自带的 NWIND. MDB 数据库。

【例 10－1】用 Data 控件和数据感知控件 TextBox 和 OLE 表现 NWIND. MDB 数据库中 Categories 表中的字段内容。Categories 表中的内容参见图 10－4。

Categories: 表

	Category ID	Category Name	Description	Picture
+	1	Beverages	Soft drinks, coffees, teas, beers, and ales	位图图像
+	2	Condiments	Sweet and savory sauces, relishes, spreads, and seasonings	位图图像
+	3	Confections	Desserts, candies, and sweet breads	位图图像
+	4	Dairy Products	Cheeses	位图图像
+	5	Grains/Cereals	Breads, crackers, pasta, and cereal	位图图像
+	6	Meat/Poultry	Prepared meats	位图图像
+	7	Produce	Dried fruit and bean curd	位图图像
+	8	Seafood	Seaweed and fish	位图图像
▶	(自动编号)			

记录: 9 共有记录数: 9

图 10－4　Categories 表中的内容

在 Visual Basic 中设计如下窗体，参见图 10－5 Data 控件使用窗体。该窗体中有一个 Data 控件、一个三个 TextBox 控件和 OLE 控件。

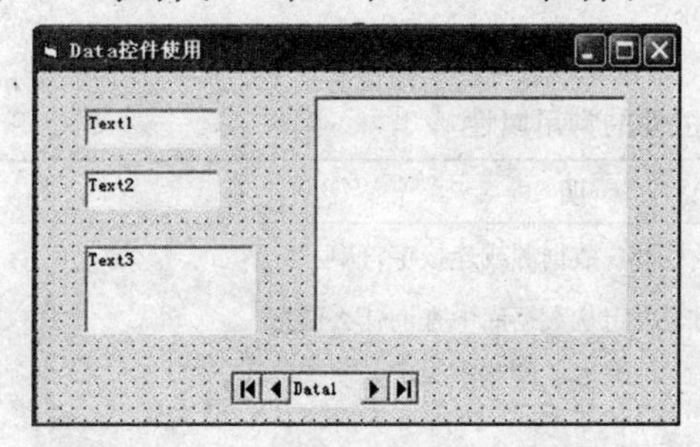

图 10－5、Data 控件使用设计窗体

图 10－6　Data 控件使用窗体运行效果

控件的属性设置：

（1）为 Data1 控件的 DatabaseName 属性设定为相应路径下的 NWIND. MDB 数据库，RecordSource 属性设定为 Categories 表。

（2）将 Text1 控件的 DataSource 属性选择为 Data1；DataField 属性选择为 Category-ID。

（3）将 Text2 控件的 DataSource 属性选择为 Data1；DataField 属性选择为 CategoryName。

（4）将 Tcxt1 控件的 DataSource 属性选择为 Data1；DataField 属性选择为 Description；MultiLine 属性选择为 Data1。

（5）将 OLE1 控件的 DataSource 属性选择为 Data1；DataField 属性选择为 Picture。

（6）其它属性可以选用系统默认值。

Data 控件使用方便简单，在一些早期版本的数据库应用软件中应用广泛，但是随着 Visual Basic 的升级和功能扩充，一些功能更强的数据控件被使用，所以关于数据控件使用过程中的一些常用事件、属性和方法的知识介绍等，放在对下面的 ADO 数据控件的描述之中了。

10.1.4 ADO 数据控件

Microsoft 的一个新的数据访问技术是 ActiveX Data Objects（ADO）。ADO 是以前的 DAO、尤其是 RDO 数据访问接口的一个替代，它提供了前两者都不具备的附加功能。ADO 访问数据是通过 OLE DB 来实现的，是连接应用程序和 OLE DB 的桥梁，使用 ADO 提供的编程模型可以完成几乎所有的访问和更新数据源操作。

尽管可以在应用程序中直接使用 ADO 数据对象，但 Visual Basic 提供的 ADO 控件有着作为图形控件的一些优势（例如，具有向前、向后的按钮，以及一个易于使用的界面）. 从而可以用最少的代码创建数据库应用程序。

由于 ADO 数据控件是 ActiveX 控件，每次创建工程时都要选中“部件”，中的“Microsoft ADO Data Control 6.0（OLEDB）”复选框，ADO Data 控件的图标才会出现在工具箱中、双击 ADO Data 控件的图标，或者单击后在窗体上画出控件，都可以在窗体上添加 ADO Data 控件. 其外观与 Data 控件的外观相似，默认名称为 Adodc。

1. ADO Data 控件的属性

ADO Data 控件的常用属性如表 10－1 所示。

表 10－1 ADO Data 控件的常用属性

属性	说明
CounectionString	设置到数据源的连接信息，可以是 ODBC 数据源或连接字符串。
RecordSource	返回或设置一个记录集的查询，用于决定从数据库中查询什么信息。
CommandType	设置或返回 RecordSource 的类型。
Mode	设定对数据的操作范围。
UserName	用户名称，当数据库受密码保护时，需要指定该属性。
Password	设置 RecordSet 对象创建过程所使用的口令，当访问一个受保护的数据库时是必需的。

2. ADO Data 控件的属性设定

ADO Data 控件的属性可以在窗体中设定，也可以在程序运行的过程中设定。这里先介绍在窗体中设定属性。

【例 10－2】用 ADO Data 控件 Adodc1 和数据感知控件 DataGrid1 表现“学籍管理 1. mdb”数据库中学籍表中的字段内容。

在举例 1 的 VB 工程中增加一个“ADO 控件窗体”。该窗体中有一个 Adodc1 控件用来连接数据库，和一个 DataGrid1 控件用来表现数据，如图 10－7 所示。

ADO Data 控件的大多数属性可以通过“属性页”对话框设置。用鼠标右键单击 ADO Data 控件（Adodc1），在弹出的快捷菜单中选择“ADODC 属性”，即可打开“属性页”对话框，如图 10－8 所示。

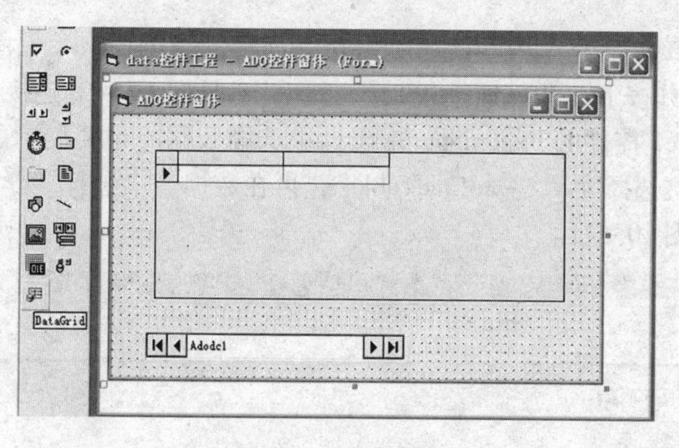

图 10－7　ADO 控件窗体

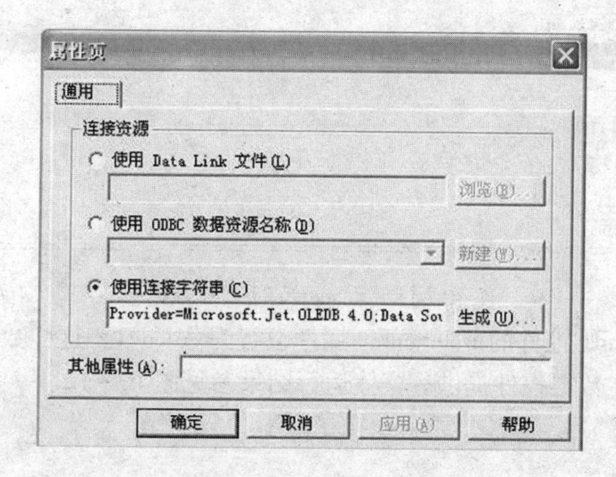

图 10－8　Adodc1 属性页

控件属性设置步骤：

（1）为 Adodc1 控件的 CounectionString 属性设置参数，单击图 10－8 Adodc1 属性页中的"生成（U）"按钮，在"提供程序"选项卡中选择"Microsoft Jet 4.0 OLE DB Provider"，参见图 10－9 提供程序选项。

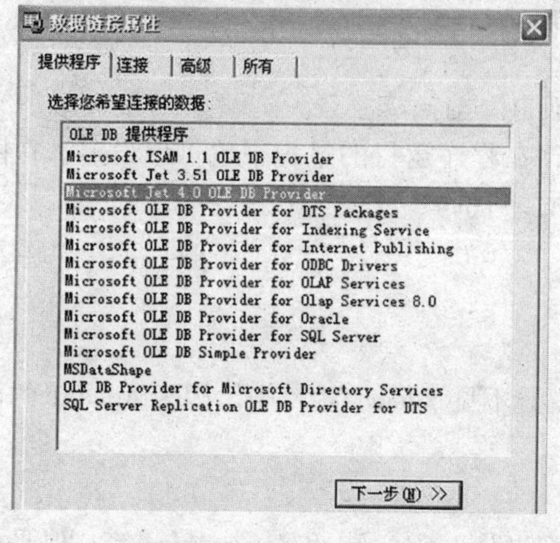

图 10－9　提供程序选项

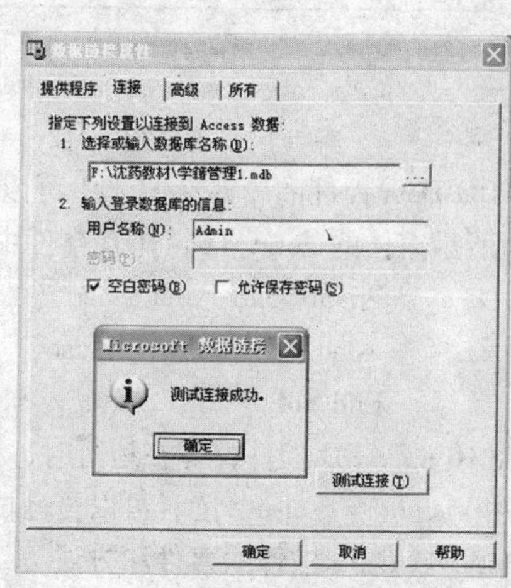

图 10－10　连接选项

（2）在“连接”选项卡中，指定所要建立连接的数据库，参见图10－9所在路径与数据库 名称，并按下“测试连接（T）”按钮，参见图10－10连接选项。

（3）在Adodc1控件的RecordSource属性中选择数据库中要展示的表，本例中先将记录源的命令类型选择为“2－adCmdTable”，再在数据表中选择“学籍表”。设置完成之后的属性参见图10－11。

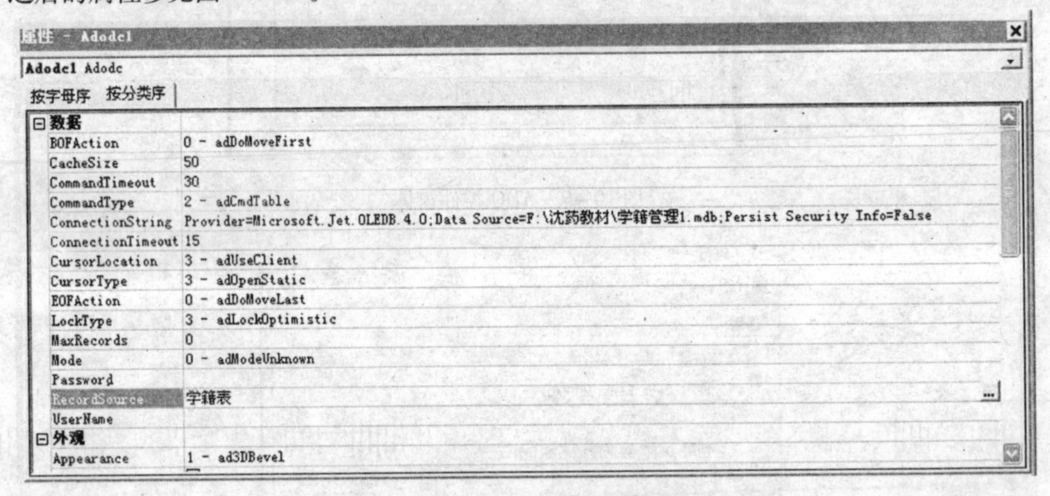

图10－11 Adodc1的主要属性设置

（4）将DataGrid1控件的DataSource属性设置为Adodc1，这样数据感知控件的显示内容，将由Adodc1数据控件提供。窗体运行结果参见图10－12。

ADO控件窗体

学号	姓名	性别	出生日期	班号	联系电话	入校日期	家庭住址	备注
554433221100	柳燕香	女	1983-12-22	卫统99	010-56453433	1999-9-1	南京玄武区百子亭128号	
123456789000	周亿平	男	1983-9-12	药学99	012-76767546	1999-9-1	广州市宝岗大道325号	
200001011208	张新	男	1983-2-23	药学00	012-87654321	2000-9-1	长沙市五一路三条巷99号	
200003021205	宋江波	男	1982-5-7	预防医学00	0341-87865645	2000-9-1	深圳市旺华街656号	
200003021206	党力鹃	女	1983-11-21	预防医学00	0731-7654312	2000-9-1	长沙市蔡锷路45号	
200004030446	方吉庆	男	1981-8-5	中药学00	0769-45398876	2000-9-1	广东省东莞市光汉街55号	
200105060226	张冠花	女	1982-12-30	中药学01	024-71717788	2001-9-1	广东省东莞市流花街123号	

Adodc1

图10－12 ADO控件窗体运行结果

ADO Data控件的属性在窗体中可以设定，在程序运行的过程中也可以设定。在图10－7所示窗体的Form_Load（）事件中编写如下代码：

```
Private Sub Form_Load ( )
Adodc1. Visible = False
End Sub
```

图10－7 ADO控件窗体在运行时，用户就看不见Adodc1控件了。因为Adodc1的可见属性Visible = False，读者可以自己试一下。

3. ADO Data控件的事件和方法

ADO Data控件的常用事件有WillMove、WillChangeRecord和MouseMove等，但是在

数据库应用程序设计中用的最多是 ADO Data 控件操作记录集的各种方法。例如，添加新记录、修改记录、删除记录和记录移动等。

AddNew 方法，给记录集增加一条新记录。

例如，Adodc1. Recordset. AddNew

Delete 方法，删除记录集中的当前新记录。

例如，Adodc1. Recordset. Delete

Update 方法，对记录集进行更新。

例如，Adodc1. Recordset. Update

MoveFirst 方法，将记录集指针移到第一条记录上。

例如，Adodc1. Recordset. MoveFirst

下面用一个例子说明 ADO Data 控件这些方法的使用。

【例 10－3】为图 10－2 所显示的学籍表设计数据输入窗体。参见图 10－13 数据输入窗体。

在举例 1 的 VB 工程中增加一个"ADO 事件方法"窗体。该窗体中有一个 Adodc1 控件用来连接数据库，添加七个文本框控件和一个 ComboBox 控件用来表现数据，这八个控件的 DataSource 属性均设定为 Adodc1，其各自的 DataField 属性设置为控件要表现的相应字段，给各字段配上合适的 Label 标签。最后添加一个命令按钮数组，Command1（0）—Command1（5），将每个命令按钮的 Caption 属性设置好以后，就要对命令按钮的 Click 事件编写代码。在这段代码中用到了 ADO Data 控件一些常用的方法。

（1）学籍表数据输入窗体

如图 10－13 所示。

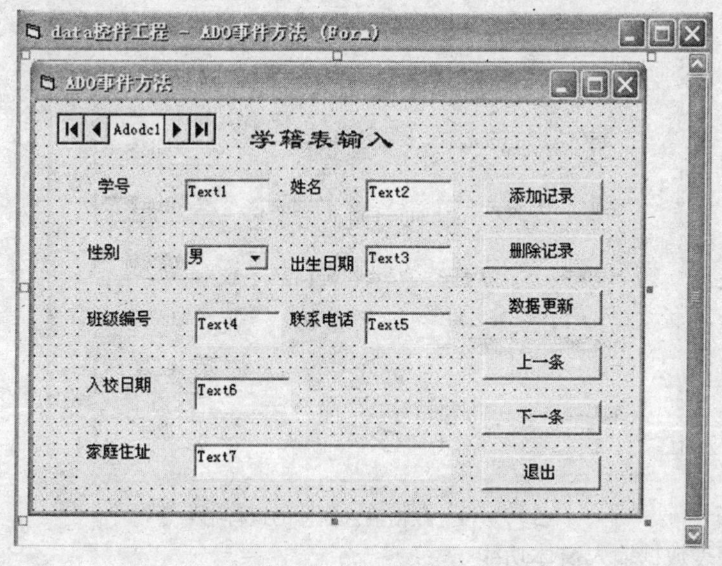

图 10－13　数据输入窗体

（2）学籍表数据输入命令按钮代码

```
Private Sub Command1_Click (Index As Integer)
    Select Case Index
```

```
        Case 0
            Adodc1. Recordset. AddNew
        Case 1
            mb = MsgBox ("真的要删除吗?", vbYesNo, "删除这条记录。")
            If mb = vbYes Then
                Adodc1. Recordset. Delete
                Adodc1. Recordset. MoveLast
            End If
        Case 2
            Adodc1. Recordset. Update
        Case 3
            Adodc1. Recordset. MovePrevious
            If Adodc1. Recordset. BOF Then Adodc1. Recordset. MoveFirst
        Case 4
            Adodc1. Recordset. MoveNext
            If Adodc1. Recordset. EOF Then Adodc1. Recordset. MoveLast
        Case 5
            Unload Me
    End Select
End Sub
```

（3）学籍表数据输入窗体的运行结果

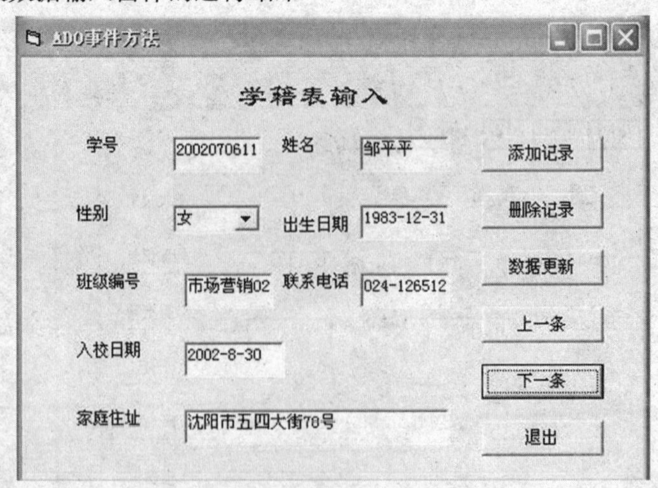

图10-14　数据输入窗体的运行结果

（4）学籍表数据输入窗体功能

从图10-14数据输入窗体的运行结果中可以看出，学籍表输入窗体可以通过“上一条”和“下一条”按钮逐条显示数据表记录；“添加记录”按钮按下之后各文本框清空，供用户输入数据；输入或更改过的数据可以在按下“数据更新”按钮之后改变数据库的内容。按下“删除记录”按钮，可以删除当前记录。请有兴趣的同学自己试一下。

10.2 结构化查询语言（SQL）

结构化查询语言 SQL（Structure Query Languange）是目前 ANSI 的标准数据语言。经过多年的实践，SQL 在众多的数据库查询语言中脱颖而出，1986 年美国国家标准化组织 ANSI 确认 SQL 作为数据库系统的工业标准。现在已有一百多个数据库管理产品支持 SQL 语言，在大多数关系型数据库管理系统中，都需要用到 SQL。

10.2.1 SQL 概述

SQL 是一种非过程化的语言，用 SQL 语言编写程序，用户只需指出“干什么”，而无须指出“怎么干”，既所有 SQL 要执行的操作由系统自动完成；SQL 语言在结构上，接近英语口语，是一种用户性能良好的语言，非常易于学习和掌握。

数据库应用程序执行的过程实际上可以看成一系列 SQL 查询语句执行的过程；应用程序用来指定查询的方式和查询的内容；ADO 实现应用程序与数据库的连接；ADO 的命令行对象（Command）传递并执行查询语句，用数据集对象（Recordset）代表返回的查询结果。本节将介绍如何把用户的需求转化成 SQL 查询语句。

一个 SQL 查询至少要包括下面 3 个元素：

（1）一个动词，例如 SELECT，它决定了操作的类型。

（2）一个谓词宾语，由它来指定一个或多个字段名，或者指定一个或多个表对象，例如：使用（*）表示选中表中的所有字段。

（3）一个介词短语，由它来决定动词在数据库中哪个对象上动作，例如“From Table Name”。

一个 SQL 语句被传送给一个基于 SQL 的查询引擎，产生结果数据集合。结果集合以行（记录）和列（字段）的形式给出。SQL 语句由命令、子句、运算符和合计函数构成，这些元素结合起来组成语句，用来创建、更新和操作数据库。

任何的 SQL 语句都是以下面几种命令开头：SELECT、CREATE、DROP、ALTER、INSERT、DELETE、UPDATE。使用这些命令来指定所要进行操作的类型。

（1）SELECT 命令：用于在数据库中查找满足特定条件的记录。它是所有 SQL 语句中最常用的一个命令，SELECT 命令可以生成一个数据库中的一个或多个表的某些字段的结果集合。

（2）CREATE、DROP 和 ALTER 命令：用来操纵整个表。其中 CREATE 命令用来创建新的表、字段和索引，DROP 命令用来删除数据库中的表和索引，ALTER 命令通过添加字段或改变字段定义来修改表。

（3）INSERT、DELETE 和 UPDATE 命令：主要适用于操作单个记录。其中 INSERT 命令用于在数据库中添加一个记录，DELETE 命令用于删除数据库表中已经存在的一个记录，UPDATE 命令用来修改特定记录或字段的值。

10.2.2 INSERT 语句

将表添加到数据库中以后，就可以使用 SQL 语句对表中的数据进行操作，包括向表中添加记录、删除记录或修改记录数据等。

SQL 提供了 INSERT INTO 语句来添加数据库表中的记录。

具体语法是：

INSERT INTO 数据表名 [(field1 [, field2 [, …]])]

VALVES (value1 [, value2 [, …]])

其中第一个圆括号内包括了要更新酌字段名称。如果更新一个记录中的所有字段，那么这对括号中的字段名列表可以省略。这时，数据库服务器会为表中的第一个字段赋第一个值、第二个字段赋第二个值等。例如，若向"学籍表"中添加记录，可以使用下面的语句：

INSERT INTO 学籍表（学号，姓名，性别，出生日期，班号，联系电话，入校日期，家庭住址）VALUES ('200512070612','丁乐','女', 1987 - 12 - 22,'计算机 05','061 - 3546178', 2005 - 9 - 1,'山西省大同市云南路 342 号')")

实际上，可以将上面的代码作为 Database 对象的 Execute 方法的参数来运行，同样将数据添加到数据库表中。例如，为了执行上面的 SQL 语句，在图 10 - 12 ADO 控件窗体中添加一个按钮"添加'丁乐'"，参见图 10 - 15ADO 控件窗体修改版。

图 10 - 15　ADO 控件窗体修改版

"添加'丁乐'"按钮的代码如下：

```
Private Sub Command1_Click ( )
    Dim dbs1 As Database
    Dim myws As Workspace
    Set myws = DBEngine. Workspaces (0)
    Set dbs1 = OpenDatabase ("F: \ 沈药教材 \ 学籍管理 1. mdb")
    dbs1. Execute ("INSERT into 学籍表（学号，姓名，性别，出生日期，班号，联系电话，入校日期，家庭住址）VALUES ('200512070612','丁乐','女', 1987 - 12 - 22,'计算 05','061 - 3546178', 2005 - 9 - 1,'山西省大同市云南路 342 号')")
    dbs1. Close
```

End Sub

“添加‘张习清’”按钮的代码与上面类似，仅以下语句不同：

dbs1. Execute ("INSERT into 学籍表（学号，姓名，性别，出生日期，班号，联系电话，入校日期，家庭住址）VALUES（'200512070613','张习清','男'，1987 - 12 - 22,'计算机05','066 - 3546178'，2005 - 9 - 1,'江苏省苏州市北京路552号')")

dbs1. Close

从以上两个例子可以看出，INSERT 语句在记录插入时一次只能插入一条具有固定内容的记录，如果希望用这个方法在人机交互环境中插入数据，就要对需插入的内容进行字符串变量代换。

10.2.3 DELETE 语句

SQL 提供的 DELETE 语句将指定的记录从表中删除。

具体语法是：

```
DELETE   FROM 数据表
         WHERE 条件
```

其中 FROM 子句后面的参数则来指定将哪个表中的数据删除，而 WHERE 参数则用来指定要删除表里的哪些记录。

例如．用下面的代码就是可以删除刚才添加到“学籍表”中的记录：

```
Private Sub Command3_Click ()
    Dim dbs1 As Database
    Dim myws As Workspace
    Set myws = DBEngine. Workspaces (1)
    Set dbs1 = OpenDatabase ("F:\沈药教材\学籍管理1. mdb")
    dbs1. Execute ("DELETE FROM 学籍表 WHERE 姓名 ='丁乐'")
    dbs1. Close
End Sub
```

10.2.4 UPDATE 语句

在数据库应用程序中经常需要对数据进行修改。在 SQL 命令中，可以使用 UPDATE 语句来按照某个固定条件修改特定表中的字段值。

UPDATE 语句的具体格式是：

```
UPDATE   数据表
SET   新的字段值
WHERE   条件
```

这里，‘数据表’参数用于确定要修改数据表的名称；‘新的字段值’参数用来指定要修改表中的哪些字段以及将这些字段的值修改为多少；‘条件’参数用于指定哪些记录将要修改。

例如，下面的代码就是将“学籍表”中名为“丁乐”的那条记录的学号改为

200508070612。

```
UPDATE  学籍表
SET  学号 ='200508070612'
WHERE  姓名 ='丁乐'
```

10.2.5 SELECT语句

SQL语言除了可以对表中的数据进行插入、删除或修改等操作。还可以用来从一个或多个表中检索数据，查找和检索是SQL语句的主要功能，下面将分别介绍从一个或多个表中检索数据。

虽然查询与用户之间可以有不同的交互方式，但是它们完成的任务都是相同的，即将SELECT语句执行后形成的数据集提供给用户。即使用户从不指定SELECT语句，数据库管理系统也可以将每个用户查询转换成SELECT语句，然后发送给数据库管理系统。然后以一个或多个数据集的形式返回给用户。数据集是对来自SELECT语句的数据的表格排列，数据集也包括行和列。

SELECT语句的格式：

SELECT语句

显然SELECT语句的完整语法较复杂

```
SELECT  字段列表
FROM  数据表名
[WHERE  选择条件]
[GBGUP BY 分组关键字]
[HAVING 分组条件]
[ORDER BY 分组字段名]
```


在所有的SELECT查询中，最简单的SELECT语句为：

SELECT ＊ FROM 数据表名

它表示从指定的表中取得所有记录中的所有字段的值。例如要返回“学籍表”中的所有记录的所有列的语句是：

SELECT ＊ FROM 学籍表

其中的（＊）表示要检索该表中的所有列，也可以指定只检索部分列。显示时，每一列中的数据将按照它们排列的顺序出现。例如，下面的SELECT查询将返回“学籍表”中所有记录中的“学号”、“姓名”和“家庭住址”三个字段的数据：

SELECT 学号，姓名，家庭住址 FROM 学籍表

将上述语句设置在ADODC1控件中，可以得到下面的运行结果，参见图10－16 SQL语句查询输出。

一般来说，SELECT语句总是有一个FROM子句，用来指定从哪一个表中取得记录。如果一个字段名被包含在FROM子句的多个表中，在它前面加上表名和一个点（.）运算符。在下面的例子中，“学号”字段同时包含在“成绩表”（成绩表结构参见图10－17）和“学籍表”中，FROM子句将从“成绩表”中选择“学号”、“姓名”、

"数学"、"物理"和"英语"字段，从"学籍表"中选择"班号"和"家庭住址"字段，构成双表查询。

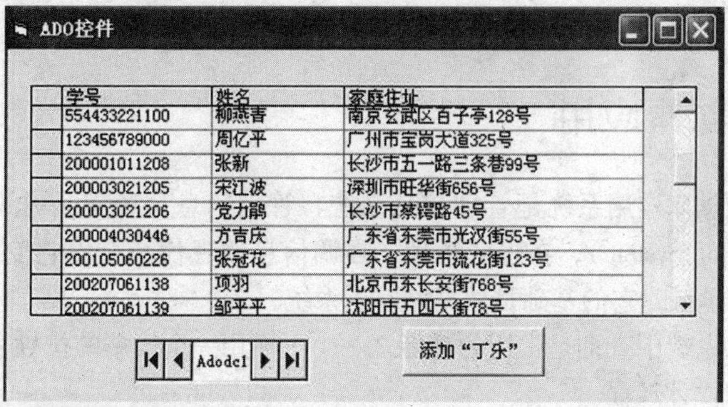

ADO控件

学号	姓名	家庭住址
554433221100	柳燕春	南京玄武区百子亭128号
123456789000	周亿平	广州市宝岗大道325号
200001011208	张新	长沙市五一路三条巷99号
200003021205	宋江波	深圳市旺华街656号
200003021206	党力鹃	长沙市蔡锷路45号
200004030446	方吉庆	广东省东莞市光汉街55号
200105060226	张冠花	广东省东莞市流花街123号
200207061138	项羽	北京市东长安街768号
200207061139	邹平平	沈阳市五四大街78号

Adodc1　添加"丁乐"

图 10－16　SQL 语句查询输出

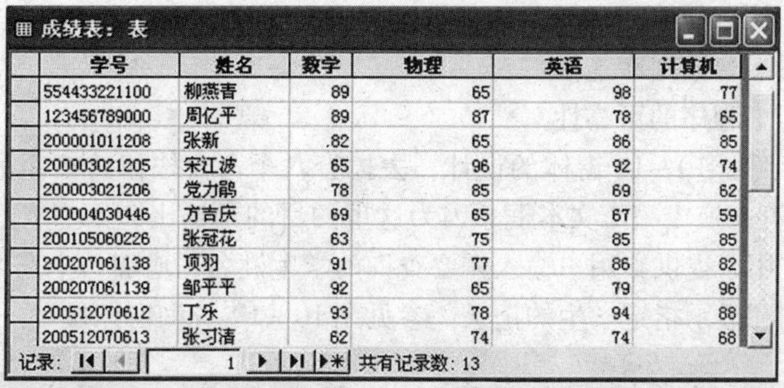

成绩表：表

学号	姓名	数学	物理	英语	计算机
554433221100	柳燕春	89	65	98	77
123456789000	周亿平	89	87	78	65
200001011208	张新	82	65	86	85
200003021205	宋江波	65	96	92	74
200003021206	党力鹃	78	85	69	62
200004030446	方吉庆	69	65	67	59
200105060226	张冠花	63	75	85	85
200207061138	项羽	91	77	86	82
200207061139	邹平平	92	65	79	96
200512070612	丁乐	93	78	94	88
200512070613	张习洁	62	74	74	68

记录：1　共有记录数：13

图 10－17　成绩表

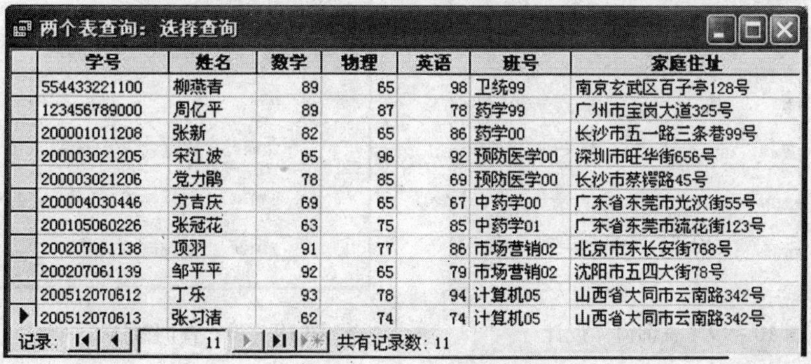

两个表查询：选择查询

学号	姓名	数学	物理	英语	班号	家庭住址
554433221100	柳燕春	89	65	98	卫统99	南京玄武区百子亭128号
123456789000	周亿平	89	87	78	药学99	广州市宝岗大道325号
200001011208	张新	82	65	86	药学00	长沙市五一路三条巷99号
200003021205	宋江波	65	96	92	预防医学00	深圳市旺华街656号
200003021206	党力鹃	78	85	69	预防医学00	长沙市蔡锷路45号
200004030446	方吉庆	69	65	67	中药学00	广东省东莞市光汉街55号
200105060226	张冠花	63	75	85	中药学01	广东省东莞市流花街123号
200207061138	项羽	91	77	86	市场营销02	北京市东长安街768号
200207061139	邹平平	92	65	79	市场营销02	沈阳市五四大街78号
200512070612	丁乐	93	78	94	计算机05	山西省大同市云南路342号
200512070613	张习洁	62	74	74	计算机05	山西省大同市云南路342号

记录：11　共有记录数：11

图 10－18　双表查询结果

使用如下查询语句在两个表中查询，查询结果见图 10－18 双表查询结果。

```
SELECT  成绩表.学号，成绩表.姓名，成绩表.数学，成绩表.物理，成绩表.
        英语，学籍表.班号，学籍表.家庭住址
FROM   成绩表 INNER JOIN 学籍表
ON  成绩表.学号 = 学籍表.学号;
```

此例中用到了数据库连接，这是关系数据库最强大的功能之一，就是能够把两个表或多个表连接成一个表，这个表包含了前面表的信息。而表的连接方式则要根据它们之间的关系来确定。最常见的连接是内部连接。上例中就使用了“INNER JOIN 学籍表 ON 成绩表.学号 = 学籍表.学号”，INNER JOIN 就把两个表中的学号相同的记录连接起来了。

10.3 数据库应用

最常用的数据库应用系统是管理信息系统，管理信息系统就是常说的 MIS（Management Information System），在强调管理，强调信息的现代社会中它变得越来越普及。MIS 是一门新的学科，它的基础是数据库应用系统

在管理信息系统中查询是常用的功能之一。下面用一个简单的按姓名查询例子，来说明查询的程序设计过程。

在进行查询程序设计时要注意以下几个方面：

（1）友好适用方便的用户界面

（2）可靠的后台数据库连接

（3）充分考虑程序的可靠性

这里可以参照图 10－14 窗体的设计，去掉有六个命令按钮的按钮数组，将原来表示性别的 ComboBox 换成一个文本框，因为这里的目的是输出，不需要选择输入。再增加一个文本框，用于提供给用户输入需要查询的学生姓名；增加一个查询按钮，用于编写代码实现查询和显示指定学生的记录。参见图 10－19 查询窗体设计。

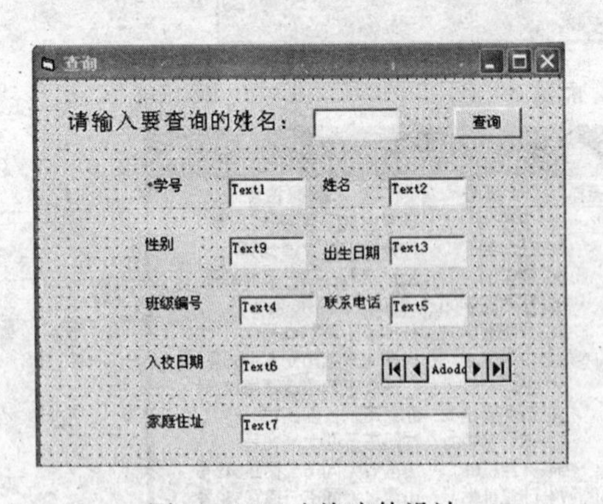

图 10－19　查询窗体设计

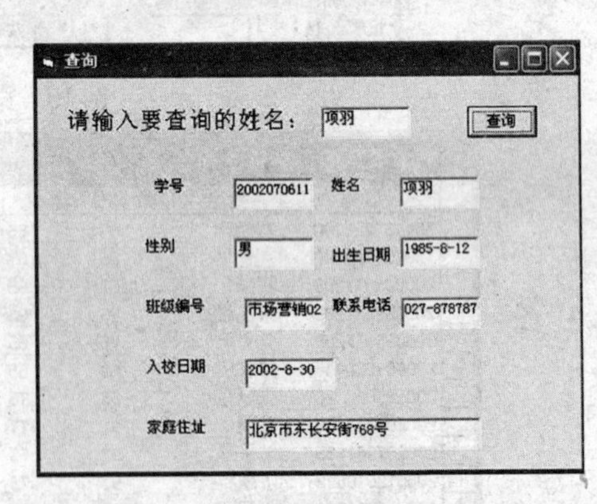

图 10－20　查询窗体查询运行结果

上述窗体的控件属性设置可以参见前面学籍表的输入窗体设计，这里仅给出“查询”命令按钮的代码。

```
Private Sub Command1_Click ( )
Dim name As String
name = "select *from 学籍表 where 姓名 =" & "" & Text8. Text & ""
Adodc1. RecordSource = name
Adodc1. Refresh
If Adodc1. Recordset. EOF Then
```

```
        MsgBox ("查无此人")
        End If
    End Sub
```

以上查询代码中除了查询语句：

"select *from 学籍表 where 姓名 =" & "" & Text8. Text & ""

表示按照用户在Text8中输入的学生姓名，查找指定的记录之外，增加了一个IF条件分支结构，主要用于在数据表指针指向数据表末尾的时候，弹出一个信息窗，向用户显示找不到此人的信息，参见图10-21“查无此人”信息窗。

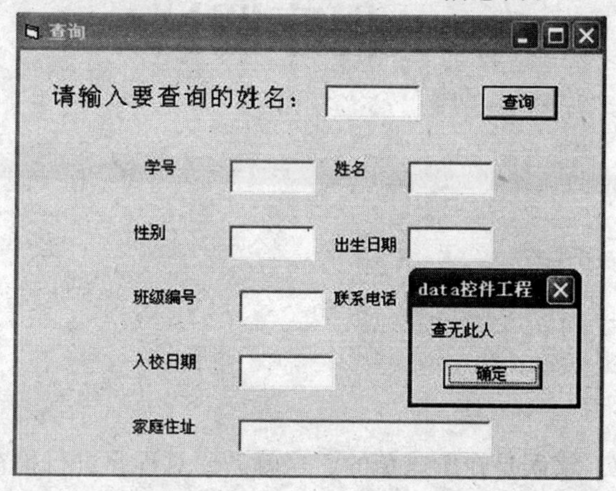

图10-21 “查无此人”信息窗

附录A CHAPTER

VB程序调试

在程序的编写中，错误是在所难免的，这就需要对程序进行检查和修改，而检查和修改程序的过程被称为调试（调试工作通常是在“设计”模式“中断”模式下完成的)。VB 为调试程序提供了一组交互的、有效的调试工具。为了便于学习和实践，本节介绍简单的 VB 调试功能，例如设置断点、观察变量和过程跟踪等。

A.1 错误类型

为了易于找出程序中的错误，可以将错误分为编辑时错误、编译时错误、运行时错误和逻辑错误。

A.1.1 编辑时错误

当用户在代码窗口中编写代码时，VB 会对代码直接进行语法检测。当一行代码输入完毕，按回车键时，VB 开始自动检测此行。如果发现代码中存在错误，VB 会弹出一个对话框，提示错误信息，如图 A－1 所示。通过对编辑时错误的检测，可以降低程序录入时代码的错写和漏写等低级错误。

常见的编辑时错误，例如，语句输入不完整、关键字书写错误等。

(1) 如图 A－1 所示，表达式输到一半，误按回车键，VB 系统探测到回车后开始检测此行代码，发现表达式不合法，系统提示出错信息，提醒用户改正。

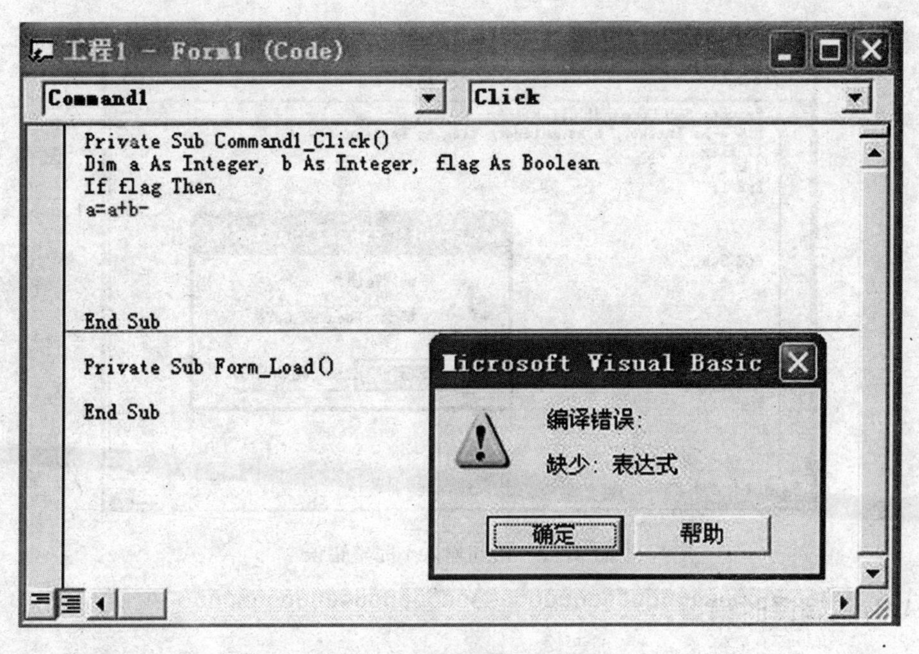

图A-1 编辑时错误对话框

(2) 如图A-2所示，用于定义变量的关键字“Dim”错写成“Dlm”，系统检测到关键字书写有误，提示当前错误。

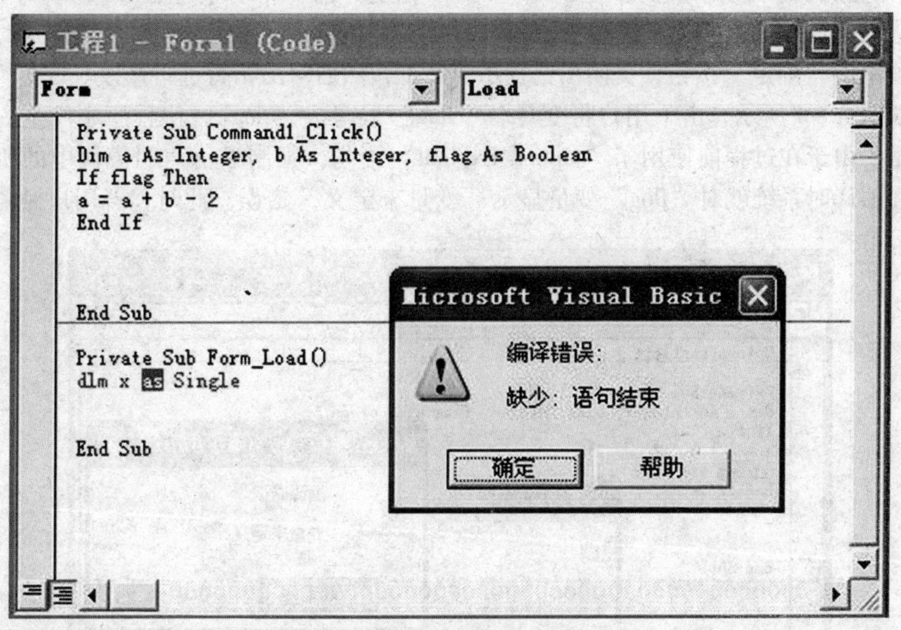

图A-2 关键字书写错误

(3) 如图A-3所示，当前过程中使用条件语句“if…then”，其中“if”和“then”需成对出现，由于漏写了关键字“then”，VB检测到语句书写不完整，弹出对话框显示出错信息。

编辑时错误都出现在VB的设计模式下。

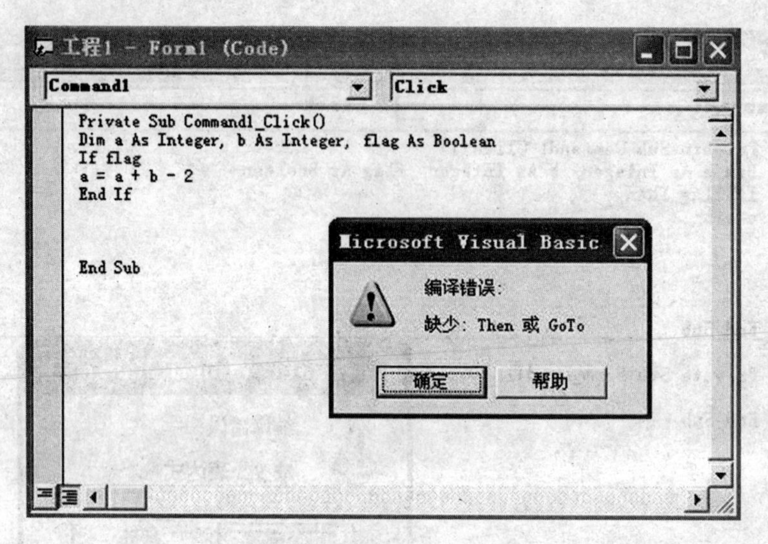

图 A－3　语句输入不完整错误

A. 1. 2 编译时错误

当单击启动按钮时，VB 不能直接执行用户编写的程序，需要对程序进行编译，一边编译一边执行。编译过程中产生的错误称为编译时错误。此类错误是由于用户未定义变量、遗漏关键字等原因而产生的。这时，VB 也弹出一个对话框，如图 A－4 所示，提示错误信息。出错的一行被高亮显示，同时 VB 停止编译，进入中断模式。这时，用户必须单击“确定”按钮，关闭出错提示对话框，然后对出错行进行修改。

如图 A－4 所示，由于用户将变量名“flag”误写成“flog”，使程序中产生一个新的变量。由于在过程前使用了“Option Explicit”语句，强制显示声明模块中的所有变量，在编译时系统就对“flog”变量显示“变量未定义”错误。此时，若用户撤消选用

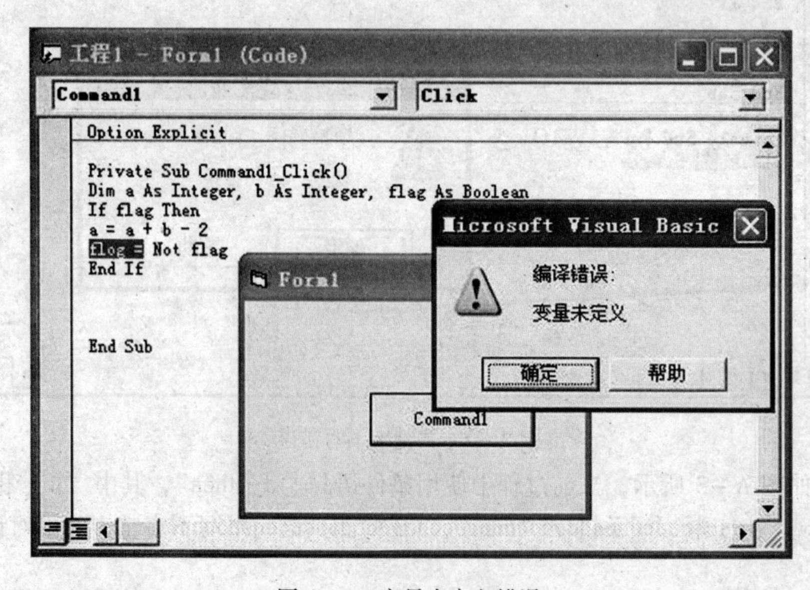

图 A－4　变量未定义错误

“Option Explicit”语句，虽然系统不显示错误，但照成程序难以正确调试的问题。建议初学者使用显式声明语句“Option Explicit”，可以避免很多变量名输入的错误。

用户漏写关键字错误例如：For 循环结构中漏写关键字“Next”，If 选择结构中漏写关键字“End If”等，如图 A-5 所示。

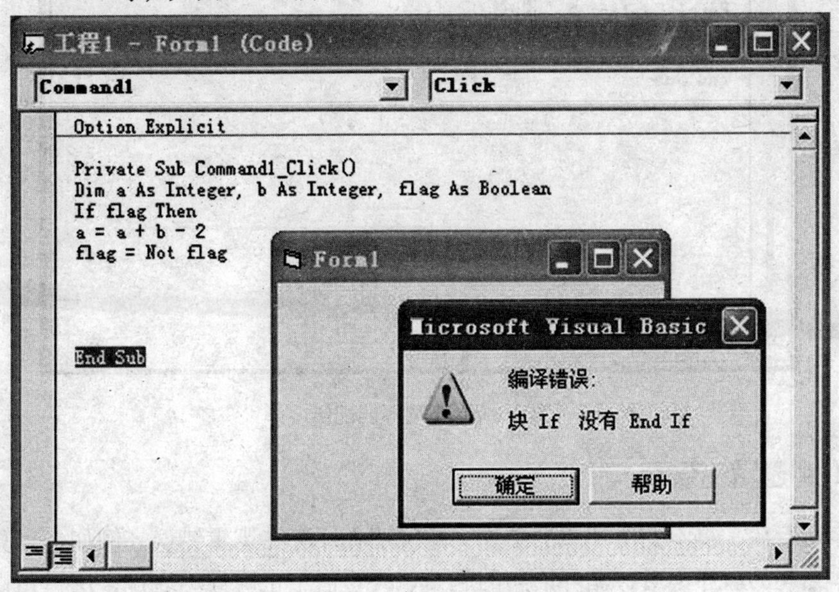

图 A-5　漏写关键字错误

A. 1. 3 运行时错误

运行时错误指 VB 程序在编译通过后，运行程序时发生的错误。这类错误往往是由于程序中执行了非法操作引起的。例如，类型不匹配、试图打开一个不存在的文件等。

例如，属性 FontSize 的数据类型为整形（属性也可被认为是 VB 内定的变量），若对其赋值的类型为字符串，系统运行显示如图 A-6 所示的错误信息。当用户单击“调试”按钮时，进入中断模式，光标停留在引起错误的那一句上，如图 A-7 所示，此时允许用户修改代码。

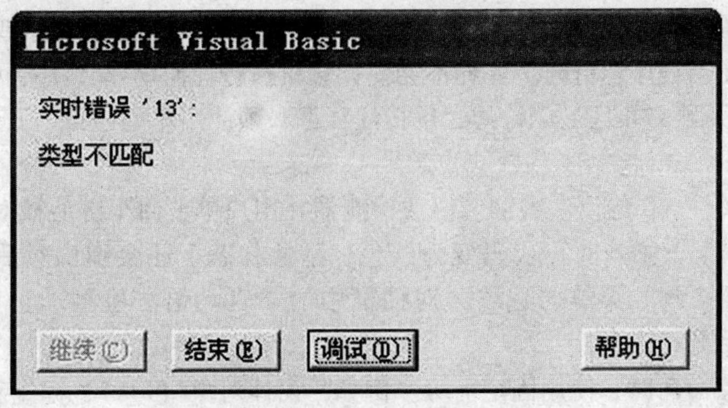

图 A-6　运行时错误对话框

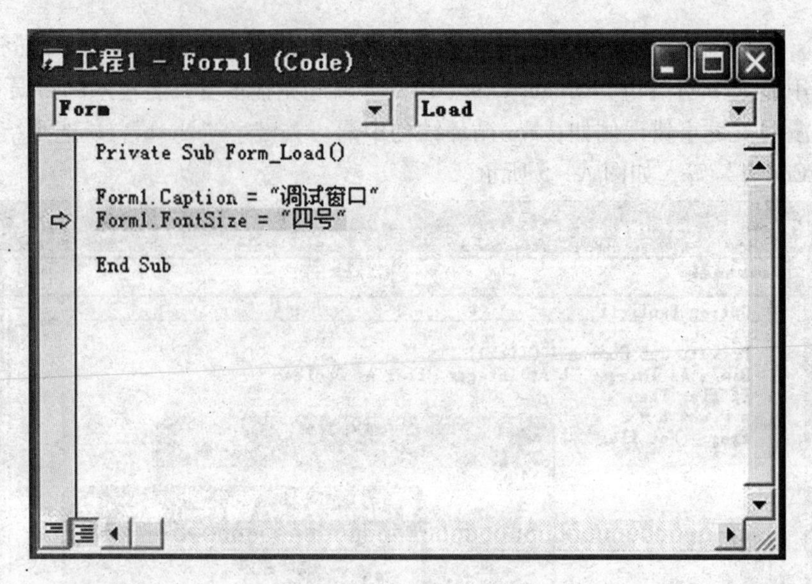

图 A-7 类型不匹配错误

A.1.4 逻辑错误

程序运行后，得不到所期望的结果，这说明程序存在逻辑错误。例如，运算符使用不正确，语句的次序不对，循环语句的起始、终止值不正确等。通常，逻辑错误不会产生错误提示信息，故错误较难查找和排除。要排除逻辑错误，需要程序员仔细分析程序，并掌握一定的调试程序经验。VB 提供一组完善的调试程序工具，来帮助程序员提高调试程序的效率 。

A.2 防止程序出错的原则

为了防止程序出错，在编写程序时应该遵循以下原则。

（1）总是使用 Option Explicit 语句（Option Explicit 只能出现在代码窗口顶部，不可写在过程内，如图 A-4 所示），从而显示声明变量，防止变量名拼写错误。

（2）编写程序时加上注释。恰当的注释可以防止用户在阅读程序或维护程序时产生错误的理解（当程序运行时，注释不会使计算机执行任何动作。注释可以从单引号或“Rem”关键字开始。并且是单行的，每行注释都必须使用单引号或“Rem”，如图 A-8 所示）。

（3）总是关注 VB 的语法检测。语法检测器在用户单击回车键后核对此行代码的语法。如果语法错误，则当前行代码变为红色，默认状态下还会弹出对话框指明语法错误。如果取消“工具”菜单“选项”对话框中的“自动语法检测”选项，如图 A-9 所示，则不会弹出对话框。

（4）为对象命名时，使用固定前缀。例如：窗体对象（frm）、标签对象（lbl）、文本框对象（txt）、命令按钮对象（cmd）等。前缀可以清晰地表明对象的类型。

（5）对变量使用尽可能紧密的作用域及使用符号常量。在将有问题的变量和符号常量限定在过程和函数中时更易于将其定位。例如：变量 a 仅在当前过程中被使用，那么变量 a 应该在当前过程中定义，来缩小变量的作用域。

（6）对于必须限定取值范围的变量，在代码中对其值进行范围检测（保证变量的值在合适的范围内）。例如：一个指定用来存储之间随机数的变量 x，它的取值范围应该限定在 0 ~ 5 之间，如果超出取值范围，则说明随机数表达式构造有误。可以通过 Debug. Assert 方法测试变量 x 是否在取值范围内，参见图 A – 15 所示。

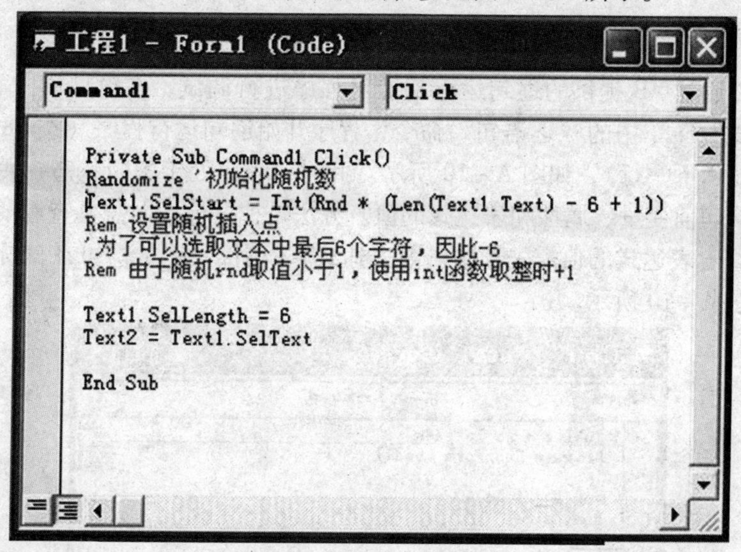

图 A – 8　插入注释

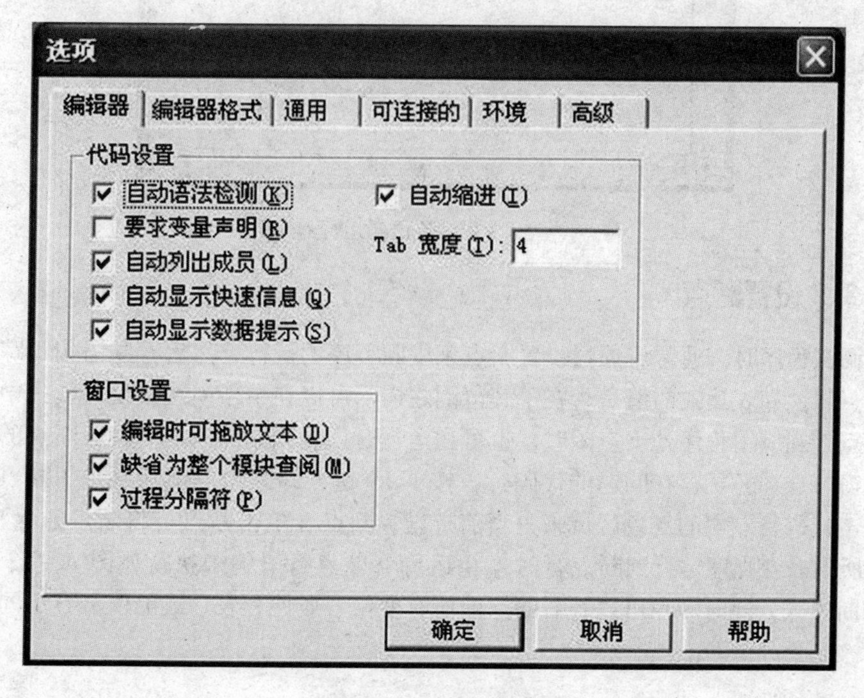

图 A – 9　选项对话框

A.3 调试与排错

为了更正程序中出现的不同的逻辑错误，VB 提供了各种调试工具。主要通过设置断点、插入观察变量、逐行执行和过程跟踪等手段，在调试窗口中显示所关注的信息，让程序员发现和排除错误。

A.3.1 逐句运行

用户可以通过 VB 提供的逐句运行功能对程序进行调试，在设计模式下，按 F8 键或选择“调试”菜单中的“逐语句”命令，程序开始逐句运行程序（按 F8 键运行当前行，并高亮显示下一行），如图 A-10 所示。此时，程序处于中断状态，用户可以直接查看被查询语句前变量、属性和表达式的值。方法是把鼠标指向需要查看的变量、属性或表达式（查看表达式的值需先选中当前表达式），稍停片刻，即可在鼠标指针下方显示其值，如图 A-10 所示。

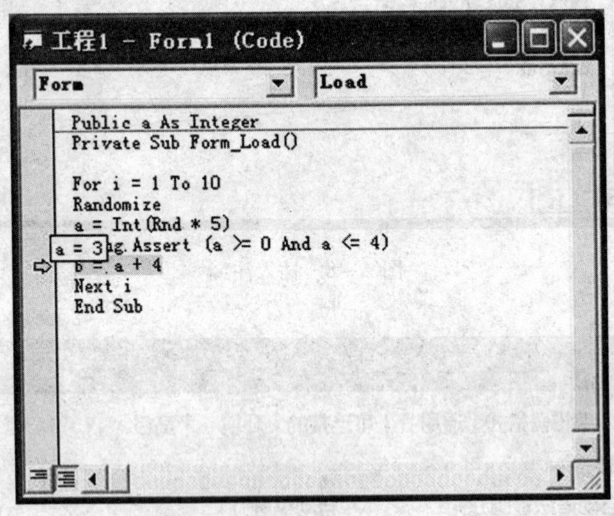

图 A-10　逐语句运行

A.3.2 设置断点

在调试程序时，通常可通过设置断点来中断程序的运行，然后再逐语句跟踪检查相关变量、属性和表达式的值是否在于其范围之内。可以在中断模式或设计模式中设置和删除断点。当应用程序处于空闲时，也可在运行时设置和删除断点。设置断点的方法是在代码窗口选择怀疑存在问题的代码行，按下 F9 键，即为当前前行设置了断点，也可直接单击代码行左侧的灰色区域来为当前行设置断点（单击断点可将断点删除），如图 A-11 所示。在程序运行到断点行时停止运行（断点行语句未执行如图 A-12 所示），进入中断模式，此时用户可以查看断点前所有变量、属性和表达式的值。方法同前。

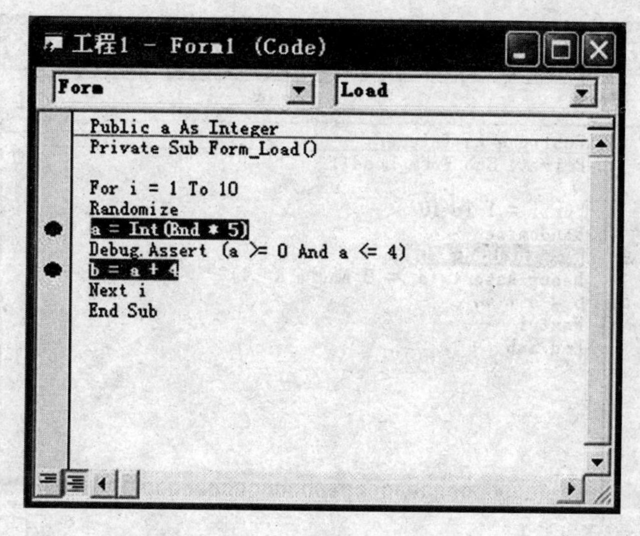

图 A－11　在程序中插入断点

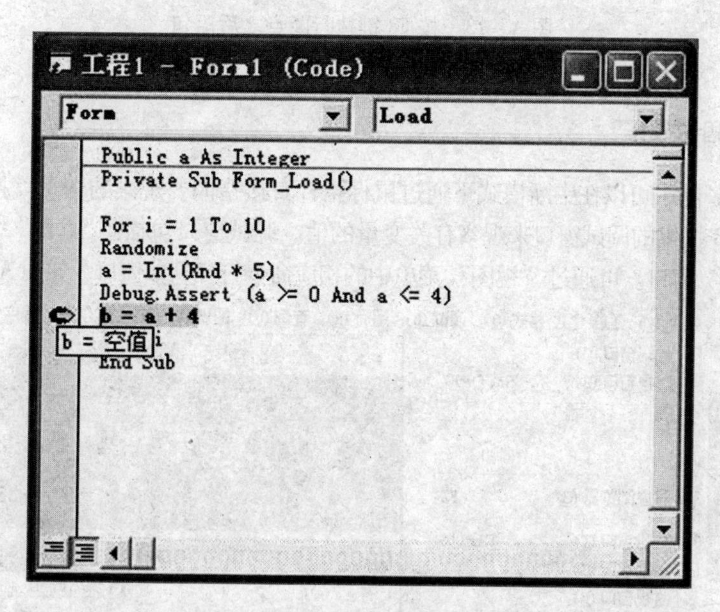

图 A－12　程序运行到断点行中断

若要继续跟踪断点后语句的情况，可以使用 VB 的逐语句功能，通过此功能对断点后的语句逐句执行，或也可单击继续，如图 A－13 所示。

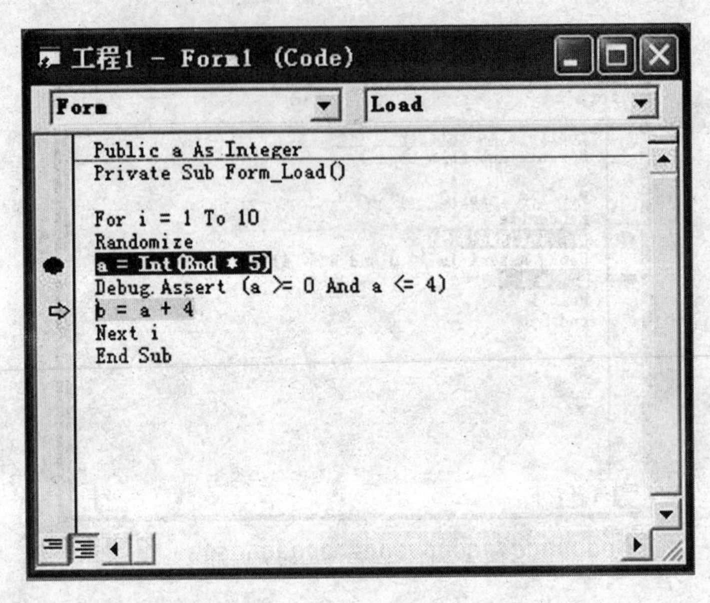

图 A－13　按 F8 键执行断点之后语句

A. 3. 3 调试窗口

在 VB 中，除了可以在中断模式下通过鼠标指针直接指向要观察的变量直接显示其值外，还可以通过 VB 提供的调试窗口来观察有关变量的值。调试窗口包括："立即"窗口、"本地"窗口和"监视"窗口。可通过"视图"菜单中的相应命令打开这些窗口，如图 A－14 所示。

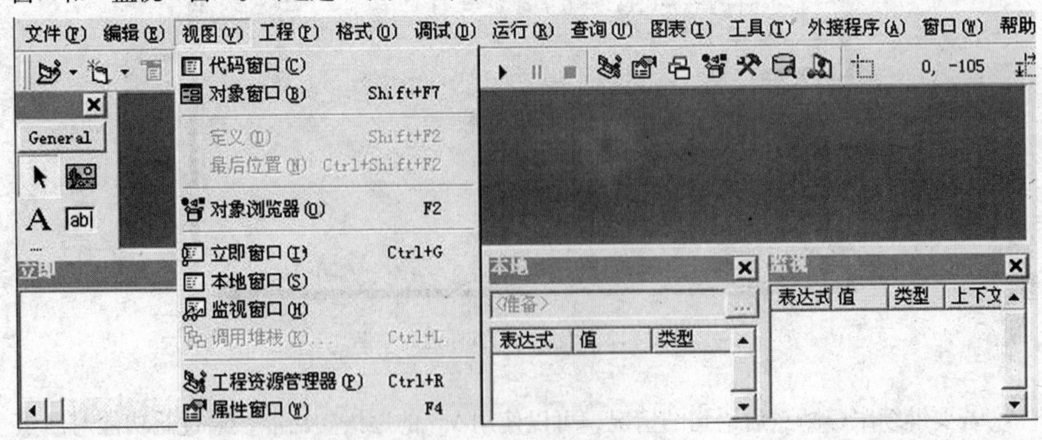

图 A－14　调试窗口

A. 3. 4 "立即"窗口

"立即"窗口是调试程序时最方便、最常使用的窗口之一。在"设计模式"、"中断模式"和"运行模式"中均可使用"立即"窗口来测试变量、属性和表达式的值。

可以在"立即"窗口中直接使用 Print 语句或问号"?"来显示变量、属性和表达式的值。也可以在程序代码中利用 Debug 对象的 Print 方法（Debug. Print 语句是在程序运行期间执行的，即在“运行模式”下执行)，把输出结果送到“立即”窗口，如图A－15 所示。

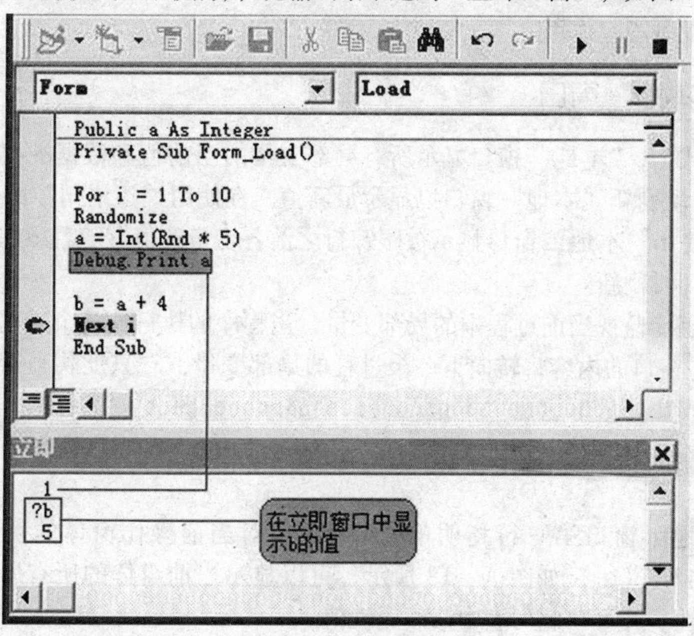

图 A－15　“立即”窗口

Debug 对象还提供了的 Assert 方法，此方法可以测试程序中变量的值是否在取值范围内。Debug. Assert 可以向 VB 传递逻辑值“True”或“False”（传递的值不会在“立即”窗口中显示），当传递“False”时，Debug. Assert 将 VB 置为“中断模式”。例如：如果变量 x 的值应该总是在 0～9 之间，那么下列语句：Debug. Assert（x > =0 And x < =9）测试 x 的值，在超出范围时程序中断，以便用户调试。如果变量的值在指定范围内，则程序继续执行，如图 A－16 所示。

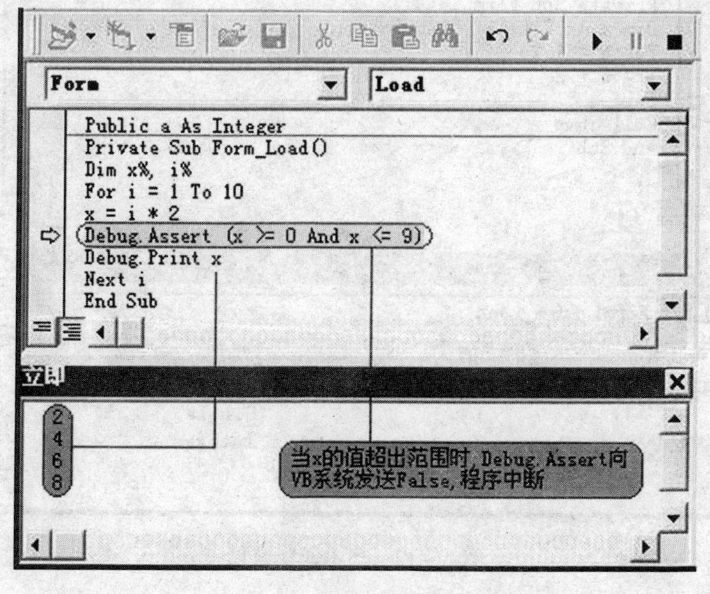

图 A－16　用 Debug. Print 测试变量值

当将程序生成可执行文件时，Debug. Print 语句和 Debug. Assert 语句不会被编译，它们仅在程序开发阶段起作用。

A. 3. 5 “本地”窗口

在中断模式下，“本地”窗口显示所有局部变量的当前值和数据类型。当变量的值改变后，VB 自动刷新“本地”窗口以显示最新值。在使用“逐语句”跟踪程序时（按 F8 键），经常使用“本地”窗口显示被跟踪行之前各变量的值。随着跟踪行的改变，各变量的值也会即时刷新。

本地窗口仅能监视当前过程中的局部变量，当程序的执行从一个过程切换到另一过程时，“本地”窗口的内容将转向下一个过程的局部变量，它只反映当前过程中的局部变量的状态。模块变量不能在“本地”窗口中显示。如图 A－17 所示，显示了调试程序时出现的“本地”窗口。为了测试目的，用户可以在“本地”窗口中修改变量的当前值。

注意“本地”窗口第一行指明的“Me”，是对当前操作窗体的引用。通过点击“Me”左边的加号（+）如图 A－18 所示，可以显示当前窗体的所有属性以及该窗体内各对象的属性。并可在此列表中修改属性值。

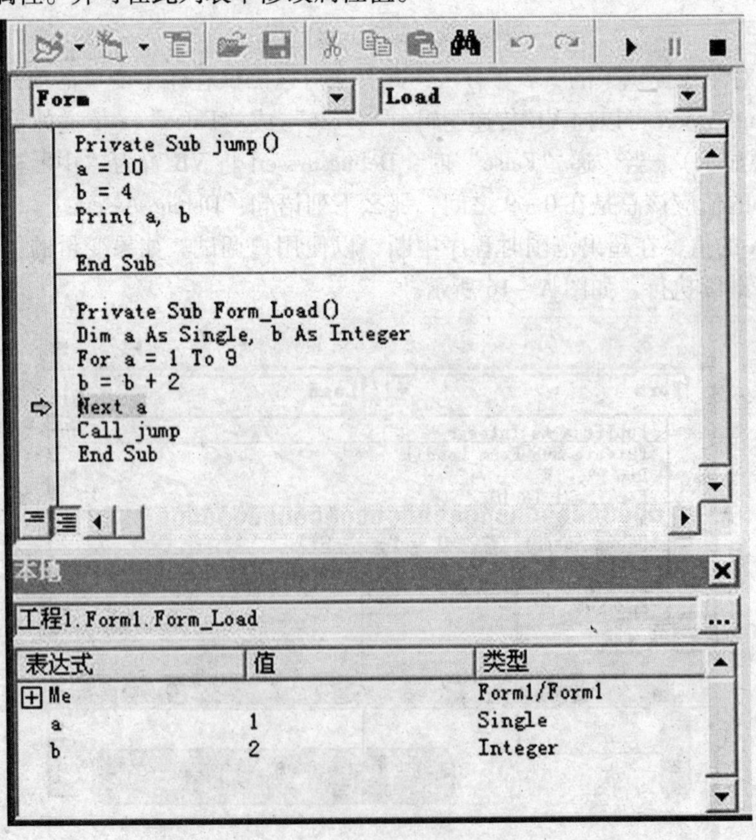

图 A－17 “本地”窗口

本地

工程1.Form1.Form_Load

表达式	值	类型
⊟ Me		Form1/Form1
— ActiveControl	Nothing	Control
— Appearance	1	Integer
— AutoRedraw	True	Boolean
— BackColor	-2147483633	Long
— BorderStyle	2	Integer
— Caption	"Form1"	String
— ClipControls	True	Boolean
⊞ Command1		CommandButton/CommandButton
— ControlBox	True	Boolean
⊞ Controls		Object
— Count	1	Integer
— CurrentX	0	Single
— CurrentY	0	Single
— DrawMode	13	Integer
— DrawStyle	0	Integer
— DrawWidth	1	Integer
— Enabled	True	Boolean

图 A-18　本地窗口中 Me 列表

A.3.6 “监视”窗口

在中断模式下“监视”窗口提供了自动监视变量值的功能。与“本地”窗口不同，“监视”窗口可以监视程序中的任何变量（局部变量、窗体模块变量和全局变量均可）。当需要用“监视”窗口监视某变量时，需先将该变量添加到“监视”窗口中。添加变量的方法有两种：可以选择“调试”菜单中的“添加监视”命令（此时会弹出“添加监视”对话框窗口，如图 A-19 所示）将变量添加到“监视”窗口，也可以将选中的变量直接拖入“监视”窗口。

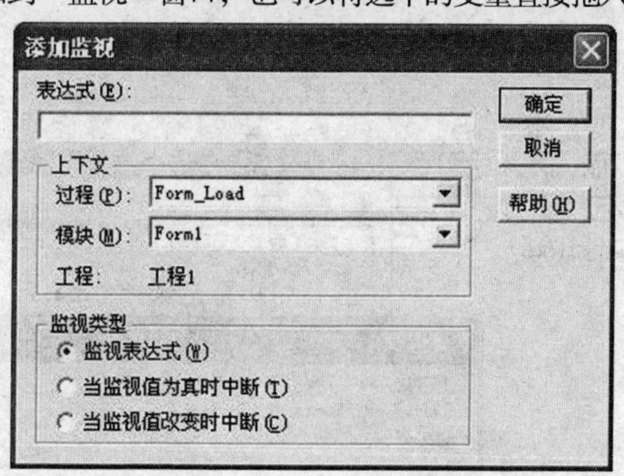

图 A-19　“添加监视”对话框

“添加监视”对话框提供了一个标为“表达式”的文本框，在其中输入要观察的变量名。上下文框架上用户选择变量所在的过程或模块。监视类型框架让用户指定观察行为，其中“监视表达式”把变量值添加到“监视”窗口中，“当监视值为真时中断”在变量值为 True 时挂起程序，“当监视值改变时中断”当变量值修改后挂起程序。当完成“添加监视”对话框中的各项设置后，单击“确定”按钮，将变量添加到“监视”窗口中。如图 A-20

所示。将变量 b 添加到了监视窗口。

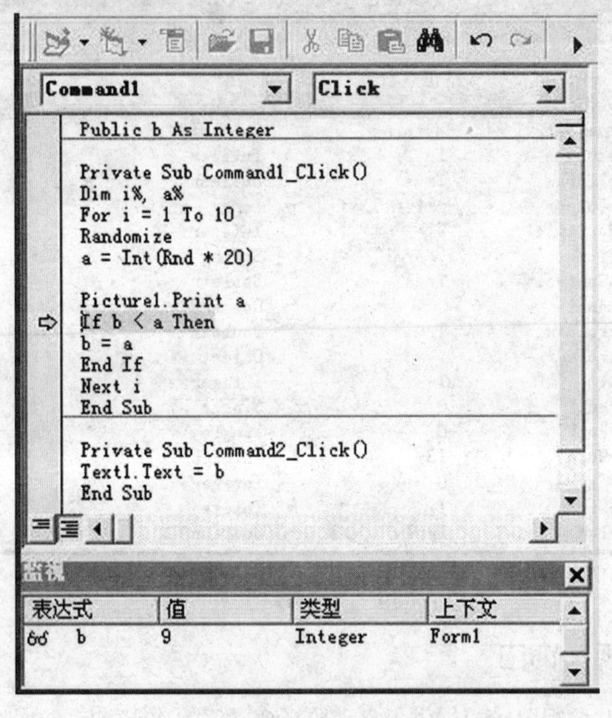

图 A－20　“监视”窗口

如果不使用“监视”窗口，用户也可以在选中变量后选择“调试”菜单中的“快速监视”命令，来快速查看变量的值。接着显示“快速监视”对话框，如图 A－21 所示。点击“添加”按钮，把变量添加到“监视”窗口中。

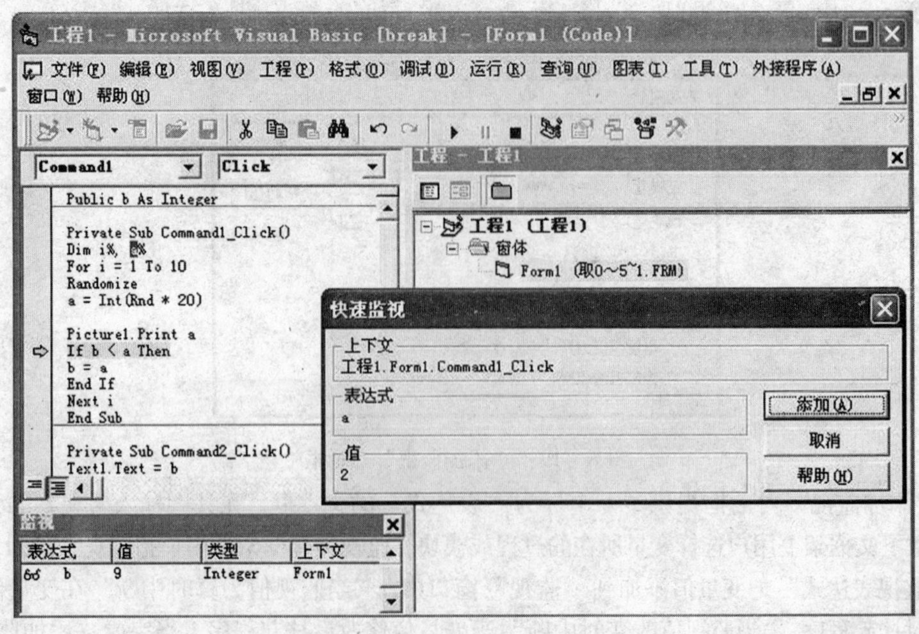

图 A－21　“快速监视”对话框

通过逐语句运行（按键盘上的 F8 键），在“中断”模式下逐句运行程序时，“监视”窗口始终跟踪被监视变量的值。

附录B CHAPTER

键盘与鼠标操作

程序在运行过程中，经常需要知道用户对键盘和鼠标的具体操作，例如用户按下键盘上的“A”键时是想输入字符“A”还是输入“a”呢，当用户利用鼠标选中“删除”时是想彻底删除还是想放入回收站呢等等，以便于根据不同的情况，执行不同的具体操作。为此 Visual Basic 专门定义了和键盘与鼠标有关的事件和方法。

B.1 键盘操作

当敲击一下键盘上的某个按键时，将会先后触发对应对象的 KeyDown、KeyPress、(对于文本框之类的对象还会触发 Change)、KeyUp 等一系列事件。根据不同的具体应用，可以选择不同的事件进行编程。

需要说明的是，对键盘的某个按键进行操作时，触发的是目前具有输入焦点（Focus）对象的事件。一般情况下窗体对象不响应这些事件，除非满足下面几个条件：

(1) 目前窗体上没有添加任何对象，则窗体接收键盘事件。

(2) 目前窗体上有对象，但是它们属于下面两种情况。

①这类对象不具有接收焦点的能力，例如：标签、框架、形状（Shape)、Timer、Image 等等。

②这类对象本来可以接收焦点（例如：文本框），但目前处于 Disabled 状态。

(3) 窗体的 KeyPreview 属性为 True。所谓 KeyPreview 的属性为 True，就是说无论在窗体内的什么控件内利用键盘输入，都需要事先经过窗体进行检查。

其中，前两种情况下只触发窗体的 KeyDown、KeyPress、KeyUp 事件，第三种情况下将先后触发窗体的 KeyDown、控件的 KeyDown、窗体的 KeyPress、控件的 KeyPress、窗体的 KeyUp、控件的 KeyUp 事件。

B. 1. 1 KeyPress 事件

KeyPress 事件过程的形式有两种：

Private Sub 对象名_KeyPress（KeyAscii As Integer） '用于非控件数组

Private Sub 对象名_KeyPress（Index As Integer, KeyAscii As Integer）'用于控件数组

其中：KeyAscii 的值在本过程中由系统自动提供，就是用户输入字符的 ASCII 值。

例如：正常情况下按下键盘上的“A”键，则 KeyAscii 的值为 97，表示用户想输入字符“a”；当 Caps Lock 键锁定为大写或同时按下 Shift 键时，KeyAscii 的值为 65，表示用户想输入字符“A”。

说明：

（1）并不是按下键盘上的任意一个键都会引发 KeyPress 事件，只有那些会产生 ASCII 值的按键（例如：数字键、大小写字母键、回车、空格等）才会触发 KeyPress 事件。对于那些不能产生 ASCII 值的按键（例如：方向键←↑→↓）则不会触发 KeyPress 事件。

（2）因为 KeyPress 事件在 Change 事件之前触发，因此如果在 KeyPress 事件中改变了 KeyAscii 的值，那么在控件中回显的字符将是改变后的结果。例如下面代码可实现无论输入大写字母还是小写字母，在 Text1 内都强制显示为小写字母：

```
Private Sub Text1_KeyPress（KeyAscii As Integer）
    If KeyAscii > = 65 And KeyAscii < = 90 Then
        KeyAscii = KeyAscii + 32
    End If
End Sub
```


（3）当窗体的 KeyPreview 属性为 True 时，在窗体的 KeyPress 事件里如果改变了 KeyAscii 的值，那么控件的 KeyPress 事件里的 KeyAscii 的值也会跟着改变，当然回显的字符也就被改变了。例如下面的代码就是强制用户在成绩录入窗体里只能输入数值，如果输入非数值字符则鸣笛报错，如图 B－1 所示：

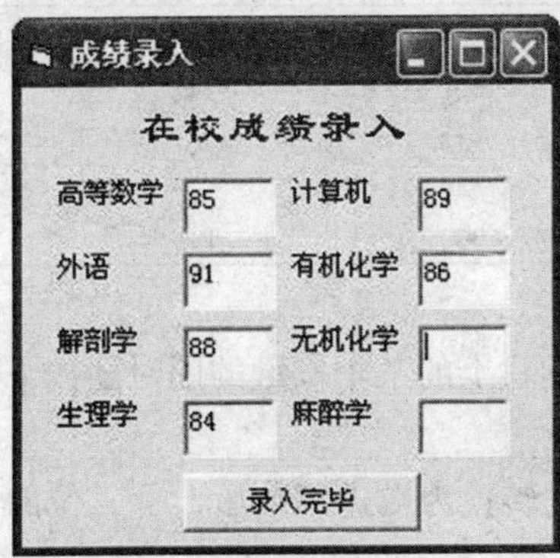

图 B－1 窗体的 keyPreview 示例

```
Private Sub Form_KeyPress（KeyAscii As Integer）
```

```
        If KeyAscii < 48 Or KeyAscii > 57 Then
            KeyAscii = 0
            Beep
        End If
    End Sub
```

B.1.2 KeyUp 事件和 KeyDown 事件

当焦点在某个对象上时，按下键盘上的某个键就会触发 KeyDown 事件，释放某个按键时就会触发 KeyUp 事件。

根据该控件是否为控件数组的不同，KeyDown 和 KeyUp 事件过程也存在两种形式：

Private Sub 对象名_KeyDown（KeyCode As Integer, Shift As Integer）

Private Sub 对象名_KeyUp（KeyCode As Integer, Shift As Integer）

Private Sub 对象名_KeyDown（Index As Integer, KeyCode As Integer, Shift As Integer）

Private Sub 对象名_KeyUp（Index As Integer, KeyCode As Integer, Shift As Integer）

其中：

（1）KeyCode 表示用户操作的是键盘上的哪个按键。

键盘上每个物理的键分配有一个不同的编码，即 KeyCode。因此无论是输入“A”还是“a”，其 KeyCode 是相同的，也就是说 KeyDown 和 KeyUp 事件里认为执行的是相同的操作。相反从数字小键盘上输入 1 和从大键盘上输入 1，其 KeyCode 值是不同的，也就是说 KeyDown 和 KeyUp 事件里认为执行的是不同的操作。

而 KeyAscii 则不同，每个字符分配有一个不同的 ASCII 编码，因此无论是从数字小键盘上输入 1 还是从大键盘上输入 1，其 ASCII 值是相同的，在 KeyPress 事件里认为执行的是相同的操作。相反用户输入“A”和“a”，其 KeyAscii 是不同的，也就是说 KeyPress 事件里认为执行的是不同的操作。

因此说 KeyPress 是靠字符来识别的，而 KeyDown、KeyUp 是靠键来识别用户操作的。部分按键的 KeyCode 和 KeyAscii 的对比参见表 B－1。

表 B－1 KeyCode 和 KeyAscii 对比表

字符（键）	KeyCode	KeyAscii	字符（键）	KeyCode	KeyAscii
backspace	8	8	空格	32	32
回车	13	13	A	65	65
1	49	49	a	65	97
!	49	33	F1	112	无

（2）shift 表示用户按下键盘上的某个按键的同时还按下了 Shift、Ctrl、Alt 这三个辅助键中的哪一个或哪几个。

Shift 是一个整型数，把它转换为二进制数后，低三位的含义如图 B－2 所示。

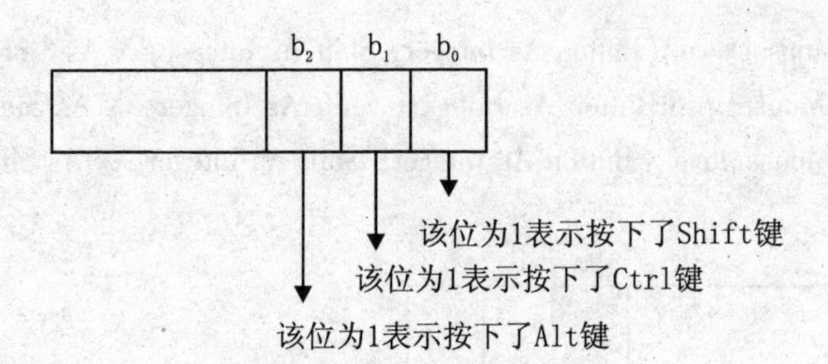

图 B－2　Shift 参数含义

表 B－2　Shift 参数整数值的含义

内部常数	整数值	对应的操作
vbShiftMask	1	同时按下了 SHIFT 键
vbCtrlMask	2	同时按下了 CTRL 键
vbAltMask	4	同时按下了 ALT 键

Shift 的值也可以是这三个数据位的组合，例如 Shift＝6 表示同时按下 Ctrl 和 ALT。

由于当用户按下 CTRL 键时，Shift 参数的值不一定为 2（可能还同时按下了其他键），因此判断用户是否按下 CTRL 键的方法是让 Shift 参数的值和 2 进行 AND 运算（即“与”运算），如果结果大于 0 则表明用户按下了 CTRL 键；同理可以对 SHIFT 键和 ALT 键进行判断。下面的代码就是用来对用户的辅助功能键进行判断：

```
Private Sub Text1_KeyDown（KeyCode As Integer，Shift As Integer）
    Const key_shift  = 1
    Const key_ctrl  = 2
    Const key_alt  = 4    、
    Print "你按下了";
    If（Shift And key_shift）> 0 Then Print "SHIFT 键 ";
    If（Shift And key_ctrl）> 0 Then Print "CTRL 键 ";
    If（Shift And key_alt）> 0 Then Print "ALT 键 ";
    Print
End Sub
```

B.2 鼠标操作

与键盘的操作类似，当用户在某个对象上利用鼠标操作时会触发 MouseDown、MouseUp 和 MouseMove 事件。但是鼠标事件的应用范围比键盘事件广泛得多。对于窗体和绝大部分控件都可以响应鼠标操作，而且该控件可以不具有接收焦点的能力（例如标签、Image、Frame 等不能响应键盘事件的控件都可以响应鼠标操作，只有 Shape、Line、Timer 这样的控件才不响应鼠标操作）。

对应的过程形式为：

Sub 对象名_MouseDown (Button As Integer, Shift As Integer, X As Single, Y As Single)
Sub 对象名_MouseUp (Button As Integer, Shift As Integer, X As Single, Y As Single)
Sub 对象名_MouseMove (Button As Integer, Shift As Integer, X As Single, Y As Single)
其中:

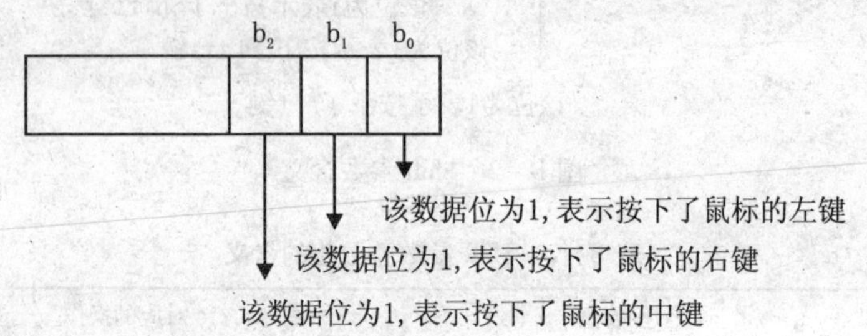

图 B-3 Button 参数含义

表 B-3 Button 参数整数值的含义

内部常数	整数值	对应的操作
vbLeftButton	1	按下或释放了鼠标左键
vbRightButton	2	按下或释放了鼠标右键
vbMiddleButton	4	按下或释放了鼠标中键

(1) Button 表示用户按下的是鼠标的哪一个或哪几个键。

Button 是一个整型数,把它转换为二进制数后,低三位的含义如图 B-3 所示。

Button 的值也可以是这三个数据位的组合,例如 Button =3 表示鼠标操作时同时按下了左键和右键。

(2) Shift 的含义和键盘操作中 Shift 的含义相同。表示在对鼠标操作的同时按下了 Shift、Ctrl、Alt 这三个键中的哪一个或哪几个。

(3) X、Y 表示目前鼠标的位置

当然如果是控件数组,参数列表中还会增加一项"Index As Integer",以便于识别这是控件数组中的哪一个元素。

【例 B-1】利用鼠标随手绘图。要求当按下鼠标左键拖动时随手画线,当按下右键拖动时画圆(拖动过程中以虚线形式提示圆的大小)。程序运行的界面如图 B-4 所示。

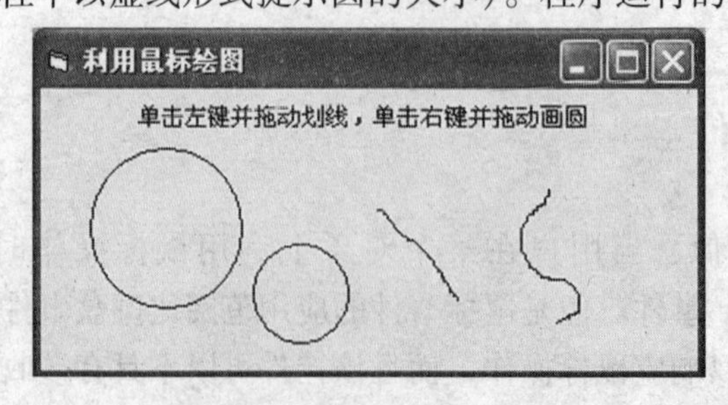

图 B-4 利用鼠标随手绘图

程序代码:

```
Dim X1%, Y1%, R%        '所绘圆的圆心坐标和半径
```

```
Dim X2%, Y2%             '决定虚线框位置的坐标
Dim StartX%, StartY%     '绘制直线时每一个小段的起始点坐标
Private Sub Form_MouseDown (Button As Integer, Shift As Integer, X As Single, Y As Single)
    If Button = 1 Then
        StartX = X: StartY = Y          '按下左键开始画线，记录起始点坐标
    ElseIf Button = 2 Then
        X1 = X: Y1 = Y                  '按下右键开始画圆，记录圆心点坐标
        X2 = X: Y2 = Y
        R = Sqr ((X1 - X2) ^2 + (Y1 - Y2) ^2)   '圆虚线框的半径
    End If
End Sub
Private Sub Form_MouseMove (Button As Integer, Shift As Integer, X As Single, Y As Single)
    If Button = 1 Then   '按着左键拖动鼠标表示画线
        Line (StartX, StartY) - (X, Y), vbRed
        StartX = X: StartY = Y  '本线段的结束位置就是下一个线段的开始位置
    ElseIf Button = 2 Then
        Me.DrawMode = 7     '该模式下重复绘制的像素还原原始状态
        Me.DrawStyle = 1    '采用虚线条
        Circle (X1, Y1), R, vbRed     '将原来绘制的虚线框覆盖（删除）
        X2 = X: Y2 = Y      '记录新虚线框的位置
        R = Sqr ((X1 - X2) ^2 + (Y1 - Y2) ^2)   '新虚线框的半径
        Circle (X1, Y1), R, vbRed       '绘制新的虚线框
    End If
End Sub
Private Sub Form_MouseUp (Button As Integer, Shift As Integer, X As Single, Y As Single)
    If Button = 2 Then      '抬起右键时画圆
        Circle (X1, Y1), R, vbRed     '将原来绘制的虚线框覆盖（删除）
        Me.DrawMode = 13     '采用正常模式绘制
        Me.DrawStyle = 0      '采用实线条
        R = Sqr ((X1 - X) ^2 + (Y1 - Y) ^2)   '正式绘制的圆半径
        Circle (X1, Y1), R, vbRed    '正式绘圆
    End If
End Sub
```

说明：DrawMode =7 为 vbXorPen 模式，该模式下如果在已经绘制过图形的区域上再次绘制，则这两次绘制的结果全部取消，恢复绘制前的初始状态。

B.3 拖放

所谓“拖放”就是从一个位置“拖”（Dragging）一个对象到另一个位置再“放”（Dropping）下来。从而实现该对象位置的移动。

该动作涉及到了以下属性、事件和方法。

1. 与拖动相关的属性

（1）DragMode

该属性用来设置可以对该对象进行的操作模式。取值有下面两种：

0 —— vbManual（默认）人工方式。表示在程序运行过程中，单击鼠标时触发的是Click 事件，不能利用鼠标拖动某个对象。若想拖动该对象，必须进行额外的编程。

1 —— vbAutomatic 自动方式。表示在程序运行过程中，单击鼠标就会引发该对象的拖动操作。因此不能接收 Click 事件和 MouseDown 事件。

（2）DragIcon

该属性用来设置在拖动该对象过程中，跟随鼠标位置显示的图形。

2. 与拖动相关的事件

（1）DragDrop 事件

当拖动一个对象（例如 Text1）时，在目标对象（例如 Form1）上松开鼠标时就会触发该目标对象（例如 Form1）的 DragDrop 事件。该事件过程的形式为：

Private Sub 对象名_DragDrop（Source As Control，X As Single，Y As Single）

其中：

Source 参数为 Control 类型，它的值就是正在拖动的控件。

X、Y 表示执行放下操作时，鼠标在目标对象上的当前坐标。

（2）DragOver 事件

当拖动一个对象（例如 Text1）途经另一个目标对象（例如 Picture1）上方时，就会触发目标对象（例如 Picture1）的 DragOver 事件。该事件过程的形式为：

Private Sub 对象名_DragOver（Source As Control，X As Single，Y As Single，State As Integer）

其中：

Source 参数同 DragDrop 事件，它的值就是正在拖动的控件。

X、Y 表示拖动过程中，鼠标在目标对象（例如 Picture1、Form 等）上的坐标点位置。

State 参数表示被拖动对象和目标对象的位置关系，取值有以下三种：

0 —— 进入（表示正在拖动某对象进入目标对象区域）。

1 —— 离去（表示正在拖动某对象离开目标对象区域）。

2 —— 跨越（表示正在目标对象区域内部拖动某对象）。

3. 与拖动相关的方法

Drag 方法。当 DragMode 属性设置为 0 时，在该对象上按下鼠标将会触发该对象的

MoseDown、Click 等事件，并不认为是用户的拖动操作。因此需要在适当的事件过程中调用该控件的 Drag 方法使之处于“被拖动”状态。

语法格式为：

object. Drag action

说明：

object 必要参数。指对哪个对象进行操作。

action 可选参数。有以下取值情况：

0 —— vbCancel 取消此次对该对象的“拖动”操作。

1 —— vbBeginDrag 使该对象开始处于“被拖动”状态。

2 —— vbEndDrag 使该对象结束“被拖动”状态。并触发一个 DragDrop 事件。

B. 3. 1 自动拖放

当一个对象的 DragMode 被设置为 1 时，就会自动跟随鼠标进行拖动。但是当用户松开鼠标时，该对象又会回到原来的位置。原因很简单：因为该对象并不知道被放到什么位置。为此，可以在 DragDrop 事件中为对象的目标位置进行设定。

【例 B－2】DragOver 练习

在窗体上添加图片框 Picture1，将其 DragMode 属性设为 1，Picture 和 DragIcon 分别设为“FACE04. ICO”和“FACE05. ICO”。再添加图片框 Picture2，将其 BackColor 设为白色。在 Picture2 内添加一个图像框 Image1，Picture 属性设为“BEANY. BMP”。添加一个标签 Label1，将 Caption 属性设为“将小孩拖动到图片框上会自动为其戴上帽子”。这三个图形文件位于 Visual Basic 自带的图形目录（一般为“C：\ Program Files \ Microsoft Visual Studio \ Common \ Graphics”）下的“\ Icons \ Misc”和“\ Bitmaps \ Assorted”子目录中。

要求当将 Picture1 拖动到 Picture2 上时 Image1 自动跟随其移动，形成为小孩戴上帽子的效果。程序运行界面如图 B－5 所示。

图 B－5 DragOver 练习

程序代码：

Private Sub Picture2_DragOver（Source As Control, X As Single, Y As Single, State As Integer）

Image1. Left = X － 500 此处 －500 的意思是让 Image1 处于小孩头像的上方

```
    Image1. Top = Y - 700
End Sub
```

【例 B-3】自动拖放练习。在窗体上添加控件并按照表 B-4 设置对应的属性。要求当拖动 Picture1 经过 Image1 上方时 Label2 显示，当到达 Image1 右侧松开鼠标时，将 Picture1 移动到当前鼠标位置处。程序运行界面如图 B-6 所示。

表 B-4　对象属性设定

对象名	Caption	Visible	Picture	DragIcon	DragMode
label1	小孩过河				
label2	当心！别掉下来呦！	False			
Image1			Azul. jpg		
Picture1			face05. ico	face04. ico	1

face04. ico 和 face05. ico 的位置参见例 B-2。Azul. jpg 位于 WindowsXP 系统自带的桌面壁纸图形文件目录（“C：\ WINDOWS \ Web \ Wallpaper”）下。

图 B-6　自动拖放练习

程序代码：

```
Private Sub Form_DragDrop (Source As Control, X As Single, Y As Single)
    Source. Move X - Source. Width / 2, Y - Source. Height / 2
End Sub
Private Sub Image1_DragOver (Source As Control, X As Single, Y As Single, State As Integer)
    If State = 0 Then
        Label2. Visible = True
    ElseIf State = 1 Then
        Label2. Visible = False
    End If
End Sub
```

控件的位置是由左上角的位置决定的，而在 DragDrop 事件中参数 X 和 Y 指的是鼠标的坐标（即控件中心点的位置），因此为了使得其相一致，而使用了 X - Source. Width/2 和 Y - Source. Height/2。

B.3.2 手动拖放

当对象的 DragMode 属性设置为 0 时，在该对象上按下鼠标将会触发该对象的 MoseDown、Click 等事件，并不认为是用户的拖动操作。因此需要在适当的事件过程中调用该控件的 Drag 方法使之处于“被拖动”状态。

【例 B-4】手动拖放练习。在窗体上添加控件并按照表 B-5 设置对应的属性。要求在窗体上可以对 Text1 和 Picture1 进行自由拖放，当拖放于 Picture2 内时，给出“删除确认”的提示，选择“确定”则将该控件删除，否则取消本次拖放操作。程序运行界面如图 B-7 所示。

表 B-5 对象属性设定

对象名	Picture	DragIcon	DragMode
Text1			0
Picture1	face05. ico	face04. ico	0
Picture2	waste. ico		0

face04. ico 和 face05. ico 的位置参见例 B-2。waste. ico 位于“\Icons\Win95”子目录中。

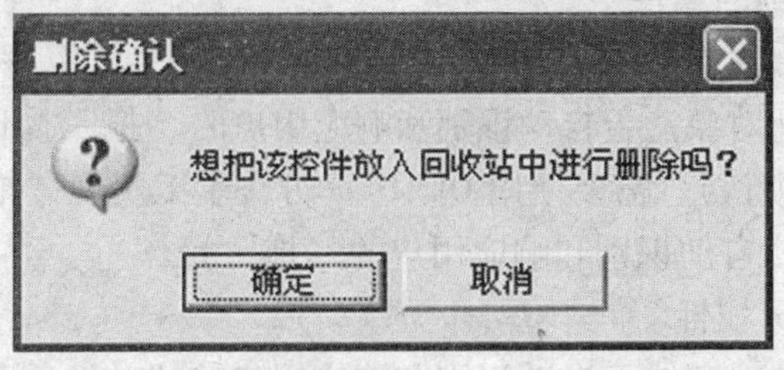

图 B-7 手动拖放练习

程序代码：

```
'如果在 Text1 上移动鼠标时，左键处于被按下的状态，则 Text1 被拖动
Private Sub Text1_MouseMove（Button As Integer, Shift As Integer, X As Single, Y As Single）
    If Button = 1 Then Text1. Drag 1
End Sub
'如果在 Picture 1 上移动鼠标时，左键处于被按下的状态，则 Picture 1 被拖动
Private Sub Picture1_MouseMove（Button As Integer, Shift As Integer, X As Single, Y
```

```
As Single)
        If Button = 1 Then Picture1.Drag 1
    End Sub
    Private Sub Form_DragDrop (Source As Control, X As Single, Y As Single)
        Source.Move X - Source.Width / 2, Y - Source.Height / 2
    End Sub
    Private Sub Picture2_DragDrop (Source As Control, X As Single, Y As Single)
        a$ ="想把该控件放入回收站中进行删除吗?"
        i% = MsgBox(a, vbOKCancel + vbQuestion, "删除确认")
        If i = vbOK Then
            Source.Visible = False      '将该控件进行“删除”
            Picture2.Picture = LoadPicture("C:\Program Files\Microsoft Visual Studio
                        \Common\Graphics\Icons\Win95\recyfull.ico")
        End If
    End Sub
```

B.4 OLE 拖放

在实际应用中，经常进行这样的操作：从一个文本框中选中某些文本利用鼠标拖动到另一个文本框中实现文本的复制或移动操作。这种将数据从一个控件或一个应用程序中拖放到另一个控件或另一个应用程序中的操作就称为“OLE 拖放”。

OLE 拖放涉及到下面的属性、事件和方法：

1. OLE 拖放涉及到的属性

(1) OLEDragMode 属性

该属性用于设置此对象能否自动识别和响应用户的“拖”操作。

0 —— Manual（默认），需要使用 OLEDrag 方法手工实现“拖”操作。

1 —— Automatic，自动识别和响应用户的“拖”操作。

(2) OLEDropMode 属性

该属性用于设置此对象能否自动识别和响应用户的“放”操作。

0 —— None（默认），该目标对象不识别 OLE“放”操作。

1 —— Manual，在目标对象上释放鼠标时，就会触发 OLEDragDrop 事件，需要在该事件里编程从而实现“放”的效果。

2 —— Automatic，自动识别和响应用户的“放”操作。

2. OLE 拖放涉及到的事件：

(1) OLEDragDrop 事件

当拖动一个数据对象（例如 Text1 中的部分文本）时，在目标对象（例如 Text2）上松开鼠标时就会触发该目标对象（例如 Text2）的 OLEDragDrop 事件。

该事件过程的形式为：

```
Sub 对象名_OLEDragDrop (Data As DataObject, Effect As Long, Button As Integer, _
                        Shift As Integer, X As Single, Y As Single)
```

说明：

Data 参数为 DataObject 类型，它的值就是正在拖动的内容。

Effect 参数为源对象设置的一个长整型数，用来决定执行的动作。有三种取值：

0 —— VBDropEffectNone 目标对象不接受数据。

1 —— VBDropEffectCopy 从源对象拷贝 Data 到目标对象。

2 —— VBDropEffectMove 从源对象移动 Data 到目标对象。

Button 参数表明触发此事件时使用的是鼠标的哪个键，参见鼠标操作事件。

Shift 参数表明触发此事件时按下了键盘上的哪个辅助键，参见鼠标操作事件。

X、Y 表示执行放下操作时，鼠标在目标对象上的当前坐标。

（2）OLEDragOver 事件

当拖动一个数据对象（例如 Text1 中的部分文本），经过某目标对象（例如 Picture1）上方时，就会触发该目标对象（例如 Picture1）的 OLEDragOver 事件。

该事件过程的形式为：

```
Sub 对象名_OLEDragOver (Data As DataObject, Effect As Long, Button As Integer, _
            Shift As Integer, X As Single, Y As Single, State As Integer)
```

其中各参数的含义同前。

3. OLE 拖动涉及的方法

OLEDrag 方法。当 OLEDragMode 属性设置为 0 时，需要调用该控件的 OLEDrag 方法使之处于“被拖动”状态。

语法格式为：

object. OLEDrag

说明：

object 必要参数。指对哪个对象进行操作。

在 VB 里几乎所有的控件都支持 OLE 拖放操作。只不过有的控件（例如文本框）支持的程度比较高，可以实现全自动的“拖”、“放”支持。而有些控件（例如列表框）支持的程度比较低，不支持自动的“放”操作。

【例 B-5】编写如图 B-8 所示的应用程序。实现利用鼠标在两个文本框间进行自动的文本传递功能。

【例 B-6】编写如图 B-9 所示的应用程序。实现利用鼠标在两个列表框间进行手动的文本传递功能。

程序代码如下：

```
Private Sub List1_OLEDragDrop (Data As DataObject, Effect As Long, _
    Button As Integer, Shift As Integer, X As Single, Y As Single)
    If Shift = 2 Then
        List1. AddItem Data. GetData (vbCFText)        'GetData 方法的作用是从
```

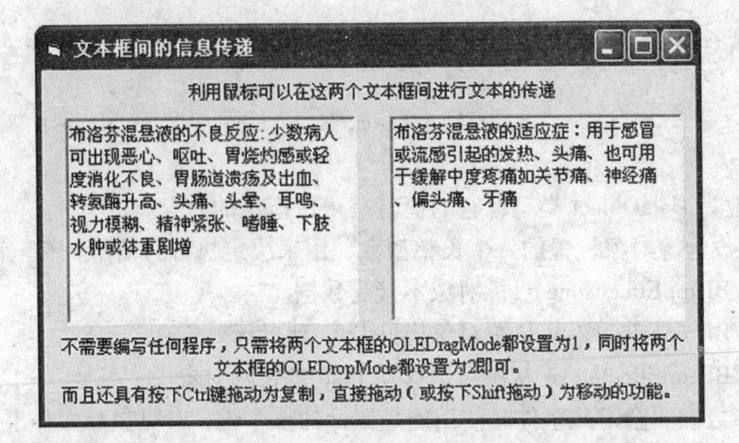

图 B－8　自动 OLE 拖放练习

DataObject 对象中获取数据，参数 vbCFText 表示获得的是文本数据。

```
        Else
            List1. AddItem Data. GetData (vbCFText)
            List2. RemoveItem List2. ListIndex
        End If
    End Sub
    Private Sub List2_OLEDragDrop (Data As DataObject, Effect As Long, _
        Button As Integer, _Shift As Integer, X As Single, Y As Single)
        If Shift = 2 Then
            List2. AddItem Data. GetData (vbCFText)
        Else
            List2. AddItem Data. GetData (vbCFText)
            List1. RemoveItem List1. ListIndex
        End If
    End Sub
```


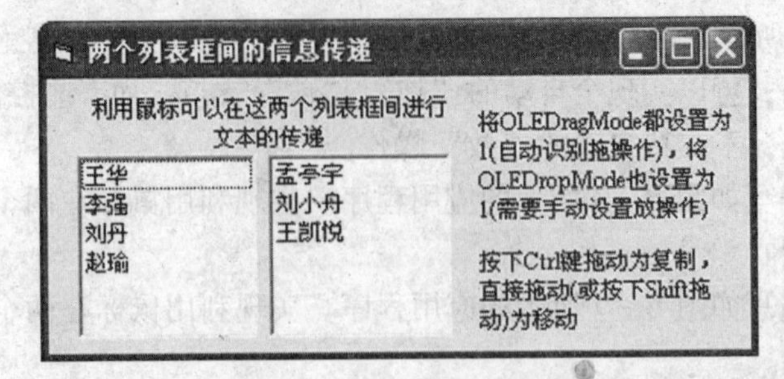

图 B－9　手动 OLE 拖放练习

参考文献

[1] 董鸿晔．计算机程序设计．北京：中国医药科技出版社，2006.
[2] Joyce Farrell. 计算机程序设计（第三版）．张瑜，等译．北京：清华大学出版社，2005.
[3] 龚佩曾，等．Visual Basic 程序设计教程（第二版）．北京：高等教育出版社，2003.
[4] 吴文虎．程序设计基础．北京：清华大学出版社，2003.
[5] 吴春福．药学概论．北京：中国医药科技出版社，2006.
[6] 董鸿晔．QBasic 程序设计．大连：大连理工大学出版社，1999.
[7] Bruce Eckel. C++编程思想．第1卷：标准 C++导引（第二版）．刘宗田，等译．北京：机械工业出版社，2002.
[8] 董鸿晔．大学计算机基础（第二版）．北京：中国医药科技出版社，2009.
[9] Douglas Bell，等．C#程序设计（影印版）．北京：中国水利水电出版社，2006.
[10] 王行言．计算机程序设计基础．北京：高等教育出版社，2004.
[11] David I. Schneider. Visual Baisc. NET 程序设计导论（第五版影印版）．北京：高等教育出版社，2004.
[12] 张正秋．Windows 应用程序捆绑核心编程．北京：清华大学出版社，2006.
[13] 郭永青，等．医药数据库应用基础教程．北京：清华大学出版社，2008.